U0184403

建筑沉思录书系

建筑学思录

顾孟潮 著

中国建筑工业出版社

图书在版编目（CIP）数据

建筑学思录 / 顾孟潮著. — 北京：中国建筑工业出版社，2022.4

（建筑沉思录书系）

ISBN 978-7-112-26867-2

Ⅰ. ①建… Ⅱ. ①顾… Ⅲ. ①建筑学－研究 Ⅳ. ①TU-0

中国版本图书馆CIP数据核字（2021）第247825号

本书为“建筑沉思录书系”四卷之三。全书收录40篇文章，以1982—2003年刊登于《建筑学报》的文章为主，多系有关建筑科学与艺术的论文与评论以及学术界研讨会上的发言，均为当时建筑界关注的主题。全书内容包括建筑学思篇、建筑评论篇、建筑拾遗篇及建筑论坛篇。

本书可供广大建筑师、建筑理论工作者及高等院校建筑学专业师生学习参考。

责任编辑：吴宇江　孙书妍

责任校对：姜小莲

建筑沉思录书系

建筑学思录

顾孟潮　著

*

中国建筑工业出版社出版、发行（北京海淀三里河路9号）

各地新华书店、建筑书店经销

北京锋尚制版有限公司制版

北京中科印刷有限公司印刷

*

开本：787毫米×960毫米　1/16　印张：17¼　字数：287千字

2022年3月第一版　2022年3月第一次印刷

定价：58.00元

ISBN 978-7-112-26867-2

（38691）

总序

该系列丛书共分四册:《建筑读思录》《建筑哲思录》《建筑学思录》《建筑品思录》,是要突显读、思、学、品这四个关键词。

四册内容各有侧重:《建筑读思录》是我进入古稀之年后的读写记录;《建筑哲思录》是我对钱学森建筑科学思想理论的学习记录;《建筑学思录》则是我在《建筑学报》上发表过的一些小文结集;《建筑品思录》则主要是我在一些报刊杂志上撰写的专栏文字。

写此书的初衷是想促使更多的读者朋友通过读书进入思想广场。

“读书少,调查研究思考少;对话少,创新实践少”是我国建筑行业和建筑科学技术学科长期徘徊不前的重要原因。

我很震惊地看到,中国这个有着五千年文化的文明古国,如今已成为世界上平均每人读书最少的国家之一。而建筑界的科研机构之少在全国排名倒数第二。

鉴于建筑文化内涵的广泛性,建筑专业内外是一个很大的知识海洋,作为建筑专业人员必须要给自己扫盲,建筑界格外需要经常“充电”。

我们处于信息化时代!广泛汲取信息、提炼信息,将成为我们获取知识的主要方式。

顾孟潮

2015年正月初三于北京

前言

本册共收入40篇文字。以1982～2003年刊载于《建筑学报》的内容为主，其中“建筑学思篇”收入9篇；“建筑评论篇”收入8篇；“建筑拾遗篇”收入14篇；“建筑论坛篇”收入座谈会内容9篇。

全书内容和写法有共同点的文章聚集在一篇中，即学思篇基本上是有关建筑科学的学术论文；评论篇系对比较典型的建筑作品的评论文章；拾遗篇汇集的是研讨会上的发言。

作为“实录”性质的书，这里主要以每篇文章发表的时间先后为序安排，以便读者能看到作者建筑思想变化的进程和脉络，以及文章写作时的舆论背景和工作环境的关系。

目录

3 /建筑拾遗篇/

4 /建筑论坛篇/

Chapter 1

/ 建筑学思篇 /

从北京香山饭店探讨贝聿铭的设计思想

北京香山饭店，本来算不上一幢重要的建筑物，从设计到落成竟一直成为众所瞩目的对象，引起国内外很大反响，这说明香山饭店在设计上有不少地方引起了人们研究和评论的兴趣。本文不拟罗列设计上具体的优缺点，只想就其设计思想作些探讨。

目前有一种值得注意的倾向，即有“重形式、轻内容，重实例、轻理论研究”的现象。所以，许多亟待解决的问题几乎无人问津。如建筑的经济效益问题，节约能源、节约用地问题以及一些短时难以奏效又需合力攻关的建筑基本理论、建筑史学研究等问题的研究进展甚小。常常是演讲者放了许多幻灯片，看着很热闹，静而思之便会发现，往往对建筑的内容、思想、意义缺乏实质性分析，更没有从理论上阐明。甚至有的同志公开声明，反对在建筑问题上谈辩证法。正是出于这种情况，本文才侧重谈思想方面，算是拾遗补漏吧。

《建筑学报》曾发表《创造形象，体现思想》一文（见1982年第10期第1–3页王华彬总编的文章）。这篇文章的精神实质，正是强调创造建筑形象时必须重视体现建筑的内容、思想、功能这些第一位的东西，王总文章适时地提出了这个极重要的问题。所谓多样化绝不只是要求形式上的多样化，首先内容应多样化；讲创造形象千万不能忘记体现思想。空间、形式、手法等是第二位的东西。忘掉了内容和思想就失掉了建筑的灵魂，或者叫失去了建筑设计中的“神”。

我们进行建筑评论的目的，绝不在于就事论事地给某个建筑作结论，而在于通过对实例的分析讨论，把那些有普遍意义的东西总结出来，以提高我们的思想水平和理论水平，指导我们今后的设计实践。如果仅就事论事地钻到具体手法里，大有形成“一股风”的危险。

贝聿铭先生认为，“建筑设计有三个要点最值得重视：第一是建筑和环境的结合；第二是体形和空间；第三是注意建筑为人所用，处处为使用者着想”（这段话摘自贝聿铭1978年12月23日在清华大学建筑系的演讲）。正是这一天，他冒雪登上香山看地点，因此可以说，这段话是香山饭店设计思想最好的注脚和线索。循着这条线探讨，似乎对这一设计能体会得更深一些。

我认为，贝聿铭在香山饭店设计中尽了很大努力体现这三点指导思想，基本实现了1979年4月北京市委提出的“有中国民族传统风格，又拥有现代化设备的高级饭店”这一要求。具体讲，他的建筑设计思想主要有五点值得借鉴：①“归根”；②环境第一；③一切服从人；④刻意传神；⑤重视空间和体量。

一、设计归根建筑

“树高千丈叶归根”是陈从周教授赠给贝聿铭的一句诗，它赞扬了贝先生晚年一心要为祖国作贡献的深情。落叶要归根，贝聿铭设计的建筑物也在归根，他设计的是“归根建筑”。贝先生虽然没用“归根建筑”这个词，我仍然认为“归根”是贝聿铭设计思想中的精髓。

“根”的内容是什么呢？贝聿铭认为：“建筑是历史、文化和物质生产的结晶，不仅是科学，而且是艺术。”而历史、文化、物质生产、科学和艺术这些方面，在不同的国家、不同的民族、不同的地方有不同的表现，即所谓民族性、地方性、现实性。这就是他无论到什么地方从事建筑设计首先要寻的“根”。

贝聿铭寻根的目的是为了“归根”——为创造出体现那个国家、民族、地方特色的建筑艺术作品来。每设计一个新的建筑，他都要身体力行地亲手进行大量深入细致的调查研究，同时虚心学习和掌握许多他所不熟悉的东西。让新设计的建筑物归到这个根上，成为老根上的新芽，这是非常重要的思想，又是值得借鉴的做法。北京香山饭店的设计也不例外。

那么，中国建筑的“根”在哪里，怎样寻“根”呢？贝先生对此有很精辟的见解，饭店开业前（1982年10月15日），他对中国记者们说：“不能每有新建筑都往外看，中国建筑的根还存在。我经过一年多的探索知道，中国建筑的根还可以发芽。宫殿、庙宇上许多东西不能用了，民居上有许多很好的东西。活的根应当到民间采集。民居用的材料很简单，白墙、灰砖很普通，灰砖是中国特殊的建筑材料。光寻历史的根还不够，还要现代化。有了好的根可以插枝，把新的东西、能用的东西接到老根上去，否则人们不能接受。”这里实质上讲的是民族风格、地方风格的形成过程。所以说“归根”思想是形成贝氏风格的决定因素，是贝氏建筑所以能多样化、常做常新的基本原因。

在贝聿铭的建筑创作中，“归根”的实例俯拾皆是。公众最熟悉的是1978年建成的华盛顿美术馆东馆，把梯形用地分成两个三角形是“归根”；为巴黎拉德芳斯设计成对的高楼以保证凯旋门的视线是“归根”；建于洛基山脚下的美国大气研究中心，就地取材用红褐色的山石是归根；在台湾建的小教堂为抗风，把墙和屋顶连成一体，上贴琉璃瓦也是“归根”。是否可以说，贝聿铭的或者香山饭店的建筑风格，最主要的特点是“归根”二字呢？

因为有“归根”的思想，作为新芽的建筑必然有老根的遗传基因，即，所谓民族风格、地方风格、历史传统也就被继承下来。既是新芽，又有现代化的内容，这大概就是贝聿铭特别重视寻根和归根的原因吧。北京香山饭店的设计正是如此。谁看到它，都会感到它是新的建筑，但又绝非是纯洋化的美国式建筑；它是有中国味、有民族特点和环境特色的建筑，但它不是标准的老式大屋顶、四合院、苏州园林。我认为它具有中西两方面的优点，这些创新是值得学习借鉴的。能够把古今中外一切好东西拿来为我国建筑服务，这个方向是对的。只要把中西两方面好的东西吸收了，形式上“不中不西”也没关系，要允许继承中有变异的存在。老习惯是一种束缚创作的力量，不应当用老框框，或者说用“老根子”来衡量，不应要求香山饭店必须符合什么标准的四合院或歇山顶做法。如果我们处处按宋《营造法式》或《清式营造则例》办事，哪里还会有什么新中国的建筑和现代化？

“归根”是贝聿铭总的设计思想，后面四点是由此派生出来的，它们具体体现归根的设计思想。下面分别做些分析。

二、“环境第一”的思想

作为一位建筑师，尤其是世界著名的建筑师，却没有“大建筑主义”思想，能身体力行“环境第一”原则，这是难能可贵的，这需要有真知灼见和宽大的胸怀。

“环境第一”即全局观念，从环境的全局出发处理单体建筑，环境即是“根”，单体就是“芽”。以千变万化的自然环境和人工环境为根据，肯定会设计出千变万化的新建筑来，体现“环境第一”的思想就不必担心建筑形式会千篇一律。

设计前，贝聿铭冒着大雪到山顶研究环境。他一眼看上香山这块宝地和这块宝地上的宝树。他深知香山的环境是得天独厚的，绝不能干那种让建筑物与瑰丽景色争辉的蠢事。他认为：前人栽树已成定局，后人盖房是活的。因此决定把饭店设计成庭园形式，并以珍奇树木为设计依据。为了躲树，贝聿铭曾多次调整、修改建筑平面，为园林设计创造了较好的空间条件。贝聿铭认为庭园是香山饭店的精髓，千方百计地把好的树基本都保留下来了。加上北京市园林局成功的庭园设计，使饭店大为增色。

基于“环境第一”的思想决定建园林式旅馆，贝聿铭运用了我国传统的和现代的造园、借景等一系列手法，使建筑融合于环境之中，让环境渗透到建筑之内，贯彻了“巧于因借，精在体宜”的原则。

这组总建筑面积36000平方米的建筑物，具有完善的现代化设备，共有322间客房，如果处理不好，势必会成为高层的庞然大物，那太煞风景了。贝聿铭本着我国传统造园理论，采取依山就势、化整为零的方法，把它分为五个区，做成低层（2～4层）为主、高低错落的分散式布局，让它以简洁朴素的体形，自由舒展，或隐或现在参天古木和浓郁的绿化之间；外部则大面积只施以白灰两色，不与环境美景争辉。这样，将建筑与环境巧妙地结合起来了。此外，设计者通过饭店内外，从建筑主体到庭院、园林、家具、小品的精心设计和精心施工，给人以清新、淡雅、朴素的感受，尤其给人以宾至如归的亲切之感。

香山饭店建筑设计上特别重视借景和造景。通过多处巧妙的设计，使人们步移景异，目不暇接，其味无穷。构思上尤其值得称道的是突出自然景物，而不把人们的注意力吸引到人工建筑物上，使人无时不处在观赏优美环境的位置，确实感受到身在诗情画意的自然山水之间，几乎从每一个窗口望出去都是一幅生动的画面。灰白两色淡雅的建筑外表，可谓银装素裹，与香山的红叶、碧树交相辉映。

三、“一切服从人”的思想

国外近些年才明确提出“环境、建筑、人”，并突出这个“人”字。而我国20世纪50年代就把“以人为主，物为人用”作为建筑设计的指导思想，遗憾的是没能把这条先进的原则坚持下来。贝聿铭在建筑设计中有很明确的“一切服从人”的思想，根据饭店功能要求，为旅客创造了很好的居住、休息、观赏等生活，以及娱乐环境和空间，不仅有水暖电卫等设备，而且可以自动控制温度、亮度，还有报警和消防等设备，商业、康乐、体育等服务项目较全。建筑为管理和服务创造了较好条件。

香山饭店根据人在其中活动的各种需要，合理地按建筑功能分区，分层次地组织空间。空间处理上有许多新颖之处，融会贯通地把中外古今的建筑艺术手法结合起来运用，在统一中求变化，造成大小不一、开敞封闭程度不同、动态静态有别的各种空间。内部空间中，最突出的是贯通三层、高达11米、面积有780平方米的四季庭园，其上的歇山式玻璃顶使室内四季如春，可以赏竹、观鱼、品茶、小憩、购物、喝咖啡、娱乐，形成整个饭店人员大量聚集的中心活动空间，也是商业、服务、文体、宴会中心枢纽，吸引着各区的游客，又通过连廊疏导着游人。外部利用建筑物自由的体形，造成大小深浅曲直不同、意境各有千秋的11个小院落，使各区的客房不仅都有良好的朝向（以东南向阳为主）、安静的休息环境，还有各自赏心悦目的景观。

“一切服从人”看起来简单，真正做好并不容易。建筑服务的对象是具体的人，不是抽象的人，需要具体分析，否则难免千篇一律。人有自然属性又有社会属性，人有生理要求又有心理要求，并且不同年龄、民族、文化、地域的人有不同的生活习惯，如此等等，都需要具体分析，综合体现在建筑设计上。

四、“刻意传神”的思想

一个建筑作品的问世使人感到耳目一新已实属难得，再具有中国民族特色，这个“新”就更有味道，堪称上乘之作。这种“新而中”的创作大概就达到了“神似”，或者是“传神”的境界吧。我觉得香山饭店确有刻意传神之处。

贝先生说，“一般中国人对中国的建筑通常有两种做法，一种是模仿红柱金顶的故宫式样（这种建筑在台湾很多）；另一种是完全西式现代化，他们的理由是酒店既是为外宾所建，不如完全西式。而我要走的是‘第三条道路’，即把香山饭店设计成不是照抄照搬中国传统的建筑物，也不是所谓‘现代化建筑’的玻璃金子。”我理解他是要创造把民族化和现代化联系起来的建筑。实际上，贝聿铭探索这“第三条道路”获得了相当的成功。当然这不是唯一的路，但确实是有益的前进。贝聿铭这里用“民族化”的提法，我感觉比用“民族形式”准确。讲形式容易使人误解为某种固定的形象（如过去把大屋顶或贴琉璃当作民族形式），而“化”是一个过程，没有固定的模式可搬，所谓出神入化，就是要吸收和消化许多东西后才能做到这个“化”字。

我们提倡民族化的目的（或说内容）是为了把外来的东西变得更适合中国国情。离开这个内容奢谈什么形式就没有是非标准了。事实多次证明，完全西方现代化的东西总是难以适合当今中国人的需要。民族化绝不是谁主观上提也可不提也可的口号问题，民族化是历史的必然趋势，中国建筑师应当认识到这是我们的历史责任。

贝聿铭运用了许多我国人民喜闻乐见的建筑细部处理手法，如白粉墙、灰砖、月门、马头墙、歇山顶、四合院等，但不拘旧法，而更重视庭院与建筑的结合，以及借景、选景这些无定法的东西，表现出他孜孜以求、刻意传神、敢于创新的精神，这是值得学习的。

五、重视体量和空间

参观过香山饭店的人，无不赞扬整个建筑的协调统一。设计上重视体量和空间这些大的关系，如同对待雕塑，只作建筑上的减法，力求手法简洁而不是一加再加。这是很重要的指导思想和做法。

贝聿铭不远万里把近2米见方，包括部分香山地形，重达上百公斤，比例尺为5万分之一的香山饭店模型，由美国空运到北京来，与现场对照，征求意见，此事是他重体量和空间的一个明证。

贝聿铭对室内外空间，包括11个小院和主庭院，反复思考研究，多方征求意见。利用玻璃罩顶、通道天井、楼梯天井、室内种植等多种手法，创造出大小、明暗、高低不同，隔而不死，大小流通，成组成群的空间，变化十分丰富。体量上压低层数，用白灰两色和纤细的装饰线条尽量减弱建筑的重量感，使它在园林之中无庞大笨重之感，而辉映着自然光影、绿化、蓝天、水面。

四季厅是室内空间的高潮，主庭院是室外空间的荟萃。香山是美丽的花环，人造湖成为香山的露珠，饭店的建成又为香山增一佳景。

六、设计思想与现实

一种正确的理论和设计思想转化为现实的过程往往不容易一帆风顺，它会不断遇到很多主观和客观困难，甚至一时遭到惨痛的失败，这一点甚至建筑大师常常也不能幸免。失败并不可怕，可怕的是人们从此把正确误认为错误。只要思想、方向正确，奋斗即使失败了也是一份贡献。贝先生的设计在不同程度上实现了上述几点，使我们受到启发，不足之处也值得我们研究。

（1）“环境第一”的思想贯彻不力。设计者只看到香山“宝地和宝树”这个小环境对饭店如何有利，而对于城市总体规划的大环境则考虑不足，因此造成定点不当、占据静宜园旧址的失误，带来古迹保护、饭店和公园管理上的许多矛盾，特别是其距机场一个多小时的路程，还常堵塞，交通不便有损饭店的经济效益。选址、饭店规模和标准的高低不当，建筑师也有一定责任，这是建设的前期工作忽视了可行性研究带来的后果，值得深思并引以为鉴。

（2）“一切服从人”的方面有欠缺。我认为需要强调酒店的使用者应包括旅客和管理服务人员这两个方面，酒店设计上不应当只侧重其中一方面。香山饭店的设计对旅客的考虑比较周到，而对管理和工作人员的生活及工作条件等考虑很不够。如服务员使用的楼梯简陋，而且又窄又陡；服务员使用的地下室条件未做适当改善，不符合关怀职工的精神；走道很长，又无垃圾管道设施，使部分旅客出行和管理都不方便。

（3）由于对中国国情和一些具体条件的不了解，好的动机没有得到预想的效果。如采用磨砖对缝的做法，不仅提高了造价（一块砖合9元），而且高处窗户边的磨砖质感效果和水泥抹面差不多，不能不说有点得不偿失。园林空间、绿化处理上也有类似情况。由于高差控制不准，局部竟差1.6米，使整个建筑物及其园林关系，以及室内外地面和自然山坡地形的关系不尽和谐。

——原载《建筑学报》1983年第4期
并被美国建筑学会会刊英文版
《AIA》全文转载于1983年第11期

新技术革命与建筑学会的对策刍议

以电子计算机为主角、以信息革命为特点的世界新技术革命已经兴起，智力和知识的重要性上升到前所未有的高度，现代社会充满着智力和知识的竞争，这对于我国每一个机构、每一个社会团体、每一个人都是严峻的挑战，建筑学会也不例外。

一、建筑学面临的挑战

建筑学面临的挑战应该说更全面，更复杂，也更紧迫。建筑学有其特殊性，它不同于一般的自然科学，本身有多面性。它是工程技术、艺术、社会科学和自然科学相互渗透较多，彼此结合较紧，涉及学科更广的一门多边缘、多侧面的学科。建筑学是当代社会文明的集成。新技术革命必然引起建筑学的革命。

具体来讲，建筑学和城乡规划、区域规划学、园林学都是非常复杂、综合性很强的学科，几乎无所不包。每一个新学科的出现，经济、社会、文化、科技每前进一步，都会在建筑和城市规划上反映出来。对建筑学影响特别大的，如产业结构、科技结构、智力结构、就业结构、消费结构、人口结构、生态结构，将引起全国城乡及经济社会形态、结构组成和内外部联系的深刻变化。如果我们的知识不足，预见性不够，就会影响学科和行业的发展。必须看到我们面临的挑战，迅速作出反应，采取相应对策。

建筑学的特殊性带来建筑学会迎接挑战的紧迫性和必要性。不久前，建筑学会成立30年，总结了四条基本经验：①学会的性质、特点、任务；②学会活动要面向经济、文化建设；③以“四化”建设需要为中心，开展国际交往；④做好科普、刊物编辑、科技咨询工作，提高行业水平。这些经验，为学会今后的工作打下了一个良好的基础。可是，面对新技术革命，我认为还要有一个新的要求，应当从这四条出发，把我们的认识提高到理论的高度、基本规律的高度，这样才不至于停留在一般的号召水平上，才有改革的决心和明确的奋斗目标。

建筑界目前最薄弱的是理论这一环节。我国急需建立新的具有中国特色的社会主义的规划理论、建筑基础理论、建筑工程理论以及新技术、新工艺、新材料构成和应用理论的体系。学会的当务之急是，应针对我们存在的问题进行认真全面的科学分析，找到进行改革即开创新局面的出发点。

建筑学迎接挑战有些什么困难呢？

我认为主要表现在三个“不适应”上。

（1）思想的不适应。对于学会的性质、任务、特点、发展规律，我们至今在思想上缺乏统一的、符合实际的认识。因此学会改革的方向就不明确，有的主张发展，有的主张缩小，甚至有的主张取消，三种意见都不同程度地存在着，办学会的思想比较混乱，长期处于这样一种思想状态显然不行。最近中央明确提出，科技工作的战略指导思想是“三个面向、一个特色”。

“三个面向”是面向现代化、面向世界、面向未来，“一个特色”是建设有中国特色的社会主义。这当然也是学会工作的指导思想，必须认真学习领会，坚决贯彻执行。为了更快更好地实现“四个现代化”，中央把“2000年的中国”以及“新技术革命和我们的对策”（简称“两个研究”）这样具有战略性的课题交给中国建筑学会研究，要求学会为国家决策提供科学依据。这是中国建筑学会发挥更大作用的好时机，也是对中国建筑学会工作的信任和考验。我们的思想必须迅速跟上去。

（2）学术、技术、知识水平不适应。我们的知识更新速度还抵不上知识随年龄同步老化的程度。过去建筑教育培养的往往是某个专业甚至是专业的某个分支的人才，知识面很窄。现代科学的发展特点是：多学科的综合性研究趋势增长，更具有预见性；定性和定量化研究方法加强，更具有科学性；应用性研究比重增加，大大缩短了从基础研究到实际应用的转化周期。在这三个方面，学会应该发挥更大的作用，把学术活动集中到有全局性、战略性，能引起突破的课题上，合力攻关。改变我们现在习惯的手工业方式，改变单枪匹马、打一枪换一个地方、不连续、低水平重复的局面。特别应当清醒地看到：①我们在建筑理论上很薄弱，新理论（特别是三大理论：信息论、系统论、控制论）尚未在中国建筑实践中运用。建筑是一个复杂的大系统，有众多的子系统和要素，不能继续在“适用、经济、美观”三要素上徘徊不前了！②方法上单一，新的方法尚未引起建筑界重视。目前主要靠思辨逻辑思维作定性分析（俗话叫拍脑袋），而缺乏形象思维和定量分析。尽管形象思维本来是建筑师的优势，有着久远的历史，但现在我们落伍了。③研究方式手段的落后，靠人力、手工业式的各自为战，缺乏明确的目标和有力的组织指导，很少坚持系统的连续性的研究。研究成果主要是论文（论文的内容也很窄）、幻灯片，模型不多，实验性建筑和实验区更少，电脑的运用极少。这些都阻碍了我们对整个学科、整个行业进行整体系统的研究，从而限制了我们达到全局性、整体性的认识。

（3）组织机构、人员上的不适应。在中国建筑学会的事业不断发展、任务不断增加的情况下，组织机构、人员未及时作出调整。现在比较普遍存在的问题是，学会必要的人员、机构、设施都不健全。学会专职工作人员少，兼职多，借用多；年轻人少，老年人多；干具体事的人少，担任领导职务的人多；机构正常运转时间少，长期超负荷工作的人多。力量与任务很不适应，工作被动、忙乱，常常是忙于应付眼前的事务性工作，涉及全局的、战略性的、综合性的重点工作缺乏力量。干部“四化”问题落实不了。学会和协会的职责不分，沿用着学会的机构做协会的工作，无法保证工作的质量和数量。可见，学会组织建设工作作为学会改革和发展的基础是亟需加强的。

二、国外建筑学会的对策

这里介绍美国、日本等国外建筑学会，在“新的产业革命”兴起以来，即20世纪50年代以来，随着新的科学技术革命的出现，其发展和对策的一些情况，作为改革的参考。

近27年，是世界经济、科学技术发生飞跃变化的一个时期，是一次科技革命。其主要标志是许多学科的重大突破和原子能、电子计算机的广泛利用。它们使劳动生产方式、生活方式提高到自动化、现代化水平。与这次科技革命同时出现的是世界性的能源危机、城市人口爆炸、环境污染、生态平衡破坏等一系列社会问题，需要研究相应的对策。

1．美国建筑师协会（简称AIA）

许多资本主义国家的建筑学会都是在第一次产业革命兴盛期产生的。美国AIA成立于1857年2月；英国的RIBA于1853年成立；日本晚些，于1886年成立。

美国AIA成立的100多年来，经历了初创时期（1857—1881年）、健全发展时期（1882—1956年），和近些年发生飞跃变化的时期。AIA面对新的技术革命和上述一系列社会、环境、能源问题，采取的相应对策之一是对学会本身体制不断进行改革。1972年成立研究公司，综合运用多种专业素养的人才来研究人类在国土利用上应采取的方针政策，根据国家财力情况，制定建筑耗能标准，探索长、短期节能措施，提出改革国土利用策略、投资方式及控制增长与发展等建议。根据国家需要成立相应机构，面向决策为政府提供决策性咨询，对立法提出具体建议，这是AIA有历史意义的一大进步。

20世纪70年代以来，美国建筑业成为衰退最严重的行业之一。1975年，为了阻止衰退，AIA从经济上资助学会某几个专业和个别会员。根据形势的需要，AIA于1980—1982年，连续三年把建筑节能专业作为首要的事情来抓，特别是在太阳能的利用上，超过了起步较早的北欧国家。显然，美国建筑师协会适应形势发展的需要，业务的范围扩展了，本身更具有开拓性、综合性，不仅抓具体的工程项目，而且组织进行宏观预测和决策的研究。为了适应形势发展的需要，1981年AIA进行了全面改组，形成了现在的三个实体：AIA主体、AIA咨询服务公司和AIA基金会（图1）。至此，可以说，AIA在组织系统上进入了比较成熟和完善的时期（详见本文附一）。

2. 日本建筑学会

日本建筑学会的组织机构（图2）和基本工作只相当于美国建筑师协会中的学术系统，因此工作比较单纯，即，为促进建筑工程理论、技术和艺术的进步与发展，每年召开两次大会，视情况安排调查研究和讲习会、讲演会；出版建筑杂志（每年12期）；参加国际组织活动；颁发学会大奖（每年1次）、学会奖（每年10次，设奖金及奖章）；组织国际人员交流和国际文献交流。

日本建筑学会的前身是“造家学会”，成立于明治维新时期的1886年，其体制是参考英国皇家建筑师协会（RIBA）建立的。日本建筑学会成立虽在19世纪，第二次世界大战以前却发展很慢，直到20世纪50年代才有了较大发展；1946年成立城市规划协会；1950年成立民用建筑学会；1951年成立城市规划学会；1952年成立住宅协会；1953年成立城市学会；1963年成立空气净化学会；1975年成立城市与区域规划学会。日本这种情况与我国目前学会纷起的发展趋势极其相似。日本现有建筑士（含一、二级，相当于我国的建筑师、助理建筑师）共482051人，超过我国10倍多。

3. 国际建筑师协会（UIA）

国际建筑师协会在组织上与日本建筑学会大同小异（图3）。

三、国外学会实践对我们的启示

通过对国外建筑学会（协会）历史和现状的简要分析，我认为至少有以下几点值得注意。

（1）学会作为科技工作者的组织，其产生、发展以及某方面作用的兴亡，必然与产业革命和科学技术水平、社会经济发展阶段相一致。目前新的技术革命兴起，各类

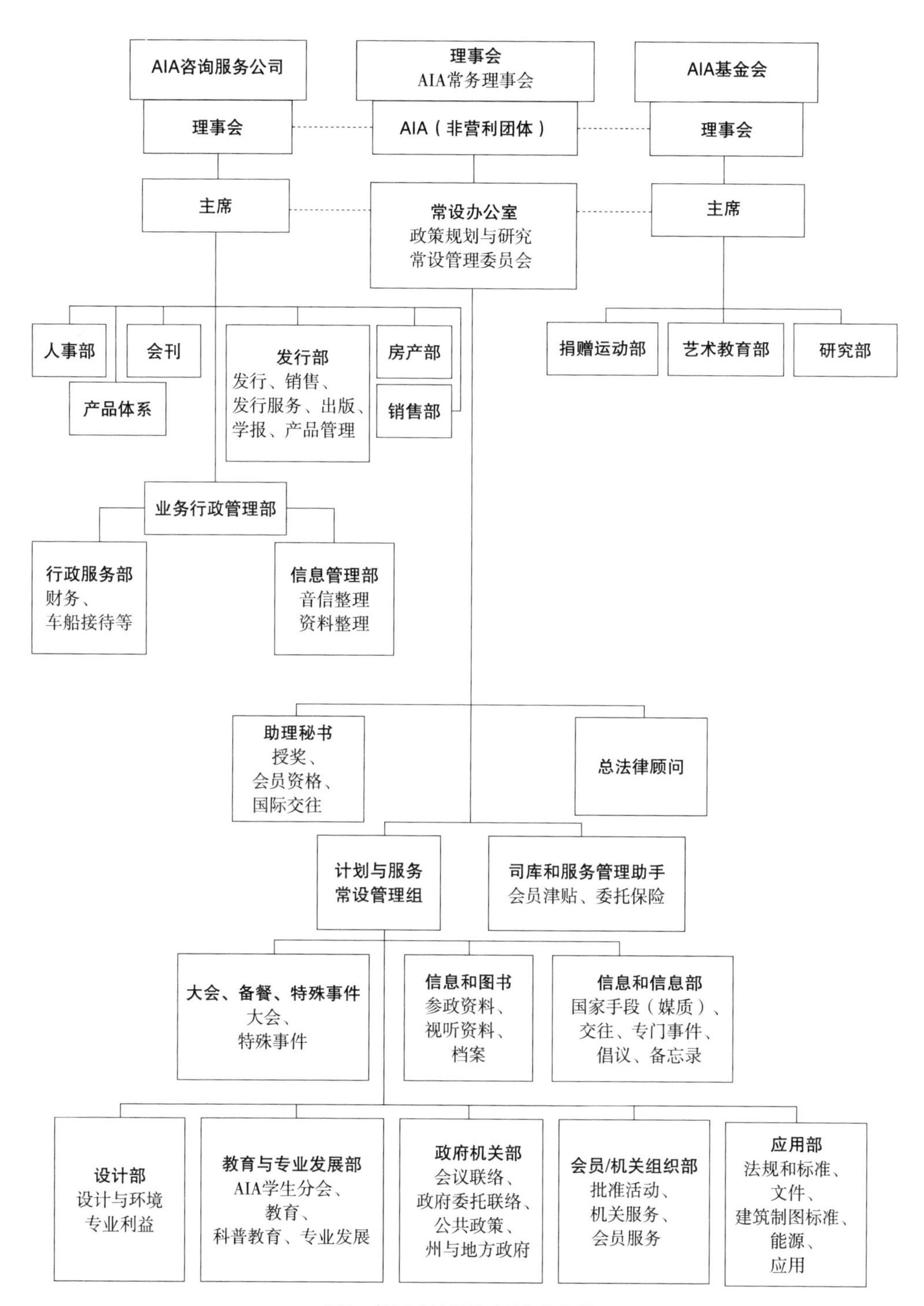

图1　美国建筑师协会的组织机构

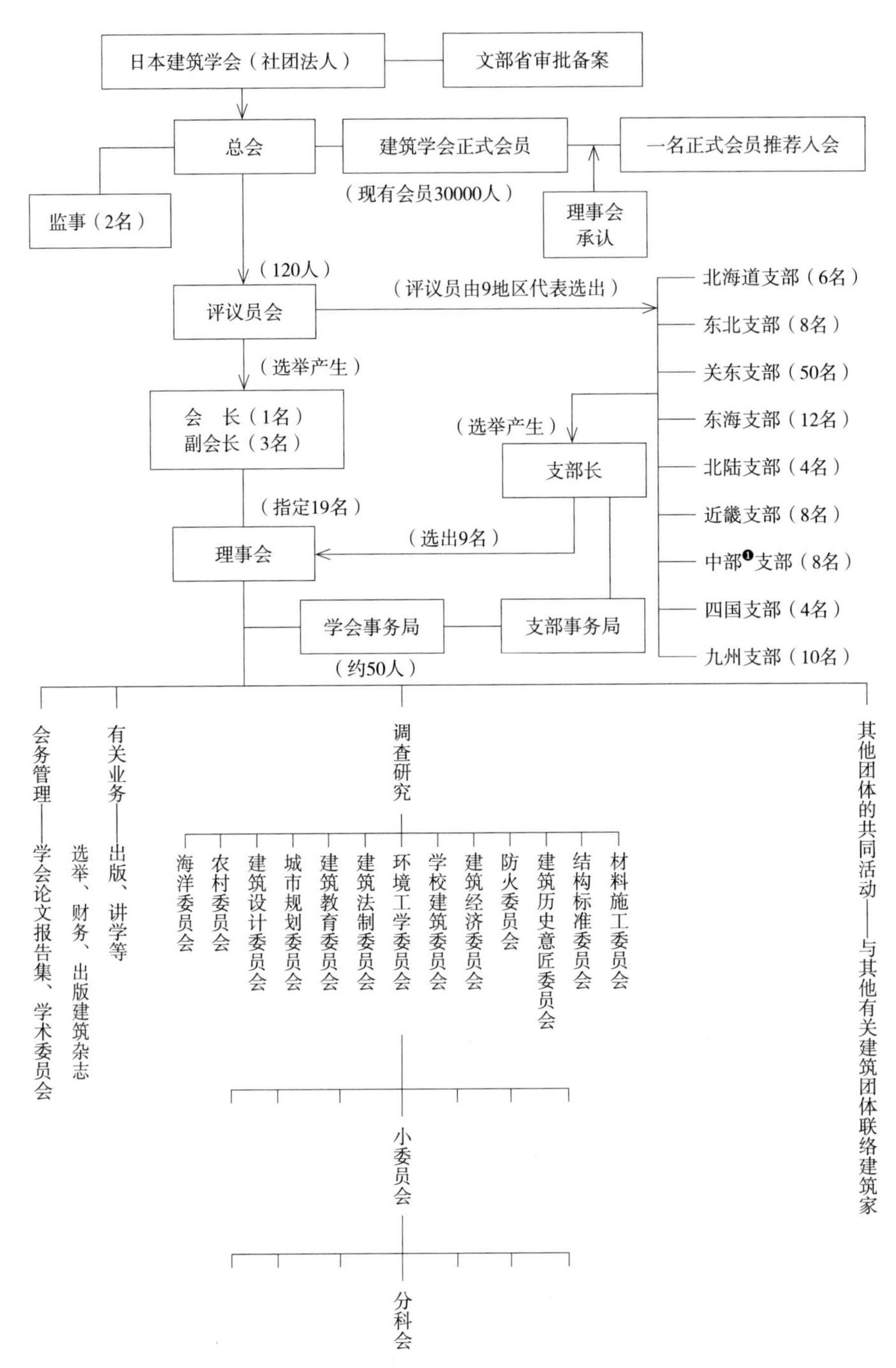

❶中部指冈山、广岛、山口、岛根、鸟取五县。——译注

图2　日本建筑学会的组织机构

主　席　1人
副主席　5人
秘书长　1人
司　库　1人
} 执行局

理事会：主管某一方面事务的代表
理　事　20人
代理事　20人

会讯报道事务
国际关系事务
人类关系事务
信息关系事务
设计竞赛事务
通讯出版事务
研究工作事务
职业发展事务

工作组（现有9个）
①职业实践工作组；②建筑师培养工作组；③居住建筑工作组；④公共卫生建筑工作组；⑤教育文化空间工作组；⑥工作、商业空间工作组；⑦体育、休憩、旅游设施工作组；⑧城乡规划工作组；⑨施工、工业化工作组。

图3　国际建筑师协会组织概况

科学技术学会（不仅是新兴学科的学会）都必须发展。能发展者能生存，要以发展求生存，才能顺应这一发展趋势。作为建筑学会本身也应欢迎城市科学研究会、住宅研究会、园林学会等的成立，这是学科发展、事业发展的需要，它说明只有原来的一个建筑学会已经不能适应新形势、新任务的要求了。

（2）学会、学科、行业、会员（科学家、科技人员）四者是互相促进、同步发展的。这里的核心是知识技术的更新换代。每当出现一门新的学科或一个新的行业，研究从事这一专业的科技人员有了组织起来的觉悟时，便会产生新的学会；学会的产生又会促进学科的发展、行业的发展，以及促进会员科技知识水平的提高。这本是显而易见的事实，却常常被人们忽略，甚至往往不恰当地过分宣扬个人（所谓大师）在科技发展上的作用，闭口不提学会组织在科技发展史上的重要作用，这是违背辩证唯物主义和历史唯物主义观点的。只有三年历史的日本光产业协会在促进日本光产业的发展上所做出的贡献是很突出的（详见本文附二）。

（3）国外学会组织为适应学科发展的需要在纵横两个方向都表现出发展趋势。或像美国那样更具综合性，扩展成几条系统；或像日本那样侧重专业性学术主体的发展，增加分科学会。综合性学会内部一般表现出纵横两个方面的发展；而专业性学会内部主要是纵向发展，有理事会、学术委员会、小委员会、分科会，分得越来越细，其横向发展表现在外部学会、学术委员会的增加上。尽管上述美国式的综合性或日本式的专业性组织形式有所不同，它们的共同点是以适应新产业革命内容为目标，重视电子计算机、能源、信息、材料工业等对建筑的影响，力求把这些最新的科技成就引入建筑领域，使建筑科学、艺术、技术全面得到更大更快的发展。

（4）学会活动范围空前扩大，内容更加丰富。它们远远不局限于学会初创时期只着眼于本行业利益的狭隘观念，而更多地面向社会、面向国家、走向世界。学术交流不限于本学科，增加了许多边缘学科，甚至直接与社会科学家、企业家、行政长官携起手来，解决社会、国家、经济上亟待解决的问题。不仅重视学术活动，也重视社会活动和智力开发、经济生产活动，以达到尽快把科研成果转化为生产力，早日取得经济效益、社会效益、环境效益的目的。改组后的AIA，大力发展咨询服务和基金会系统，变成不仅有学术优势，而且有经济实力和社会影响的组织，把学术和生产、立法、教育等结合起来，表现出更大的独立活动能力和极大的活力。日本的学会模式，则在社会活动能力和成果转化能力、经济实力、综合能力上稍差一筹。

四、建设具有中国特色的社会主义学会

建设具有中国特色的社会主义建筑学会是个大题目，本文只能扼要地谈一些有关建筑学会的粗略想法。

（1）要树立体制必须改革的思想。

改革学会应更好地体现中央的指导思想，体现学会的学术性、群众性、开拓性和预见性。在新的历史时期，如果停留在一般地讲“挂靠”，讲纽带、桥梁、助手作用是不够的。更重要的是，目前对作为生产力的科学技术性、学术性在经济建设中的开拓作用、智力开发作用认识不够。学会的生命力就在于能否发挥其人才学术、技术、知识、信息的优势，起到咨询、开发和转化作用。

中央要求科技工作要“面向经济建设，依靠科学技术”，把“三个面向，一个特色”作为指导思想，面向现代化，面向世界，面向未来，建设中国特色的社会主义。这也是中国建筑学会工作的指导思想和改革方向，需要我们联系实际、创造性地加以贯彻。改革的目的是抓住时机，迎接挑战。

（2）担起三大任务，搞好三个结合。

学会工作主要应担负起三大任务：学术交流、知识更新以及科普、科技咨询。三者相互联系，相辅相成，均有普及和提高两方面的要求。在新技术革命发展的形势下，它们的内容更新更丰富，要求更高、更迫切。这里有三个关系值得重视：学术活动必须与决策相结合，必须与生产相结合，必须与知识更新和普及相结合。三个结合

的中心是，使科学技术面向经济建设，及时地把科研成果转化为决策，转化为生产成果，转化为科技人员的知识。只有完成这三个“转化”，才能真正发挥科技进步在“四化”中的核心作用。

（3）在学会的机构设置上必须加强四大部门，明确协会和学会职责的区别和联系。

所谓要加强的四大部门是：学术部、科普教育部、咨询部和信息部。从本质上讲，学会是信息组织，必须重视信息的及时收集、贮存、处理、交流、扩散、转化等环节。信息是科研、科普、咨询的基础，应当成为学会的中心部门。协会更带行业性、综合性，学会更具有学术性、专业性。前面讲的美国的是协会，日本的是学会。目前我们的情况实际上是：学会的机构干着大量协会的工作。因此，无论人员、机构、经费等各方面都与所担负的任务不相适应。尽管大家忙忙碌碌，非常辛苦，却难以取得令人满意的效果。在确定发展方向上（往协会还是往学会前进），必须联系实际；在组织机构、人员经费上要保证重点。

（4）加强党对学会的领导。

这是核心，是克服学会“散”和“软”的关键。过去用政治代替学术的“左”的做法显然不对，但目前确实亟需加强学会的思想政治工作。在民间学术团体中，如何做好党的工作，发挥党组织的核心作用、党员的模范带头作用等问题，更有加强研究、提高水平的必要。

党的领导，主要是通过组织和宣传两个部门的活动来体现，要明确组织部门和宣传部门的职责和任务。现在管组织工作的部门已有，设立宣传部门是当务之急。宣传部门是抓思想政治工作的核心力量，它对内做学会本身的思想政治工作，宣传党的方针政策；对外宣传学会的性质、任务、作用及宣传不断完成的研究交流成果等，以争取社会的承认和政府的支持。长期以来，我们比较熟悉造政治舆论，但对于科学技术工作同样需要造舆论却认识不足，自上而下地进行知识更新的宣传是十分重要的。

（5）特别要加强建筑理论的研究和应用技术的研究，引进新理论、新方法、新手段，建立建筑科学技术知识结构体系。

理论是我们的事业和学术思想的基础，又是前沿。理论上的薄弱是“散、软”的基本原因。目前“2000年的中国”和“新技术革命和我们的对策”这两个研究，既是面向国家决策的复杂工程，又是学科、行业开拓性的工作，搞好这一学术活动将会促进学会和业务部门各方面的工作。

目前亟需组织专门班子，做些基础工作。首先收集并摸清本学科、本专业的“两个水平，一个差距”（即国外发达国家20世纪70年代末80年代初的水平和趋势、国内现状水平和差距）的资料，研究我们工作的出发点，明确建筑基本理论的研究对象、范畴、规律等重点需要解决的问题。阐明建筑学的特点，要运用系统论、信息论、控制论的观点，以克服当前把建筑学只当作一门自然科学，或当作一门生产技术，或当作主要设计创作的片面观点，改变在适用、经济、美观三要素上徘徊不前的局面。

在研究方法上要重视学习新方法，不仅要靠逻辑思维方法作定性分析，而且要加强形象思维和定量分析，采用系统工程的分析方法。在研究范围上不仅要注意硬技术，更要注意软科学。以免陷入细枝末节，抓不住主要矛盾。只有从宏观上对建筑学有总体的认识，掌握全局，才能对局部作出恰当的调整。

面对新的技术革命，建筑学会义不容辞地要掌握时机，迎接挑战，采取正确的对策。为开创学会工作的新局面，作为学会会员的我们应当有强烈的责任感、学习的紧迫感、参加信息革命的幸福感。我们有优越的社会主义制度，有马列主义毛泽东思想作指导，重大的突破一定会从我们的双手中产生！具有中国特色的社会主义学会必将在我们这一代形成和发挥重要作用。

附一：美国建筑师协会（AIA）概况

1. 美国建筑师协会总会的组织系统

1981年，AIA改组后的组织系统分三条线，或者叫“一个主体，两个翅膀”。主体是非营利的群众学术团体：AIA的理事会、常务理事会、常设办公室；一翼是AIA咨询服务公司——一个经济实体，是AIA的经济基础，负责管理、销售、房地产、发行、业务行政、学报、人事、培训建筑师和工程师掌握最新技术等工作；另一翼是AIA基金会——筹措基金，奖励、资助教育和研究的机构。概括地讲，AIA总部的组织机构共分3个系统、4个层次、21个部门。

2. 美国建筑师协会的基本工作

1）理事会下设常务理事会，领导常设办公室。常设办公室监督下列部门的工作。

（1）助理秘书办公室。协助秘书落实各种计划，负责办理会员入会手续，实施AIA奖金计划，协助协会拟定细则中的义务轮廓，处理国际交往，督促工作人员的设计施工合作等。

（2）总法律顾问。既负责协会内部也负责协会外部个人和团体的法律顾问工作。

（3）部门事务管理处。执行或监督协会和有关团体业务。特别职能有财务、建筑管理、资料整理、人事、购物、装运和接待。

（4）计划服务管理执委会。主要是同其他专业设计施工单位联络，配合会议部、设计部、教育专业发展部、图书部、人事部、业务部、公共交往部工作。

（5）会议部。组织和落实年会、掌握基层会议部门或其他会议部门，筹备协会举办的一切活动。

（6）设计部。管理AIA一切活动、计划和产品（主要指那些设计优秀的产品）。负责提高建筑师设计修养，通过出版、会议和计划，鼓励提高建筑艺术质量，满足顾客要求。

（7）教育和专业发展部。鼓励和发展那些“最有潜力的新专业”，促进教育和训练质量的提高和计划的采纳，监督专业考试程序。

2）咨询服务公司。

（8）图书部。负责提供参考文献，为会员（或团体）提供视、听、借阅服务。现有图书2万多册、现代期刊400种以上，还有大量幻灯片和一些珍贵书籍、AIA档案。

（9）人事部。向州和地方提出人员组织的计划和信息，组织培训，及处理吸收和保留会员资格的协会服务。

（10）业务部。负责AIA成员发展改进专业能力和效率的实用工具，并管理协会的能源计划。

（11）重点公共交往项目部。负责引起公众对建筑和AIA的关注。

（12）出版部。提供服务、生产所需资料设备等，出版所需制作、讲演技术工作，及其他学会创造的或通过协会推销的物品。还负责学报的出版、订阅和发行。

（13）会刊。每年出版14期，是协会主要的定期专业文献。

（14）四个附属团体。基金会、研究公司、建筑师和工程师集团和生产体系组织。

3）基金会。

（1）基金会是非营利的教育机构。负责捐赠，接受和给予礼品、钱财和遗产。提供建筑艺术的奖学金，协助研究单位和设置奖金。

（2）研究公司于1972年创立，为非营利机构，进行对国家有重大影响的建筑环境研究。它首先靠政府委托和私人企业的基金支持。

（3）建筑师和工程师集团和生产体系组织，是AIA自营的公司，根据发展、产量、生产运转情况取费，A/Es基本上是系统化应用。主要经营两种计划——详细计划和概算、概略计划的系统管理和财务系统。

附二：日本光产业技术振兴协会的作用

激光技术在日本是近几年才发展起来的新产业，但目前在光通信等领域已居世界领先地位，这主要得力于日本的“光产业”政策。

20世纪70年代末，日本政府看到激光对新产业革命的意义后，立即由国会通过发展光产业的法律，确保它在国家预算、补助费、税收、贷款等方面获得优惠待遇。1980年，日本成立了有100多个电机、光学、钢铁、银行等厂家和用户参加的“光产业技术振兴协会”；1981年向欧洲和美国派遣了考察团。1981年后，日本两次主持举办光技术国际会议，以吸收外国的最新信息和技术。近年来，每年还举办光技术展览会，出版介绍光技术的刊物。

由于这种官民一体联合开发的政策，目前日本光产业已达4亿美元，与航天业相等。

——原载《建筑学报》1984年第5期

香港的房屋、土地管理与屋邨建设

1984年末，中国建筑学会香港建筑访问团一行，在香港进行为期两周的考察，受到香港有关部门和同行朋友热情友好的接待，以及中国海外建筑工程有限公司驻港部门和华森建筑与工程设计公司的大力支持。香港有关部门和同行热情介绍情况，提供资料，陪同参观，使我们对香港的城市建设与管理印象深刻。本文介绍我们感触最深的几方面情况。

一、香港公共住房的管理情况

香港公共住房的管理统一由房屋委员会负责，房屋署具体实施。公共住房的租金仍旧采取低租金政策，现行住宅单位租金平均占住户家庭收入的7%以下。考虑管理、保养及其他费用的增加，屋邨地点、所提供的设施和服务的价值及住户缴付新租的能力等情况，每两年考量及调整一次住宅单位租金。据1984年发布的统计数字，有独立厨厕设备的公共住宅单元每平方米租金平均为9.3港元（私人住宅为77.4港元）。由于旧屋邨租金非常低廉（表1），在1982—1983年度出现了高达1.36亿港元的赤字。

每平方米永久性住宅的平均月租金　　表 1

	单位	1978年	1982年	1983年
私人住宅	港元			
40平方米以下	港元	20.6	75.4	77.4
40～69.9平方米	港元	20.7	73.0	70.8
70～99.9平方米	港元	20.7	80.2	76.1
公共房屋				
有独立厨厕设备	港元	5.0	7.8	9.3
无独立厨厕设备	港元	3.0	5.3	6.6

公共房屋实行分类管理，采取不同的租金标准。商用房屋均由商人出租金竞投。租期通常为三年，续约时租金将提升至接近市价水平，如加幅甚大，按政策分两年或三年逐期加租。1982—1983年度，由商业单位所得的盈余高达2.75亿港元。对于供福利机构使用的房屋（如儿童及青年中心、托儿所、社会及社区服务中心、图书馆、自修室、慈善诊所、庇护工场、弱智或弱能人的宿舍与中心等），采取优惠租金方式出租。用作老人宿舍的单位则以一般住宅租金租给志愿机构。租作医务所及各行政部门办事处的单位，其租金通常与商业铺位的租金看齐。

香港公房租金收缴率甚高，达99.99%以上，是房屋署引以为豪的。这与制定合理的租金政策，采取一系列有效措施，为住户服务等努力分不开。一般欠房租的都有不得已的原因，如失业、家里突然有病人或其他意外事故等，房管人员发现这类问题时，不是强迫收租，而是帮助住户找职业，或联系福利救济机构给予救济。这样，既解决了欠租问题，又安定了社会。

香港的屋邨管理有几点值得特别提出：

①管理思想上有明确的社区概念，注重加强邨内居民之间的联络，互相帮助，加强团结，发动大家改善自己的环境。

②在规划设计上，不是搞平面的单纯的居住区，而是搞竖向的综合区，使居民能就近就业、休息，享受各种现代的、完善的文化福利设施。

③组织上，为配合地方行政计划的发展，房屋署将属下的高级屋邨管理人员分派到各区工作，使他们能够与当地区议会及地方团体保持密切联系，共谋改善公共屋邨的管理服务和居住环境。屋邨的职员经常探访住户，保持密切联络；此外，经常与880多个互助委员会及居民协会举行会议。

④通过各种措施缓和居住拥挤户的问题。1973年人均居住面积低于2.23平方米的住户有7.7万个，占39.1%，到1983年此数字降到9%。随着新屋邨的陆续建成，调迁机会增大。

⑤屋邨内的公共设施卖出后仍归房屋署下的屋邨管理部门管理，虽向住户收一定的管理费，由于提供多种服务（包括一部分行政保安等），保证了使用和环境的良好，居民仍感满意（表2）。

⑥为提高屋邨的管理水平，房屋署十分重视管理人员的教育和培训。使他们有责任心，有对工作的热忱。要求他们既能代表住户需要，又有工作所需的知识和能力。房屋委员会聘用的专业房屋管理人员常得到上级鼓励考取必须具备的专业资格，在

房屋委员会辖下屋邨设施 表2

	单位	1978年	1982年	1983年
商业铺位/街市档位	间	16200	18800	19000
小贩档位	间	8700	5300	5300
学校	间	172	191	205
幼儿园	间	145	175	188
诊所	间	180	279	299
托儿所	间	43	66	70
青年及儿童服务中心	间	86	109	135
其他社会及福利机构	间	242	560	641

2304名房屋职级的职员中，有553名是英国屋宇管理学会专业会员，还有372名正在进修香港大学有关课程，准备考取此项资格。

⑦优先给老年人分配房屋。每个屋邨均按一定比例修建老人居住的房屋。

总之，香港的房屋管理，目标是保证社会安定，创造美好的屋邨环境；管理上是经营型的，不单独靠政府补贴；注意吸收社会、私人手中的资金；在管理方法和管理人员方面均具有现代化手段、知识和能力。

二、香港土地的管理

香港的土地均属官有。土地被香港当局视为最重要的资源，竭力进行有效的利用、开发和经营管理。1980—1981年，香港来自地政部、地政产业的收入高达106.9亿港元，占当年收入的35.4%，可见经营地产的重要作用。香港当局紧紧抓住土地官有、官办地产这个核心，在两方面获得成功：一是获得雄厚的资金，支持公房的建设、管理和维修；二是借此吸引海内外、社会和个人的大量资金用于开发和城市的市政建设，从而达到统一组织开发、逐步实现规划目标、改善居民的住房条件和城市环境、调整工业布局、为居民提供足够的就业岗位、安定社会、发展经济和文化的总目的。

香港的地政署设有三个部门：测量部及城市规划设计部，还有法律咨询组及行政组，负责全港有关地政事宜。

地政部负责所有与土地行政有关的事宜。它负责批签地契、官地的公开拍卖、投标及特许批租、签发短期租约及使用官地签证。官有建筑物及以前租出的，而现已通过收地或因地契期满而重归官有的土地上的建筑物，也由该部负责出租和管理。

地政部还负责处理收回因进行市区重建及环境改善计划而辟作公共用途的私有土地，和官契的重批及续约事宜。其他任务包括对官营的土地交易与土地使用有关的计划作出估价以及与计划有关的估价工作。

香港执行土地官有，可以拍卖或租给私人使用的政策，租期为75年，期满后可在重付地租后再续期75年。土地的用途必须按香港建筑条例、立法和规划的限定，并利用地契的形式作为土地管理的手段。主要要求均在地契上注明，如使用年限、土地使用性质（仓库用地、工业用地、住宅用地、商业用地……）、要求的建筑密度、人口密度、停车位多少等。不同地区、不同使用性质，地价也不同。仓库用地较便宜，工业用地较贵，原地契为仓库用地改变为工业用地的，要经批准，且要补交地价的差额。对于市中心商业地点等最敏感的地区，作为批地文件的一部分附有详细的管制图，明确规划的要求和形式。如发生违例事件，当局可凭批约检查，视情节轻重给予制裁，最终制裁是“没收”屋宇土地，此系有力的管理手段。

土地的售卖和批出方式有三种。

①新市镇当局，是把大部分（约75%）的出售地盘以投标方式批租，其余（25%）公开拍卖出售。

②根据有关规定，100亩出售地盘交开发商，需将整块土地平整及铺设公用服务设施后，四六分配使用，即40亩留作私人住宅发展用，60亩土地交回当局批租。

③第三种方式，当局以私人协约方式批出多幅重要土地。有资格获得私人协约方式批地的机构有如下几类：凡提供社区、康乐及团体活动的机构（如建新马场、体育中心）；教育机构，如商学院、学校基金会；公共服务机构，如电话公司、电力公司、煤气公司等，还有些不营利的宗教及福利团体等。

土地的临时利用。香港有些土地，现已平整及铺设公用服务设施，但仍未立即作开发用，为避免荒废这些土地，更重要的是防止擅自占用这些土地，有关方面制定临时土地用途的全套计划，并将这些地盘以投标的方式租出，租期可长达三年，作为许多无需任何永久性建筑物的用途，例如储存承建商的货物及机械，作停车场、混凝土厂等。有些行政部门也以短期方式充分利用这些土地，即按规定将土地用作储存、工地、康乐等不需要投入大量资金的用途。

除了管理好、利用好现有土地，香港十分重视结合发展项目填海开山造地。开山填海的巨额工程有不少是吸收私人公司进行的，此项做法既改造了地，修了公共服务设施，又部分解决了建设资金不足的问题，一举数得。

香港各项建设，乃至市政基础工程也主要靠私人投资，如公共汽车、电车、铁路都是私人经营。当局在无力投资的情况下，主要靠提供土地资源，使得公私两利——私人有钱可赚，当局靠吸引私人资金兴办公益事业。具体办法是，让私人能从当局多给的土地上办第三产业（如酒店、商店等），把修铁路等大型市政交通设施赔的钱赚回来。对于专办公共福利事业的，如建廉租屋、“居者有其屋”、医院、学校等，当局则给予优惠，无偿提供土地。工业地段取税较低，鼓励私人开发，而对于以私人营利为目的的用地，地价极高，严格控制。如1970年官方地拍卖的价格：工业用地为573港元/平方米；营利住宅和商业用地则为4807港元/平方米。目前的地价为：住宅2000港元/平方米；商业用地则为6000～8000港元/平方米。

总之，香港通过严格控制土地、运用经济办法和法制手段（地契）管理土地，不仅大大提高了土地资源的利用率，而且对于逐步实现规划和促进有秩序的开发建设都起着重要作用。

三、住宅建设体制

根据1973年房屋条例设立的香港房屋委员会是负责统筹公共住房事务的法定机构。

（1）房屋委员会的职责：

①向总督提供有关公共住房建设的意见；

②通过行政部门（房屋署）计划、设计及兴建公共屋邨，供多类人士（总督核准的人）居住；

③管理全港公房，清理土地发展；

④策划、兴建及管理“居者有其屋”计划的楼宇。房屋条例赋予房屋委员会法律上的权力，以便执行上述职务；

⑤兴建和管理分层工厂大厦。供小型工厂单位使用。

（2）房屋委员会的机构组成：房屋委员会由房屋司任主席，其他成员包括14位非官方议员和6位官方议员，下辖6个小组委员会，由非官方议员任主席，分别负责处理建房、财政、屋邨管理、行动、“居者有其屋”计划及被终止居住权的住户的上诉案等事宜。即设置财政小组委员会、建筑小组委员会、管理小组委员会、“居者有其屋”小组委员会，以及负责土地开发、拆迁、管理违章建筑的行动小组委员会和上诉小组委员会。这样由财政、计划、建设、管理到法治，成为完整统一的管理体制。

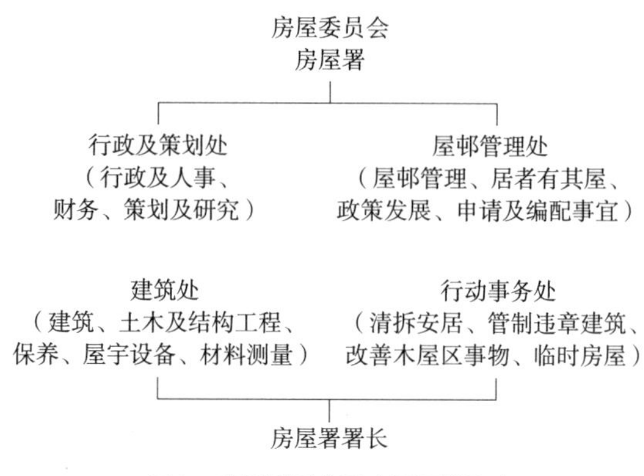

图1　房屋委员会及房屋署的职责

（3）房屋署的机构组成：房屋署是房屋委员会的执行机构（图1）。

（4）“十年建房计划”和“居者有其屋”计划。

1972年，香港当局正式提出了“十年建房计划”，把修建公共屋邨作为解决住房问题的一项重大措施。1977年，又推出“居者有其屋”计划。前者就是廉租屋，其目标是使每一个家庭有独立居住单元（一或二人家庭除外）；单元内有厕所，带供水厨房；单元内人均居住面积不少于3.25平方米。总计划是为150万人提供独立居住单元。“居者有其屋”计划也是由当局提供所需经费，主要目的在于鼓励家境较好的公房住户自买住房；并把他们原来住的靠巨额补助的出租公房重新安置给其他更需要的住户；同时协助住私房而收入低的家庭拥有自置住宅。此外，也邀请私人开发商参与兴建小型单元，以固定价格出售给中下收入阶层的家庭。至1984年9月底，两类计划出售单元共达42049个。

（5）房屋委员会的经费是自负盈亏的。它们来自官方基金、免费拨给的土地和本身大量商业单位出租的收入。“居者有其屋”计划还吸引了一部分私人投资和银行的低息贷款。

总之，香港住宅建设从体制上是由房屋委员会把计划、建设、管理、经营各个环节都统一协调起来，为共同搞好香港公房建设（不仅是住宅，包括屋邨内的各类配套设施）起着突出作用。

——原载《建筑学报》1985年第6期

后新时期中国建筑文化的特征

8年前，我作了“当代建筑文化系列讲座”的第一讲，后来以《新时期中国建筑文化的特征》为题，发表在《世界建筑》杂志1987年第2期上，此文曾被《新华文摘》等报刊转摘，引起较多方面的重视和反馈，后又收入《当代建筑文化与美学》一书。

8年之后，我怀着十分激动的心情书写这个“续篇”，只在原题目的前面增加一个“后”字。因为，值得庆幸的是，中国当代建筑文化，以惊人的发展速度和崭新的姿态，已经跨入后新时期。在我的概念之中，1978—1988年可称为新时期，1989年以后已处于“后新时期”，这是改革开放辉煌15年后期的硕果累累的时期。

一、关于新时期建筑创作的简略回顾与补白

“重新认识建筑的文化价值”，这是《建筑学报》1986年第11期首篇特约评论员文章的标题。新中国成立之后，这是首次郑重提出建筑文化价值问题。该文指出：“建筑是人类文明的综合结晶，建筑是现代化水平的历史记录。”“建筑作品作为‘时代的缩影’‘石头的史诗’，兼有物质产品和精神文化结晶的双重社会价值……衡量设计工作的优劣成败——即评定设计工作的劳动价值，必然要同时考虑建筑设计成品——建筑的双重价值，这无疑是我们评优工作应遵循的准则。”此后的建筑设计创作评优基本上贯彻了这一指导思想，使我国建筑文化水平近年来有了大幅度提高。

1986年，根据当时的认识，我对新时期中国建筑文化的特征作了如下概括：

（1）设计管理方式上由计划经济的汇报综合式向个人负责制转变；

（2）施工管理上由独家经营到市场化投标承包鼓励竞争的转变；

（3）建筑产品的商品属性正在得到恢复；

（4）建筑观念上开始重视环境；

（5）设计观念上开始承认“设计是灵魂”；

（6）建筑理论上，正在改变过去用政治理论代替艺术、经济和文化理论的状态；

（7）设计作品的普遍水平大幅度提高。

1992年，张钦楠先生在其《80年代中国建筑创作的回顾》一文中指出，我国20世

纪80年代的建筑创作，有点类似欧美日的20世纪六七十年代。一是建筑业繁荣，大兴土木；二是创作思潮多样涌现，争鸣不已；三是能源与环境危机意识兴起，思维更新；四是各种文化交叉，许多学科相互渗透。他认为，20世纪80年代的中国建筑创作有两大进步，即观念的更新和流派的形成。前者表现在重新确定了建筑创作的思想，重视让功能追随生活，技术服务于创作，环境适应于人，并意识到建筑属于文化，具有物质文明和精神文明的双重价值。他认为，中国当代建筑有三大派：

①功能结构派（如黄汇）；

②古典复兴派（或称复古派）或称新古典派（如戴念慈、张锦秋）；

③地方文脉派（如武夷山庄、上海龙柏饭店、华东电力大楼、新疆人民大会堂、新疆国宾馆等）。

20世纪80年代是中国建筑发展的新时期。正如张钦楠先生所概括的，这一时期具有“早期开放性的特点，即思想比以前解放了，创作路子多了，吸收国外经验多了，但是很不成熟，搬抄移植的痕迹还很重，独创性不多，而且有一个大缺陷是效益观念不强。”

我基本上同意张先生的概括。但是，从建筑文化这一更宽广的视角，我认为，应当对20世纪80年代建筑文化方面的多项突破奠定了后来更大更深发展基础的意义，给予足够的估价。20世纪80年代有许多建筑文化上的大事值得载入建筑史册，这里仅扼要列举20项。

①1977年9月，国家建委党组决定恢复和充实中国建筑学会的办事机构。

②1978年10月20日，邓小平在北京视察前三门高层住宅，发表有关住宅和建筑业是国民经济支柱产业的谈话。

③1978年12月18—22日，中共中央十一届三中全会决定，把全党工作重点转移到社会主义现代化建设上来。

④这一时期复刊、创刊的建筑学术期刊甚多，《建筑学报》于1979年改为双月刊，1981年改为月刊；《建筑师》杂志于1979年8月创刊；《世界建筑》于1980年创刊；《建筑结构学报》于1981年改为双月刊；《华中建筑》《新建筑》《时代建筑》《南方建筑》《中国园林》等也在这一时期有大发展。

⑤1981年5月，中央批准建立深圳经济特区。

⑥1982年2月8日，国务院批准24个城市为中国第一批历史文化名城。

⑦1982年8月17—21日，全国城市雕塑规划学术会议在北京举行。

⑧1982年10月，北京香山饭店建成。

⑨1983年3月24日—4月1日，“室内设计经验交流会”及“室内装修展览活动”在北京举行。

⑩1983年12月9—12日，中国城市住宅问题学术讨论会在北京举行，中国城市住宅问题研究会成立。

⑪1984年1月5日，国务院颁布《城市规划条例》。

⑫1984年3月26日—4月6日，进一步开放14个沿海港口城市。

⑬1984年4月2日，现代中国建筑创作研究小组成立。

⑭1984年7月21日，北京市建筑设计院举行隆重集会，庆祝总建筑师张镈从事建筑创作五十周年。

⑮1985年2月3—7日，建设部设计局和中国建筑学会召开小型繁荣建筑创作座谈会。

⑯1985年11月29日—12月3日，繁荣建筑创作学术讨论会在广州举行。

⑰1986年8月22日，中国当代建筑文化沙龙在北京成立。

⑱1986年10月21—25日，在常熟召开“全国村镇规划和建筑设计学术讨论会”。

⑲1985年8月，在北京召开“中国近代建筑史研究座谈会”。

⑳1988年6月18日，中国建筑学会建筑设计事务所成立。

二、后新时期（1989—　）建筑文化现象择要

1989年开始，中国建筑文化的发展进入了后新时期，我提出这样的观点是根据近年来如下重要的建筑文化现象。总的来说，建筑作为一种人类文明中的重要文化性质，经过近年来各方面的共同努力，不仅取得了建筑界内部的共识，而且日益引起更加广泛的社会反响。诸多方面突出地反映出国内建筑文化的热度。

（1）著名科学家钱学森教授倡议，我国的城市建设要吸取古代园林建筑的优秀传统，建设“山水城市”和建立“城市学”，这些是涉及学科建立和大量建筑理论与实践的问题。

（2）北京这段时间开展的“夺回古城风貌”大讨论和“我喜爱的民族风格的新建筑”评选，让市民更了解自己城市中的当代建筑文化及其主要创作者，这是新中国成立44年来的首创之举。

（3）文化部副部长高占祥在《中国文化报》理论版以《在改革开放中建设社区文

化》为题发表的长文中，明确提出三个“要十分重视”，即要十分重视建筑艺术，要十分重视环境艺术，要十分重视群体艺术。他指出，建筑艺术是一个地区文化艺术中最普遍、最宏大、最壮观的体现物。建筑艺术既有历史的连续性和对未来的限定性，又直接对人们的心理、生理施加影响，起着能动地传播新的物质文明和新的精神文明的作用。建筑是人类文化的纪念碑。环境艺术是社区文化建设的重要方面，属于“环境文化”“背景文化”的建设，要精心设计，注重其艺术性。在社区的发展过程中，人们形成的相近和相同的审美理想、表达方式和活动方式的群体艺术，具有很强的吸引力和凝聚力，它能够转化为社区物质文明和精神文明的影响力和推动力，应当十分重视（详见《中国文化报》1993年10月17日第三版）。

（4）建设部副部长，中国建筑学会理事长叶如棠，在中国建筑学会成立四十周年庆祝大会上，作学会四十年回顾与展望时，对今后学会的工作重点强调了建筑文化问题，他认为需要把中国的建筑文化提高到一个新的水平，应当围绕这个重大课题开展全面研讨，并具体提出建筑文化的建设要点：

①应当为“持久发展的环境创造条件”；

②应当为具有时代、民族和地方特色的城市新风貌创造条件；

③应当为达到小康居住水平创造条件；

④应当为推进我国建筑学理论以及建筑科学技术进步创造条件；

⑤应当为进一步提高中国建筑师的自身素质及社会地位创造条件。他强调说，事实上，要建设一个现代中国的建筑文化，首先要有一个现代化、国际化的“建筑师文化”，否则将难以如愿（详见《建筑学报》1994年第1期）。

（5）中国建筑学会为了进一步繁荣我国的建筑创作，表彰建筑创作上的优秀作品和设计，鼓励探索，提高水平，扩大建筑师的社会影响，特设立中国建筑学会创作奖，这是建筑学界的最高奖。最近，在纪念建会四十周年之际，颁发了首届中国建筑学会建筑创作奖（1988—1992年）8项：①清华大学图书馆新馆；②北京菊儿胡同新四合院住宅工程；③深圳华夏艺术中心；④深圳大学演艺会场；⑤陕西省历史博物馆；⑥广州西汉南越王墓博物馆；⑦北京国家奥林匹克体育中心；⑧南京梅园周恩来纪念馆。

（6）20世纪80年代的中国建筑界出现了“美学热”，90年代相继出版了国内学者撰写的建筑美学专著，如《中华古代文化中的建筑美》（王振复，1989）、《城市环境美的创造》（李泽厚，1989）、《美学新学科手册》（周忠厚，1990）、《建筑师学术·职业·信息手册》(中国建筑学会手册编委会、许溶烈主编，1993)、《当代建筑文化与美学》(顾孟潮等，1989)、《创作与形式》(曾昭奋，1989)、《建筑美学》(汪正章，1991)、《建筑艺术论》(邓焱，1991)、《室内设计资料集》(张绮曼等，1992)、《世界建筑科技发展水平与趋势——城市·建筑·土木·高技术》(顾孟潮等，1993)、《建筑美学的特色与未来》(袁镜身，1992)。

(7)一系列推动建筑学科及建筑文化发展的学术组织机构成立(基本是二级学会)，并开展相应的活动，如建筑师学会(1989年)、室内建筑师学会(1989年)、建筑防火综合技术研究会(1990年)、体育建筑学术委员会(1984年)、教育建筑学术委员会、医院建筑学术委员会、城市交通规划学术委员会(1992年)、建筑史学分会(1993年)、中国首家私营建筑设计事务所(左肖思，深圳，1994年)，工业建筑专业学术委员会(1991年)、中建文协环境艺术委员会(1992年)、抗震防灾研究会(1991年)、中国旅日建筑学人联盟(1993年)等。

(8)组织或召开了许多有助于提高建筑界乃至全国社会建筑文化水平的会议与活动，如《建筑·社会·文化》征文(1989年)、《新文化与中国城市及建筑》征文(1989年)、《中国80年代建筑艺术优秀作品评选》活动(1989年)、《80年代世界名建筑评选》活动(1989年)、《转变中的亚洲城市与建筑》国际会议(1989年)、以“建筑与文化”为主题的纪念世界建筑节活动(1989年)、1989年度建设部优秀建筑工程设计评选、传统民居建筑研讨会(1989年)、建筑理论与创作学术委员会第一次学术研讨会(1990年)、北京国际体育建筑学术交流会(1990年)、国家教委第二次优秀工程设计评选会(1991年)、“世界建筑与中国建筑”学术讨论会(1991年)、第三次中国西部建筑学术研讨会(1991年)、全国第二次建筑与文化学术讨论会(1992年)、第四次中国近代建筑史研讨会(1992年)、第二次走向世界为国争光/国际建筑设计竞赛获奖者座谈会(1992年)、第四次中国西部建筑学术研讨会(1992年)、莫伯治建筑创作座谈会(1992年)、“建筑师杯”优秀建筑设计评选(1992年)、《建筑形态与文化》研讨会(1992年)、中国当代建筑学术研讨会(1992年)、《美丽的北京》建筑画展(1992年)、“建筑师职业未来”国际研讨会(1992年)、建筑师学会年会(1992年)、建筑史学分会学术讨论会(1993年)、全国建筑家和文学艺术家南昌聚会的首届“建筑与文学讨论会”(1993年)、山水城市讨论会(1993年)、首次建筑心理学学术研讨会(1993年)、北京评选“我喜爱的具有民族风格的新建筑”(1993年、1994年)、北京“夺回古都风貌”大讨论(1993年、1994年)、中国建筑学会成立四十周年庆祝大会的学术报告会（1993年）、建设部全国工程勘察设计评优（1994年）等。

（9）涌现出一批水平较高、影响较大的建筑群、住宅区、建筑作品，如深圳“锦绣中华”缩微景区（1990年）、第八届亚运会工程（1990年）、无锡沁园住宅小区（1989年）、深圳中国民俗村（1992年）、北京菊儿胡同新四合院住宅工程（1992年）、中华民族风情园西大门美术馆（1994年）、上海外滩环境改造工程（1992年）、上海宝钢二期高炉焦化烧结工程设计、上海南浦大桥（1992年）、北京二环路（1993年），以及众多获国家奖的中小型工程设计、优质工程等。

（10）建筑界获得国家和国际奖等荣誉档次最高、最多的一个时期，如《建筑学报》《城市规划》获全国期刊一、二等奖（1990年）；广州天河体育中心获国际体育建筑银质奖（1991年）、吴良镛教授荣获亚洲建筑金奖（1992年）、张诣等获国际建筑协会住宅设计竞赛奖（1992年）、国家奥林匹克中心获国际体育建筑金奖（1992年）、北京菊儿胡同新四合院住宅改造工程获世界人居奖（1993年）、中国建筑技术发展研究中心的“中国城市小康住宅研究”项目获1993年度国际居住年纪念松下奖（1993年）等。

（11）建筑文化的后现代热潮。近年来，甚至不问合适与否也要加上点儿后现代的符号、图案、装饰等，以表示时髦和新潮，成为时下经济大潮中的浪花，出现了一些令人深思的建筑文化现象：①城市的建筑设计反映出“潇洒走一回”的“超前消费和文化包装的风气”；②无视文脉和需要，滥用缺口山花、马头山墙、大屋顶、小亭子、釉面砖、玻璃幕墙，形成新的“千篇一律”；③声、光、色浮躁的构图、名贵的材料、争奇斗富的广告等太多太杂，以及无用的信息造成“综合污染”；④高层、高技术、大跨度、大尺度等使“尺度异化”……（详见黄康宇、陈纲伦：“城市传统的困境与出路”，载于《建筑学报》1994年第2期）。

以上摘要列举的各种建筑文化现象中的每一项，都大有研究剖析的必要，故提出来供有同好者共同研讨。限于本文的篇幅和任务，据此重点论述后新时期中国建筑文化的特征，故在这些方面不再展开分析。

三、后新时期中国建筑文化的特征

建筑文化是一种大文化，涉及的方面很多，分析其特征比较可行的办法是抓住其灵魂——建筑设计与创作。建筑设计是文化，而且是灵魂文化。因此我这里主要是通过后新时期中国建筑设计与创作这一建筑文化现象来论述其建筑文化的特征，尤其是结合对最近获中国建筑学会建筑创作奖的作品等实例的评述来分析。

在1986年的那篇《新时期中国建筑文化的特征》中，我对新时期建筑设计与创作的特点，概括了五个方面的突破：①最突出的特点是，1986年获奖作品反映出建筑师强烈的环境意识；②开始树立明确的“文脉”思想和“寻根”意识；③创作风格上，由单纯的模仿向理性的提炼和感性的宽容转变；④风格的多元化与无定性上也有突破；⑤开始既有理论上的反思又有实践中的探索，把理论和实践结合起来了。

在上述突破的基础上，经过近8年的艰苦奋斗，实事求是地讲，在上述各个方面，无论深度和广度、水平方面的提高是令国内外同行乃至全社会瞩目的，总的来讲是深化了。因此我认为可以用几个方面的深化来概括后新时期中国建筑文化的特征：①城市化、环境化的加强；②追求文化内涵和民族特色、地方特色化的加强；③个性化、精品化的趋势；④名家化、标志性的价值取向；⑤后现代化、市俗化、商品化加强；⑥理论化、科学化的趋势。

下面我结合具体实例对这几“化”的加强作一些分析。

（1）建筑设计作品的城市化、环境化的加强是后新时期中国建筑文化的最突出特征之一。经过新时期建筑创作与理论研究的实践，使人们的环境意识大大成熟了，不仅在思想上明确了设计必须从环境出发开始构思，不是孤立地设计一幢建筑物，是要为人们创造良好的环境和场所，并且掌握了许多环境设计与创作的规律与技巧、手法。这在1988—1992年获建筑创作奖的每一个作品中均有所体现。

如吴良镛教授主持的北京菊儿胡同新四合院住宅设计，它之所以能获得亚洲建筑师协会优秀建筑设计奖和联合国人居奖的殊荣，是因为这是“对旧城改造模式的一次突破性的成功探索”，它不仅有建筑技术、艺术的角度，而且有社会学、人居环境学、城市结构肌理（urban fabric）的角度。在城市改建工程中贯彻了“有机更新”的规划原则，保留好的和有历史价值的建筑，修缮尚可利用的建筑，拆除危房（不是大拆大建、平地起家），保持历史文脉的延续性，形成有机的整体环境。最终为当地居民形成既能保证各户有单元或住宅的私密性，又便于像院落式住宅一样进行邻里交往的双重特点的居住环境。而且充分保护原有的树木、居民喜欢的氛围，采用传统四合院住宅的形式和装饰，尽量利用屋顶内外空间，使得这批建筑既有利于保护北京的“古都风貌”，又满足居民生理和心理需求，而且具有时代气息。

能否把自己设计的每一幢建筑物还给城市又代表城市，这也是一个建筑师认识和运作上是否成熟的重要标志。这些获奖作品均显示了设计创作者的成熟，此前和此后的许多作品都是一些中青年作者成熟的纪念碑。如龙柏饭店体现了张耀曾的成熟；深圳南海酒店、华东电业管理大楼、新疆人民大会堂、北京国家奥林匹克体育中心、上海外滩环境改造设计、烟台航站楼等，依次体现了陈世民、刘思扬、孙国城、马国馨、邢同和、布正伟等的成熟。

（2）后新时期建筑创作对于文化内涵的追求空前加强了。这一特征从8项获奖作品上看得非常明显。除了菊儿胡同住宅，其余7项从建筑功能性质上都属于文化性质的图书馆、艺术中心、演艺会场、博物馆、体育中心、纪念馆，其本身就有深厚的文化内涵。菊儿胡同住宅的文化内涵已如上述。正是由于作者本身的高度文化修养，发掘了设计对象的深厚文化内涵，给予恰当的表现，才达到了前所未有的建筑文化水平。

如关肇邺教授主持设计的清华大学图书馆新馆，设计上的最大特点是“尊重历史，尊重环境，为今人服务，为先贤增辉”，体现了对清华园历史和环境特色的尊重，通过功能的合理安排，新老馆结合，综合使用，便于管理。尽管新馆建设规模比老馆大3倍，却能“甘当配角”，成为前两期工程的老馆——美国著名建筑师墨菲和中国前辈建筑家杨廷宝先生的精心之作的续篇。设计手法上得体，并不追求豪华与新奇，而追求符合清华人的“集体记忆”，使人们认同它是中心建筑群整体的有机组成部分。进入室内更会有书的海洋、知识的殿堂的感受和陶冶作用。

文化是建筑的灵魂。后新时期建筑设计、创作、施工、管理等各方面对文化内涵的追求，标志着我国建筑更上一层楼的趋势，将大大延长建筑作品的生命力、艺术感染力、对社会的渗透力。只有建筑文化水平的提高，建筑师的社会地位才会随之提高。显然，如果建筑本身没有文化，其设计者当然也不会得到重视。

（3）建筑作品个性化、精品化的趋势是后新时期建筑文化的第三大特征。我认为，进入20世纪90年代，设立“中国建筑学会优秀建筑创作奖”和“中国建筑学会建筑创作奖”本身就是推进建筑文化个性化、精品化的重要举措。由中国建筑学术界的权威专家集团超脱地评选获奖作品，类似于美国建筑师协会的普利茨克奖（被称作“建筑界的诺贝尔奖”）、英国皇家建筑师学会奖的评选办法，有助于推举建筑人才和建筑作品。而且这次补评了20世纪50年代、60年代、70年代、80年代的优秀建筑创作奖获奖作品，这是具有承前启后意义的大事，目的在于更公正地树立各个时期代表作的形象，对于今后我国建筑文化发展的价值取向具有导向作用，再不是“公说公有理，婆说婆有理”，或者是靠行政拍板决定学术、创作水平。应当说这是一个突破，允许有不同的评价角度和标准，而不管设计者是大院、大单位，还是中小设计院，或者是个人主持。

如由齐康院士主持设计的南京梅园周恩来纪念馆是8项获奖作品中规模最小的，建筑面积只有2200平方米。但是其设计构思实现了建筑环境的和谐和历史环境的再现，让新旧、今昔产生一种新的结构关系，在城市用地肌理上产生一种新的肌理特征，而且在空间位置、造型风格上，十分契合周恩来先生谦虚谨慎、平易近人的性格。该馆从城市角度考虑，为了保证街区的完整，并没有像通常做法那样，把伟人的铜像摆在建筑群中央或街道转角处的显要位置上，而是别开生面地设置在西侧内庭院之内。为将步行人流和车流分开，集中于一侧组织上下二层展厅以及去梅园新村故居的参观流线，从而使新建地段与旧建筑群达到组织活动上的和谐。在此，地点、意义、建筑艺术表现获得更多的层次性，将安定、平和、活跃而有趣的场景与肃穆、沉思的场景紧紧联系在一起。庭院采用1.2米高的矮墙，让墙顶的铺地柏与街道上的林荫树取得视觉上的联系。展览用的中庭地面铺黑色磨光花岗石，衬托以汉白玉高浮雕，铭刻了历史风云人物的英雄形象，并用该空间边界的4根大柱的艺术造型极其自然地加强了这一英雄主题。

显然，个性化、精品化的设计取向大大改变了20世纪五六十年代许多建筑主要是“外表一层皮”的弊病，不仅可以远观，也可以近看，甚至抚摸和参与，使人更有环境主人和艺术观赏者的感受。

（4）名家化、标志化的价值取向几乎已成为后新时期建筑文化的创造者和享用者的共同愿望。随着我国建筑设计创作水平的提高，特别是一些获国家金奖和国际声誉的建筑师或建筑家们，在后新时期已得到社会更多的承认和尊重。一些重要项目的设计和创作常常邀请这些名家来主持，并且力图成为某个城市、某个位置的地标。以8项获奖作品为例，其中有4项是国家级设计大师主持设计的，分别是主持深圳华夏艺术中心的龚德顺、主持陕西省历史博物馆的张锦秋、主持广州西汉南越王墓的莫伯治、主持南京梅园周恩来纪念馆的齐康；另4项的主持人也是知名教授、知名建筑师关肇邺、吴良镛、梁鸿文、马国馨。

在发展建筑文化上，重视发挥名家的示范带头作用，以及知名建筑的开路探索作用也是一条重要经验和社会成熟的表现。许多名家也确实不辜负社会和人们的期望，拿出了高水平的杰作和有突破意义的创新工作来。国内的获奖建筑，以及未能在国内评奖的许多外来建筑家的作品均属此例，如贝聿铭的北京香山饭店、波特曼的上海商城、黑川纪章参与设计的中日青年友好交流中心等。他们的影响对于普及新的设计观念、学习新技术和艺术手法，以及引进新材料、新设备、新工艺等诸多方面有着不可忽视的良性影响。特别是海内外建筑师的合作，更有助于这种影响的扩大和传播。

（5）建筑上后现代化、市俗化、商品化的加强也是后新时期重要的发展特征。这里需要强调的是，这里所说的后现代化、市俗化、商品化是历史时期界定、价值属性的概念，而不是流派和风格的概念，并非指后现代主义、商业主义和市俗主义。正是由于我们理论上的薄弱把两方面的区别模糊了；进入了后现代时期却自觉或不自觉地反对后现代文化；本来亟须发展市场商品经济的时刻，却反对商品化；在支持精英文化的同时本应发展市俗文化，却有不少人反对市俗化，反对群众的参与和创造。

我认为，市场经济是一种信誉经济、高文化经济，以及有利于民主竞争的经济。目前我国经过改革开放后的辉煌15年，正处于后现代文化——空间文化时代，不再是线性的一维的现代主义时代。我很同意王受之先生的观点，艺术上的现代主义是民主的进程，设计上的现代主义是专制的进程（详见之伟，“20世纪建筑设计的回顾与展望”，载于《新建筑》1993年第3、4期）。后现代文化来源于现代，却高于现代主义，它绝不仅是一种新的建筑风格、艺术形式和文体，它是新的文化艺术观念和操作、新的思维方式与感觉结构、新的认识论与方法论。它具有混沌性、无序性、整体性、兼容性、选择性、表现性、象征性、发散性、对话性……这一切恰恰是此前的现代文化、时间文化所没有的特征。

（6）建筑文化的理论化、科学化的趋势是后新时期极其重要的发展特征，也是孕育着更大突破的希望所在。

现代化可以分成三个层面：①器物层的现代化，指技术、科技的引进，体现在物质方面；②制度层的现代化；③文化层的现代化。正如王受之先生所指出，这三步已经在西方完成了，在发展中国家，现代化的过程还在第一或第二层之间徘徊。中国还没有真正进入第三阶段。但是我认为，理论化和科学化正标志着已经部分进入了第三阶段。我国建筑美学近年来的发展情况已如前述。其他还有许多表现，如著名科学家钱学森先生多次郑重提出建立城市学及在中国建设山水城市的建议；吴良镛教授《广义建筑学》一书的问世，以及最近与周干峙院士联合在中科院学部委员会会议上建议开展“人居环境学”研究的建议；三门峡市召开的“第二次建筑与文化学术讨论会”首次正式提出关于“建筑文化学”的研究等，对于当代中国建筑文化现象的及时关注与研究等，都标志着当代中国的建筑文化研究开始步入更加成熟的阶段，已经意识到需要建立相应的、完整的、系统的新学科阶段。对于中国古代风水理论的研究也不断有新成果问世。

比较遗憾的是，整个建筑界乃至社会，对于近年来建筑文化发展中的理论成果、科学成果的重视和评论程度还很不够，因此还很难像对建筑设计与创作那样，做比较准确的概括。

四、关于中国建筑文化发展战略的思考

发展战略问题，质而言之，就是宏观指导和宏观调控的问题。我国改革开放以来，由计划经济向市场经济转轨的过程更加显示出需要提高宏观指导和宏观调控的能力，特别是在金融、基建、房地产开发领域尤其突出。

关于我国目前工程勘察设计的形势，正如建设部副部长、评优委员会主任委员叶如棠的评价“有喜亦有忧”。他说道，在设计中高技术含量的较大增长及中小设计单位的水平提高令人欣慰，但同时，有些行业的设计水平徘徊不前甚至有所退步及大设计单位表现不闻不问使人忧虑。他指出，勘察设计行业发展不平衡的原因，关键在于是否重视技术进步与创新。近两年来，各类民用建筑设计水平之所以提高很慢，就是因为忽视了技术进步，在建筑艺术创作上缺乏创新，偏重经济效益，忽视精心设计。这种发展趋势将会对我国工程设计整体水平产生不良影响，应给予足够的重视（详见《中国建设报》1994年1月25日第一版）。

为了整体水平的提高和长远的效益，发展战略的重要性是显而易见的。而且建筑文化发展战略是整个建筑业、建筑界发展的背景和基础，没有正确的发展战略，便容易陷入短期对策与行为，做出局部有利而有损全局和整体的蠢事。可喜的是中央和国务院领导已经及时发现这个问题，正在努力进行宏观调控。这里分三个方面作一些论述，即：①建筑文化发展战略的目标；②宏观指导与调控的途径和手段；③发展战略中必须正确处理的几个关系。

1．建筑文化发展战略的目标

建设部副部长、中国建筑学会理事长叶如棠，在中国建筑学会成立四十周年庆祝大会提出的建筑文化的建设要点，应当作为建筑文化发展战略的目标：

（1）为“持久发展”的环境创造条件；

（2）为具时代、民族和地方特色的城市新风貌创造条件；

（3）为达到小康居住水平创造条件；

（4）为推进我国建筑学理论以及建筑科学技术进步创造条件；

（5）为进一步提高中国建筑师（界）的自身素质及社会地位创造条件（注："界"字为作者所加）。

2．宏观指导与调控的途径和手段

以上发展战略目标和宏观指导与调控的实现靠什么途径和手段？主要靠以下几点：

（1）学术理论、科学技术的指导和引导；

（2）行政组织手段的运用、立法和执法；

（3）经济手段——市场竞争机制的形成与诱导；

（4）国家级骨干队伍和地方队伍、民间组织的结合与协作；

（5）教育手段——学校教育与在职培训；

（6）本行业力量与社会力量的相互支持、相互渗透与影响。

3．必须正确处理的几个关系

这里所提出的几方面关系，是指宏观指导和调控中必须注意的问题，因为目前在这几方面不同程度地存在着亟需调整和纠正的问题。

（1）正确处理行业与学科的关系。

学科发展是战略问题，行业发展主要是战术问题。我国建筑业积40多年之经验，其中最大的教训之一便是"有业无学"——重视产业而不重视学科的建设与发展。其实，产业与学科的关系是"蛋"与"鸡"的关系，处理得当会形成"鸡生蛋，蛋生鸡"的良性循环；处理不当，则会出现"杀鸡取蛋"或"毁蛋绝鸡"的短期行为。但目前的情况看，我们有飞速发展的城市化建设、建筑设计、施工、房地产开发业，然而对于城市学、建筑学、房地产学这些发展产业必须的基础理论则没有专门的部门投入相应足够的人力物力去进行深入系统的研究，以至于新中国成立近45年之后，至今在建筑业的支柱产业地位这个基本问题上，没有从理论上给予有力的科学阐述和定性、定量的论证，更缺乏突破性的建筑理论成果，理论上的空白点很多。正是这种"有业无学"的现象，导致了人们对建筑业在国民经济中的支柱产业地位和作用认识不足，以至于至今尚不能发挥其支柱产业作用，相应的立法、计划管理、市场机制等都未能合理形成。因此，"有业无学"的状况亟待解决。

（2）正确处理信息、物质、能量三者的关系。

文化本身就是信息。信息和物质材料、能量一样，是并列组成客观世界的三大基本要素。当我们把工作重点转到经济建设上之后，对于物质和能量的重视程度大大提高了，但对于信息的重要性还认识不足或步入新的误区。在当今跨入信息社会之际，信息在生产、生活、文化、流通等各个领域日益显示出它巨大的作用和效益。信息不灵是造成我国经济浪费的最大原因之一；信息已经成为经济建设的战略资源；信息处理技术已经成为现代化社会的生产力、竞争力和经济成功的关键；信息产业将成为经济发展中的主导产业、支柱产业；信息技术和信息化手段是经济发展的倍增器。而目前对信息的认识与对策上的商品化、市场化倾向明显：重视"硬件"，忽视软件；重视经济信息，忽视文化信息；重视管理、操作性信息，忽视宏观智慧、思路、理论、调控信息；重视典型、局部信息，忽视综合、整体、预测性信息。步入误区的表现是见物不见人，不见文化，缺乏战略性的远见，只顾短期效益。我认为，按照信息的属性，可以把信息分为五类，这五类信息构成一个信息塔，由下至上依次为：原始信息、操作性信息、认识性信息、理论性信息、综合性信息。要持久发展和指导发展，必须重视掌握认识性、理论性、综合性信息。

（3）正确处理计划与市场的关系。

文化市场的开放与管理是我们遇到的新问题。在市场经济大发展时期，我国的文化市场呈现了迅速发展的新局面。据文化部不完全统计，到1992年底，我国已有各种文化娱乐场所20万个，录像放映点近6万个，画廊、画店4000多家，每天在这些场所活动的群众多达千万人次（详见刘忠德在全国文化市场工作会议上的讲话，《中国文化报》1993年12月22日）。这里还未列入建筑物、房地产以商品形式进入流通和消费领域的情况。它们对建筑文化的整体格局、走向均有极大影响，必须加以正视，调查研究，采取正确的对策，既不能按原来的计划经济模式依靠指令性计划，也不能被市场牵着鼻子走。目前突出的问题便是雅文化和俗文化的关系问题，目前俗文化比较有市场，雅文化遇到经济问题一筹莫展，很难发展，如果让这种情况持续下去，将会导致整体文化水平的下降。

（4）正确处理职业与文化的关系。

如今，人们经常可以意识到，不论是经验丰富的老一代，还是初入专业的年轻人，在当前建筑工程日益走向大型化、集合化及复杂化的过程中，在知识及信息迅猛"爆炸"的形势下，人们普遍感到一种面临重大挑战的紧迫感。我们学过专业，干着专业，但常常会感到自己的建筑文化水平不高，甚至有时会有"没文化"的狼狈之感。不久前，我参加《建筑师学术・职业・信息手册》的编辑工作，这一感受更深。

想成为一个高水平的建筑师或建筑工作者，如今要补充和学习的相关学科知识粗分起来也要几十种、上百种，因此绝不能固守原有的专业知识，需要坚持不懈地进行在职学习才能更有文化。

——原载《建筑学报》1994年第5期

城市特色的研究与创造

城市特色，是城市科学的重要研究对象，又是城市发展、建设、规划设计中必然要解决的实际问题，因此，近年来一直引起国内外的广泛关注。本文拟从7个方面做些探讨。

一、钱学森有关论述

1992年10月9日，我收到了世界杰出的科学家钱学森同志于10月2日写给我的一封信。信的内容涉及“21世纪的中国城市向何处去”这个大问题，谈到钱老对城市面貌、规划及建设方式等问题的看法，并提出“山水城市”的科学设想，极为重要，具有指导性文献的价值，又与本文研究的主题关系十分密切，全信不长，特全文引在下面供大家研究和思考。

顾孟潮同志：

您赠的《奔向21世纪的中国城市——城市科学纵横谈》已收到，十分感谢！9月24日信已收到。

现在我看到北京市兴起的一座座长方形高楼，外表如积木块，进到房间则外望一片灰黄，见不到绿色，连一点点蓝天也淡淡无光。难道这是中国21世纪的城市吗？

所以我很赞成吴良镛教授提出的建议：我国规划师、建筑师要学习哲学、唯物论、辩证法，要研究科学的方法论（书166页）。也就是要站得高看得远，总览历史、文化。这样才能独立思考，不赶时髦。对于中国的城市，我曾向吴教授建议：要发扬中国园林建筑，特别是皇帝的大规模园林，如颐和园、承德避暑山庄等，把整个城市建成一座超大型园林，我称之为“山水城市”，人造的山水！当时吴教授表示感兴趣。

我看书中好几篇文章似有此意。所以中国建筑学会何不以此为题，开个“山水城市讨论会”？

以上请教。

此致

敬礼

钱学森

1992年10月2日

钱学森同志对中国城市科学的发展一直十分关心和支持。早在1983年钱老便撰文强调中国园林是Landscape、Gardening、Horticulture三个方面的综合，而且是经过扬弃达到更高一级的艺术产物。要认真研究中国园林艺术，并加以发展，不能照抄外国的建筑艺术，那是低级的东西，没有上升到像中国园林艺术的高度。并提出，“要以中国园林艺术来美化我们的城市，使我们的大城市比起国外的名城更美，更上一层楼”（详见《城市规划》1984年第1期）。1990年4月21日、1990年7月31日和1991年12月16日，钱老先后致信鲍世行、吴良镛、梅保华，阐明他对建立“城市学”、创立“山水城市”等一系列看法。1992年10月2日的信是在读了《奔向21世纪的中国城市——城市科学纵横谈》（陈为邦、张希升、顾孟潮主编，49位专家撰文，山西经济出版社，1992年8月第一版）一书后写给我的。

我认为，“山水城市”是钱老孕育多年而成的科学设想，可以看作是国际上“生态城市”的中国提法。这一见解有很大的建树，使“生态城市”在中国变成可以操作和实行的事，有着极大的理论和实践意义。研究和创造21世纪中国城市的特色，必须有这种高屋建瓴的思路。

二、特色危机与创造的误区

克服危机，走出误区，乃是创造城市特色的首要当务之急。

“特色危机”（identity crisis）确实存在。它已成为当今世界各国瞩目的热门话题、攻关课题。全世界都在为城镇的趋同危机寻找出路，对城市特色与风格讨论的兴趣有增无减。这是客观迫切需求的反映。

1986年《中国城市导报》创刊伊始，便组织了“中国建筑风格讨论”，引起广泛反响。1987年亚洲建筑师协会开会，索性把“特色危机”作为会议研究的主题，同年

6月以“城市环境美的创造”为题的全国性学术研讨会在天津召开。1989年10月，成立不久的中国城市科学研究会主办了“全国城市环境美学问题学术研讨会”。今年，联合国召开了规模空前的世界环境发展大会，随后中国发布了十大环境对策。若加上各地、各类学会、研究会、报刊组织的讨论数不胜数。与此讨论同时，各地、各城市都结合自己的规划、建设、设计进行了大量的创作实践。显然，在形成特色和风格方面比10多年前有所前进。

但是，总的来看，我认为仍停留在较浅的层次上，在基础研究上下功夫不够，往往就事论事，或者是为特色而特色，未能实现理论和实践上的突破，因此又出现了一些新的“误区”。我认为“误区”也是“危机”的一部分，面对改革开放的新形势，大开发、大建设高潮的到来，这种“危机加危机”的形势尤其值得重视。在经济热潮中，冷静地思考城市未来与特色，“总览历史、文化”是十分必要的。

片面追求城市特色的“误区”主要表现在4个方面：①急于制造特色；②规定特色；③模仿特色；④以怪异为特色。

国内不少城市急于形成城市特色，克日完成各种“急就章”，包括未经全面规划、精心设计与施工，便贸然树城标、立城雕、修唐城、宋街、××古楼、大观园、西游记等，而且规模越来越大，工期卡得越来越紧。这是制造特色法。

还有未经通盘考虑整体环境的城市设计便做出硬性规定，要求道路多宽、沿街建筑物层数、色彩、装饰细部等等，这是规定特色。

第三种是先验地确定设计人员应当模仿和引用哪幢名建筑、名人名作或民居符号、民族符号、流派符号等，企图靠模仿出特色。

第四种是以“风格多元化”为借口，追求形式、色彩、材料等方面的新、奇、怪异等，甚至提出“一幢房子一个样，一条街一个样”的口号。

要克服危机、走出误区，有三个关键要抓住：一是要认清所谓“特色危机”的实质是什么；二是要明确“误区”在哪里；三是提高自身的思想和理论水平，防止危机的蔓延和发展。

三、建筑特征与城市特色

正确理解建筑特征和城市特色的联系和区别是创造城市特色的起点。

城市整体特色的形成离不开构成城市的诸多个体因素的特征。我们必须认真研究城市各类组成因素的特征，特别是认真研究作为城市构成主要因素的建筑艺术的特征。但是，不能用个体建筑的特征代替城市的特色，即不能用建筑设计的手法解决城市特色问题，必须学习和掌握城市设计、环境设计的手法和艺术。1977年英国学者斯克拉顿对建筑特征有如下分析：

（1）建筑艺术具有实用性。"……我们一直把建筑作为手段来鉴赏，它不是由任何纯粹的'审美'考虑来决定的，不能把建筑降低为雕塑的一个分支。"

（2）建筑艺术具有地区性。建筑物总是构成了它所在环境的重要面貌特征，随心所欲的复制会带来荒唐的不合理的结果。同样，随心所欲地改变环境也会影响建筑本身。

（3）建筑艺术是讲究总效果的艺术。建筑非常容易因周围环境变化而受到损害。一个建筑家所要达到的宏伟目标不在于一种独特的形式，而在于保持那种早先存在于他个人活动中的程序。

（4）建筑艺术具有技术性。

（5）建筑是一种公共生活的现象。

（6）建筑在某种意义上是政治性最强的艺术形式。它把一种和任何个人选择无关的建筑师的目的和眼光强加给那些欣赏它的人。

（7）建筑的鉴赏集中在对审美对象的本质的鉴赏上。不是以空间为鉴赏对象，只赏识空间那是很浅薄的看法。欣赏建筑的愉悦是被我们所看到的那些东西所形成的概念支配的。

城市特色是环境特色的一种。一般认为，其构成因素由三方面组成，即自然因素、人工因素和社会因素。其中人工因素是最能动、最活跃的因素。人工因素中城市建筑、设施等又是可见形象的主要因素。社会因素是人工因素的深层根据。要创造城市特色，便要以研究这一切因素的特征为基础，尤其要研究建筑艺术的基本特征。

什么是特色？苏昌培先生讲，"特色"是作为事物存在的最优状态的普遍现象，是一个复杂的系统。对于特色的形成与发展，他认为是对客体信息的选择、重构和创造，但首先是发现和发明过程，是主体和客体双向优化的过程。必须学会抓住"方法群"或"方法系统"，找到潜能——潜在的优势或生长点。我认为，对于城市特色的创造也是如此，首先要有所发现，有所发明，收集客体（自然、人工、社会因素）足够的信息量，才有选择、重构和创造的可能。城市特色创造过程，同样是主体和客体双向优化的过程。这种选择是时代、社会、自然的选择，而不是一人、一事、一时随意的选择，那是很难达到优化境界的。

四、特色创造中的源、流和中介——城市设计

从综合认识的角度，把握城市特色的来源和主流才能瞄准方向。

人们往往急于知道如何具体“制造”城市特色，而对城市特色从哪里来这一问题研究不够，即重视“流”而不重视“源”。因而，目前比较普遍的问题，常常只是流的多元化，主观制造出来的东西多，由客观存在条件上有机生长出来的东西太少。岂不知，城市特色的形成是“天人合作”的结果、社会集体的创作、历史自然的流露，勉强不得，也急不得，只有脚踏实地、实事求是地耕耘下去，收获特色的季节一定会到来。

城市特色从哪里来？城市特色是综合的产物，它来自各种系统、构成、序列、过程等。现择主要的列出以下12个方面：

（1）来自地方特有的自然景观系统，如地形、地貌、地质条件等；

（2）来自场所这一时间、空间、人的综合系统；

（3）来自特有的功能构成，包括区域性质、城市性质、建筑用途等；

（4）来自当地使用者的系统特点，包括物质使用者、观赏者、设计者、施工人员、管理者等的特点；

（5）来自自身历史脉络系统，包括历史遗存物、形成的结构、习惯，城市居民的集体记忆、认知地图等；

（6）来自综合和杂交过程；

（7）来自模仿过程；

（8）来自对其他艺术样式系统的借鉴和借用；

（9）来自不同的观赏方式系列，如三维、四维、第五立面、序列、方向、路线等；

（10）来自当地的物质条件构成和科学技术水平的发挥；

（11）来自大量的普遍存在的城市元素系统、道路系统、栏杆系统、绿化系统、店面系列、雕塑、小品、屋顶系统等；

（12）来自城市的标志物系统。

创造城市特色做的是铺天盖地的文章。所谓“源”是创作的基础，最终如何转化为城市与建筑的特色，关键要通过城市设计这个中间环节。用建筑设计手法处理城市特色问题很难成为好文章。

城市设计是三维（四维）空间的体形环境设计，是体现城市特色、创造优美城市形象、提高城市环境质量的最重要手段。城市设计是以人为中心的环境设计，其内容既包括物质空间环境，又包括社会环境，目的在于使城市环境具有人性——邻里感、乡土感、繁荣感等。

城市设计与建筑设计的不同之处在于，城市设计必须设计城市的物质结构（包括社会、人口、经济、文化结构）、空间结构和时间结构，因为城市空间上辽阔、时间上绵长。对此，E. 培根提出了“同时运动系统”（simultaneous movement system），是指城市中以不同速度、不同模式进行活动的三维空间体系。抓住动态体系这一关键后，设计出的结构才能在空间和时间上适应城市的发展。我们许多建筑群、中心区重要建筑的设计都对此重视不够。

五、城市特色创造的思路与手法

科学的创作思路至关重要。思路比手法更重要。思路解决本质和结构问题，手法解决技术细节。思路不对，所采用的手法必然不会适当。城市特色的创造必须用城市规划和城市设计的手法来解决，而不能用建筑设计的手法来处理城市问题。本文开始所指出的一些“误区”，很大程度上就是由于在处理城市问题时，不适当地采用建筑设计手法而造成的。

从前述对建筑艺术特征的分析中可以看到，建筑与城市关系最密切的特征在于建筑的地方性、整体性、公共生活性和政治性。建筑特征很大程度上取决于地方特色，同时地方特色也是城市个性的基本特征。正如1977年12月在秘鲁通过的《马丘比丘宪章》对城市个性的概括：“一个城市的个性和特征是其形态结构和社会发展特点的结果。”因此，千万不能有“大建筑主义”思想，认为建筑决定城市。相反地，建筑要服从地方特色，突出地方特色，才能形成城市个性和特征。地方（或区域）特色、环境特征任何时候都是创造城市特色的基础和制约条件。

城市是一个巨大的环境艺术作品，要创造城市特色必须了解和掌握环境艺术作品的创作过程和结构特点。创作过程上的特点主要表现在四个方面：

（1）创作构思的出发点是实物环境，而不是什么其他主观意向。必须以实物环境为依托和归宿，决定利用什么、取舍什么、创造什么。

（2）构思的走向不同。是由客观发现到引起主观的内省，再修改客观存在的过程。

（3）城市设计是公众参与的艺术。往往不能一人做主，需要多方面、多专业的配合、协作，以及公众参与。

（4）始终处于“未完成”状态和不断的修改过程中。不断有人的参与、自然的参与、环境的影响、历史的参与、经济的冲击等因素在起作用。

城市作为环境艺术作品的结构特点主要有六个方面：

（1）综合性、整体性特征。城市是空间、时间和人的行为综合统一的整体。时、空、人三者之间的关系密切到不可分离的状态。

（2）空间的充满性。空间内的物质流、能量流、信息流都在作用于人的眼耳鼻舌身心，所以城市环境艺术是全频道的体验艺术。

（3）具有多种评价标准和模糊性、无定性的特征。对城市环境艺术的评价常常不是简单明确的一种，而是多种，并且褒贬不一。

（4）有序和无序共存，创作中必须善于处理无序、无调、杂乱无章的方面，因为总有被认为是多余的，不想要但又去不掉、变不了的东西。

（5）城市与人之间需要一系列中介空间或者中间物体，作为环境链条形成整体环境艺术。

（6）光线是城市环境艺术中的重要存在条件。光线是视觉艺术的生命，无光线即无环境艺术。

有了以上对于思路、创作特点、结构特点的共识之后，采用何种手法来创造城市特色的问题便容易解决了。起码不应再依靠采用给建筑物加小亭子、加圆顶、做拱门，“一幢房子变一个样”这类建筑手法，而应当更多地从城市、区域、结构、系统的整体来考虑问题，选择相适应的手法。

如布正伟先生有关城市背景区、混成区、特色区的论述便值得参考，这是在试图建立城市景观的秩序。但必须明确，在实践中，城市里所谓这三种区很难是纯净的、不变的，常常是混杂的、互变的、模糊的。必须具体问题具体分析，切不可主观臆断地处理问题。

六、历史、现状与未来的人与城

城市的发展是一个长期的历史积淀过程。今日的城市特色是从历史特色中生长发展起来的，未来的特色又要从今天向前延伸。因此，要创造明日的特色，应对历史遗存、现状环境既进行实物调查，又进行环境心理、建筑心理、居民集体记忆、认知地图、行为习惯等的调查研究，以找到创作依据和目标。

城市景观是一种动态的心理感受，是令人难以捉摸的领域，调查有一定难度。为了对此有明确的认识，英国埃克塞特大学应用因子分析方法研究了人们头脑中对城市景观想象的具体含义（表1）。这种做法值得借鉴，可以取得定性和定量的数据。其具体实验方法是，以大学生为对象调查287人，通过大量设计手法各不相同的实例，让他们做视觉感受上的评价。用幻灯片和大量语义上具有微小差别的词汇（简称SD），分33个语义等级进行测试，获得定量化的数据后再进行分析。他们得到的初步结论是，城市要想成为令人愉快的源泉，就应该使人感到新鲜和熟悉，不具备这类因素就算不上成功。具体讲有以下几点结论：

英国埃克塞特大学研究人对城市景观感受的 33 个语义等级　　表 1

语义范围	语义范围	语义范围
老的	著名的	亲切的
历史的	装饰华丽的	私有的
具有历史意义的	建筑物之间和谐的	安全的
能唤起历史想象力的	对称的	有活力的
在生活中会引起历史联想的	水平的	好的
使你联想起历史的	以人的尺度建造的	艺术的
使你意识到与过去有联系的	大尺度的	美的
具有持久意味的	保护良好的	令人愉快的
值得保存的	整洁的	有吸引力的
有价值的	视觉上有明显识别性的	迷人的
有趣的	有非常突出特征的	讨人喜欢的

（1）学生：艺术家和规划师具有非常相似的城市景观印象。

（2）大多数沿街连排住宅，在尺度上被认为小巧、具有人性，这好像是它们最有价值的属性。许多人几乎没有意识到一条沿街住宅相互间建筑上的微妙差别。

（3）高层住宅区遭到人们强烈反对。因建筑的尺度很大，垂直过度，没什么有益的特点，视觉上令人生厌。

（4）当代建筑代表了一种基本上是千百年历史所形成的一系列风格中的一部分，如果想把握和控制变化，必须调和好过去的记忆和未来的理想之间的限度，防止出现“未来环境震荡”的危险。

（5）昔日的魅力全在于它是过去的。

（6）无论在何处，任何破坏古建筑的行为应尽快禁止，今后的设计应更多地借鉴传统的尺度和设计思想。

（7）一幢建筑的年代可以对周围环境带来某种好处。……古建筑所具有的时代特征是一种潜在的、令人愉快的、非常重要的资源。

（8）古建筑在创造丰富多彩的城市环境特征方面作用巨大，有助于形成复合的视觉环境。现代建筑在视觉上的单调和严峻感成为城市景观中的消极因素，而不同历史时期富有表现力的建筑物给人以美感，让人愉快（英国对5种不同历史时期——中世纪、古典、工业革命、罗曼蒂克和现代——的建筑风格在形象上的区别，做了心理学意义上的分析实验）。

七、保护与开发

城市特色的创造中保护和开发的问题并存。处理好两者的关系会使其相辅相成，相得益彰。反之，则会造成不可挽回的损失，甚至保护特色和开发特色的目的均未达到。

首先，对开发要有全面的认识和可持续发展的角度。准备开发某种资源（土地、水源、文化遗产、旅游资源、自然景观）之前，首先要做生态评价、环境影响评价、经济和社会效益预测等工作，才不至于孤注一掷地舍了老本，把本可以源源不断生财的资源断送了。如水面上部空间的开发、老城墙位置的开发、西湖边上的开发、历史文物地段的开发，这方面的问题尤其突出。一定要“站得高，看得远，总览历史、文化”，不可只顾一时。

再者，注重保护环境是人类文明高度发展的标志。经过若干世纪到今天，人类才拥有这种环境意识。过去人类曾经是依赖环境、适应环境，后来又盲目地改造环境、破坏环境、污染环境，其教训是极其深刻的。

创造城市特色时必须注意的几个问题：

（1）城市结构问题：必须有城市整体结构概念，从城市现实结构这个全局出发，处理局部的问题，凡有损于城市结构的行为和项目要坚决制止。

（2）城市形态问题：这在很大程度上是城市边缘的城乡关系问题，如何采取“导”而不是“堵”的政策，既符合乡村走城市化道路的发展趋势，又不使城市边缘的发展失控。

（3）绿化系统问题：城市绿化不能只考虑观赏系统，同时要考虑生产、生态系统。早日确定市树、市花、市草（或区树、区花、区草）是个好办法。绿化占城市面积很大，对特色影响大。

（4）道路系统问题：无论主次街道、功能划分、曲直长短都要依据城市结构和形态需要而定，现在的毛病往往是不加分析地追求直、宽、长，对道路系统的效率和效益则往往研究得少。

（5）标志系统问题：大到城市雕塑、制高点、重点建设项目，小到广告牌、路名等，应当系统地考虑规划设计和管理。

（6）自然景观系统问题：如何把当地的山、水、植物、动物、好朝向、好景观组织到城市形象之中，这是铺天盖地的大文章，必须有人考虑并落实到城市设计上监督贯彻。

（7）集体记忆、认知地图问题：这种记忆与认同的调查是一项新工作，前面列举的英国埃克塞特大学的经验值得借鉴。

（8）城市色彩系统问题：色彩对特色的形成关系极大，不能不重视一个城市的主调、配调色彩，特别是大面积的住宅区、开发区更应对此有适当的设计。

其他如栏杆、围墙、大门系统，铺地材料的选择，桥的系列设计等也是创造城市特色时要从整体上规划的问题，不再一一罗列。

——原载《建筑学报》1993年第2期

论钱学森与山水城市和建筑科学

看到“传统建筑文化与现代城市建设”这一主题，便想到了杰出科学家钱学森。他所倡导的山水城市和建筑科学在继承和发扬中国传统建筑文化与最先进的现代科学技术相结合方面堪称典范。我认为，钱老对待城市、建筑、园林学术问题上的科学思路、方法、精神以及民主意识等多方面，都值得我们学习、领会和借鉴。故在此做一些回顾、介绍与思考，与同行进行交流。

自1986年至2000年，15年来，钱老与我的通信，现在保存完整的共有56封。信的内容包括山水城市、建筑科学、建筑哲学与建筑文化等。为了加深对钱老有关山水城市构想和建立建筑大科学部门的创议的理解，我重读了这些弥足珍贵的书信，又查阅了多种钱老的著作和有关资料，追踪钱老的思想历程，体会钱老的科学思想、科学方法和学术民主作风。

据我的回忆与观察，钱学森先生山水城市构想的提出与深化是一个漫长的过程。虽说“山水城市”这个概念最早见诸文字是出现在1990年7月31日给吴良镛教授的信中，可是孕育钱老这一构想的渊源可以回溯到1958年3月1日钱学森回国后写的第一篇有关建筑的文章《不到园林，怎知春色如许——谈园林学》，从1958年到1990年，前后长达30余年。我认为，山水城市构想从提出到深化的全过程可以分为三个阶段：①思想理论准备阶段（1958—1990年）；②联系实际构想阶段（1990—1992年）；③实施发动的推进阶段（1992—2000年）。

从现已收集到的钱老1958—1983年的书信中，我们可以看出钱老的思想脉络是从对中国传统园林的热爱、感悟和研究开始的。这期间他先后写了几篇对我国园林学、园林艺术颇具创见卓识的文章，还与我国著名园林学家陈从周、吴翼、陈明松等，以及中国园林学会、《中国园林》杂志、中国市长协会等交往、交流、讲学、探讨有关中国园林的理论与实践问题。最终，他系统地论述了中国园林的不同观赏尺度和层次，明确了中国园林是Landscape、Gardening、Horticulture（即景观、园技、园艺）三个方面的综合，而且经过扬弃达到更高一级的艺术产物——从理论上首次阐明了中国园林何以堪称“世界园林之母”。与此同时，他也在一直思考如何把中国园林这一优秀的文化遗产与我国城市建设实践结合起来的问题，从而为后来“山水城市”构想的提出做了充分的思想理论准备。

联系实际的构想阶段（1990—1992年）从钱老先生给吴良镛（1990年7月31日）、吴翼（1992年3月14日）、王仲（1992年8月14日）、顾孟潮（1992年10月2日）的这四封信上表现得十分明显。钱老是从读到关于北京菊儿胡同危房改建实践的报道引发了他近年来的想法，到第四封信时便直接提出“21世纪中国城市向何处去”的大方向问题，并且建议开个“山水城市讨论会”，发起对未来城市模式的大讨论，成为推动这一历程的转折点。

在“山水城市”的实施发动推进阶段（1992—2000年），钱老在提出“山水城市”构想之后，为这一学说的建立和实施，在耄耋之年仍作出最大的努力，从我们收集到的156封（篇）书信中，完成于此时期的多达100多封（篇），占总量的70%左右。足见钱老对其山水城市等科学构想和学说的建构、完善、实施乃至发动推进的重视程度。尤其是1993年初钱老在病中不能出席“山水城市讨论会”，专门写了书面发言“社会主义中国应当建山水城市”这篇全面阐述其观点的文章，起了极大的推动作用。

与山水城市构想的提出与深化的历程类似，钱老有关建立建筑科学大部门的思想的提出，也有其孕育的过程，绝不是1996年6月4日那天接见我们时灵机一动想出来的。最近我重新回忆我们编辑出版的《杰出科学家钱学森论：城市学与山水城市》（1994年版、1996年增补版）、《杰出科学家钱学森论：山水城市与建筑科学》（1999年版）三本专著，并查阅了几本有关的钱老著作，我进一步体会到钱老有关建立建筑科学的大部分思想的形成轨迹。

概略地讲，从钱学森教授1954年发表《工程控制论》创立系统科学开始，就奠定了用系统观念和方法把握建筑科学体系的良好基础。他1955年归国后的第一篇文章“论技术科学”，便是阐述科学技术的三个层次。1980年，他关注工业艺术，1982年把建筑列入文学艺术大部门，1979年指明系统科学对中国现代化建设具有重大的现实意义和深远意义，到1985年钱老提出建立城市学的建议，1990年又提出未来城市发展模式——山水城市，1994年提出建筑哲学问题，1996年提出建筑科学技术体系问题及建立建筑科学大部门问题，1998年又提出宏观建筑与微观建筑概念。我认为，这些都是钱老以系统科学观念与系统方法，总览建筑科技历史文化进行研究与思考的结果。为了深入领会钱老关于建立建筑科学大部门的思想深意，很有必要从以下四个方面深入研究思考：

（1）钱学森同志是在已经构建了现代科学技术体系之后才提出建筑科学技术体系问题的。在他1994年3月1日给我的信中，正式向建筑界提出要重视现代科学技术体系的问题，并且推荐了“科学革命与社会革命”一文供我们学习参考。显然钱老是从现代科学技术体系整体及科技革命和社会革命的发展规律出发，审视和界定建筑科学应当像自然科学、社会科学那样重要，被列为第十一个大科学部门。

（2）钱老提出建立建筑科学大部门是有着充分的理论根据的。钱学森先生在1996年6月4日的那次谈话中基本回答了这个问题。他说是因为：①“建筑真正的科学基础要讲环境等”；②“建筑与人的关系实际上是讲建筑科学技术的基础理论，即真正的建筑学”；③“真正的建筑哲学应该研究建筑与人、建筑与社会的关系”；④“建筑是科学技术”；⑤“这一大部门学问是把艺术和科学揉在一起的，建筑是科学的艺术，也是艺术的科学”；⑥“我们中国人要把这个搞清楚了，也是对人类的贡献”。

（3）钱学森认为，马克思主义是人类科学知识的最高概括，每个科学大部门必须用马克思主义哲学作指导。并认为，从这些科学部门到马克思主义哲学之间都应有各自的桥梁，作为建筑科学大部门的桥梁学科就是建筑哲学。而且他认为：所有这些桥梁都是马克思主义哲学的基础构成部分，它们与马克思主义哲学的核心——辩证唯物主义一起，组成了马克思主义的哲学大厦（详见胡士弘：《钱学森》，第238页）。这也就是钱老提出建立建筑科学大部门思路的同时，要强调研究建筑哲学的原因。

（4）宏观建筑与微观建筑的理论与实践问题。1998年5月5日钱学森先生就“宏观建筑”与“微观建筑”给顾孟潮、鲍世行的信中说：“我近日想到的一个问题是，如何把建筑和城市科学统归于我们所说的‘建筑科学’，同时又将山水城市概念提高到不只是利用自然地形、依山傍水，而是人造山和水，这才是高级的山水城市。我建议将‘城市科学’改称为‘宏观建筑’（Macroarchitecture），而现在通称的‘建筑’为‘微观建筑’（Microarchitecture）。这是提高一步，二位以为如何（人造山即大型建筑）？”显然，钱老这里是为建立建筑科学大部门，在具体界定建筑科学技术体系之中的关键术语概念的内涵和外延，给予其科学的定义，属于建筑科学基础理论研究中第一位和第一步的工作，值得建筑界的朋友给予足够的重视和研究。我体会，钱老这一创议的理论和实践意义和作用大概有四个方面的内涵：①它体现了“科学是内在的整体”的普遍规律，正如德国著名物理学家普朗克认为：“科学是内在的整体，它被分解为单独的整体不是取决于事物的本身，而是取决于人类认识能力的局限性”。我们过去对建筑与城市科学的划分何尝不是如此呢？②钱老的创议在建筑科学范畴内，把还原观和系统观结合起来，不仅重视还原分析，也重视系统综合地处理科研对象。③确立了建筑哲学在建筑科学大部门中的领头学科地位，1997年3月16日钱老给顾孟潮的信中强调，“建筑哲学是建筑科学技术大部门的领头学科，大家要好好思考，包括您的学生”。而且钱老此前已把建筑哲学看作建筑科学通向马克思哲学的“桥梁”和建筑艺术的“最高台阶”。④钱学森教授主张，研究建筑科学必须把定量与定性相结合，正确处理开放的复杂区系统与其众多子系统的关系，因为现代城市是一个开放的复杂巨系统，建筑科学大部门理所当然的更是开放的复杂巨系统，绝不能当简单系统对待之。

——原载《建筑学报》2000年第7期

试论钱学森建筑科学思想

杰出科学家钱学森，以其对建筑科学的卓越贡献，在20世纪的建筑科学史上书写了精彩的华章。

一、“建立一个大科学部门——建筑科学”——钱学森为建筑科学定位

钱学森说：“要迅速建立建筑科学这一现代科学技术大部门，并用马克思主义哲学为指导，以求达到豁然开朗的境地。我想这是社会主义中国建筑界、城市科学界同志不可推卸的责任。请考虑。”他呼吁：“现代科学技术体系中再加一个新的大部门，第十一个大部门：建筑科学。”

1996年，钱学森正式将建筑科学列入了他的现代科学技术体系整体构想中，成为第十一大科学部门（图1）。

图1系1993年钱学森绘，1995年略作修改，1996年增补。详见《人民日报》1996年11月6日第十版，或见《建筑学报》1997年第1期“建筑哲学概论（本体篇）”。

钱学森的建筑科学理论是他总览科学历史文化，经过多年思考与探索逐步完成的，有其深刻的理论内涵：

（1）钱学森在“定位”理论中，对建筑科学在人类文化中的作用给予了充分肯定。他把建筑与自然科学、社会科学等大部门并列，作为第十一大部门列入了现代科学技术体系，在建筑科学中具有突破性意义。

（2）钱学森在“定位”理论中，把建筑科学置于现代科学技

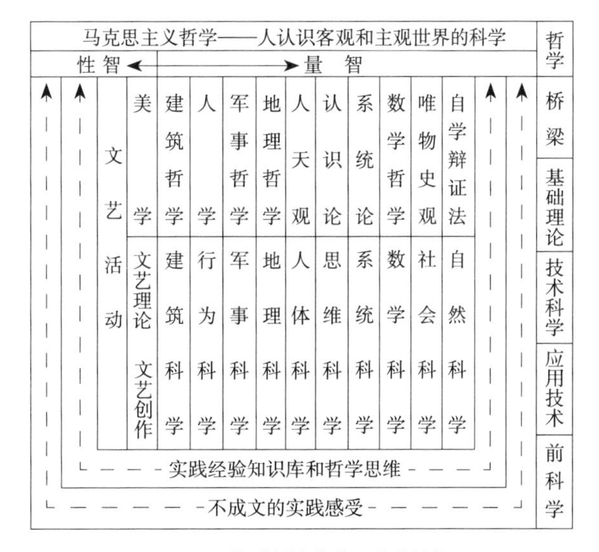

图1 现代科学技术体系整体构想

术体系的全体之中，从现代科学技术体系的全局来理解建筑科学，他强调科学是个整体，它们之间是互相联系的，而不是相互分割的。这样，建筑科学就不再是一个孤立的、与其他大部门割裂的部门。建筑科学由于广泛地汲取了其他大部门的学术营养，从而促进了这个大部门的发展，使建筑科学成为一门生机勃勃的学科。

（3）钱学森在“定位”理论中，在如何划分建筑科学的层次这个问题上，明确把建筑科学划分为基础理论、技术科学和应用技术这三个层次。他说：“我们划分层次可以按照是直接改造客观世界，还是比较间接地联系到改造客观世界的原则来划分。”

（4）钱学森在“定位”理论中，将建筑科学视为一个科学与艺术相融合的大部门，他说：“这一大部门学问是把艺术和科学揉在一起的，建筑是科学的艺术，也是艺术的科学。”

（5）钱学森在“定位”理论中，十分重视建筑哲学在建筑科学中的作用，他指出：“建筑哲学是建筑科学通向马克思主义哲学的桥梁。”

（6）钱学森在“定位”理论中，提出了宏观建筑与微观建筑的理念，这是建筑科学思想的深化与升华。钱学森说：“我建议将‘城市科学’改称为‘宏观建筑’，而现在通称的‘建筑’改称为‘微观建筑’。”

钱学森建筑科学定位理论有其重要的意义：

（1）首创性意义：建筑科学“定位”理论大大提高了建筑科学的学科地位，大大开拓了建筑科学的视野和领域，把建筑科学的研究提高到前所未有的高度，使社会各界对建筑科学在人类文化发展中的地位和作用有了新的思考和认识。

（2）奠基性意义：建筑科学“定位”理论对整个建筑科学的发展具有奠基性意义，它给了人们一个新的关于建筑科学理论体系思维的总框架，从这一总框架出发，将会大大开拓建筑科学理论的思维空间。

（3）示范性方法论意义：建筑科学“定位”理论是从现代科学技术体系整体思维出发界定的。钱学森对待建筑科学对象，是把还原观与系统观结合起来，既重视还原分析也重视系统综合处理，这对于我们从事建筑科学的研究具有示范性的方法论意义。

（4）开放性意义：建筑科学“定位”理论具有开放性意义，他的建筑总框架的提出需要有更多有志于这一事业的人进行接力式的研究，采取学术民主的、百家争鸣的、平等讨论的方式进行研讨。在这方面，钱学森是这样主张的，他本人也是这样身体力行的。

二、建筑科学的“最高台阶”——钱学森为建筑哲学定位

钱学森建议在我国高等院校的建筑学专业开设建筑哲学课。他说，建筑哲学是建筑科学的领头学科。

分析钱学森的建筑科学思想，可以看到，建筑学、城市学和园林学是钱学森为建筑科学大部门定位的三大理论基石，而认识和把握钱学森建筑科学体系的整体构思，则是达到钱学森所说的“对建筑科学认识的豁然开朗的境界”的前提。

钱学森关于“建筑真正的科学基础要讲环境”的论断符合1981年国际建筑师协会第十四次世界建筑师大会通过的“华沙宣言”的精神，也符合人类千百年来对居住环境的期望。

钱学森多次表明他的建筑哲学观念。他说：“建筑哲学是建筑科学技术大系统中的带头学科，是建筑科学技术体系中的最高哲学概括和最高台阶。”

钱学森多次强调建筑哲学的重要性，他认为建筑哲学既是科技哲学，又是艺术哲学和社会哲学，它对整个建筑科学技术体系的建构和发展同样具有桥梁作用、带头作用。

钱学森多次明确指出，用建筑哲学指导建筑科学，是用马克思主义哲学指导建筑科学发展的必由之路。他说：“如果我们学好建筑哲学，从事建筑科学技术与艺术工作的朋友们就可以开阔视野，在具体工作中，就会把一个城市作为一个整体考虑，作为一个复杂的、开放的巨系统来对待，而不是只见树木（建筑物），不见森林（整体城市）。”

根据钱学森的理论，我绘制了图2（该图得到了钱学森的首肯）[见《建筑学报》1997年1期“建筑哲学概论（本体篇）”]，表明建筑哲学在建筑科学体系中的位置。

钱学森的建筑哲学思想有哪些实际意义呢？

（1）钱学森关于建筑哲学在建筑科学发展上带头作用的呼吁，钱学森关于必须加强建筑哲学的研究

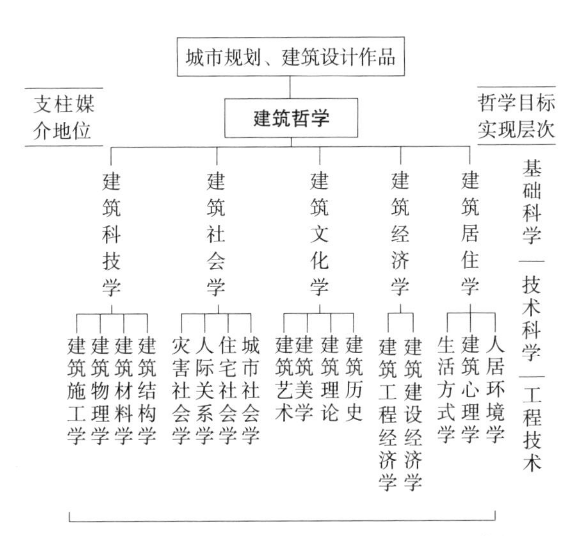

图2 建筑科学技术体系

和普及的呼吁，对建筑界来说是切中要害的，是非常及时的。

（2）钱学森关于建筑哲学是建筑科学的最高台阶，是通向马克思哲学的桥梁等论述，使我们对建筑哲学在转变人们观念上的重要作用有了新的认识。

（3）钱学森关于建筑哲学要研究建筑与人、研究建筑与社会的论述，大大扩大了我们的思维空间。这有助于改变建筑界软科学研究（包括建筑基础理论、建筑技术理论、建筑评论）的落后局面，改变建筑学现有学科发展缓慢的状态。

（4）钱学森关于建筑哲学在现代科学技术体系中的定位，使我们对建筑哲学的本质特点认识得更为清晰，使我们在研究建筑哲学时更明了它的复杂性、重要性、开放性，建筑哲学要从社会哲学和艺术哲学中吸收营养。

（5）面对钱学森提出的在建筑院校开设建筑哲学课的呼吁，我们深感研究建筑哲学和形成建筑哲学研究队伍的迫切性。

三、“不到园林，怎知春色如许”——钱学森园林学理论

1958年3月，钱学森发表“不到园林，怎知春色如许——谈园林学”的文章，称赞“我国的园林学是祖国文化遗产里的一颗明珠”。

1983年6月，钱学森又发表了“再谈园林学”的文章。

1990年，钱学森提出“把整个城市建成一座超大型园林”。

钱学森园林学理论贡献主要有以下几点：

（1）钱学森科学界定了中国园林艺术这一理论概念。

（2）钱学森科学界定了中国园林是我国创立的独特艺术部门，论证了中国园林是“世界园林之母”“花园之母”，提出既要继承又要创新的中国园林发展方向。

（3）钱学森科学界定了中国园林学是与建筑学具有同等地位的一门美术学科。钱学森说：“我们的园林设计比建筑设计要更带有综合性，我们的园林学也就不是建筑学的一个分支，而是与它具有同等地位的一门美术学科。”

（4）钱学森科学界定了定量、定性地研究园林学、分析园林空间的方法（表1）。

（5）钱学森科学界定了建筑学与园林学这两门学科的类似与区别之处，强调要用现代自然科学知识、工程技术知识和美术知识提高我国园林设计水平。

（6）钱学森把中国古代园林精华应用于当代城市建设实践之中，提出“山水城市”的未来城市模式。

中国园林景观的不同景观层次、景观尺度及其观赏特征　　表 1

景观层次	景观内容	景观尺度	观赏特征
第一层次	盆景艺术	几十厘米	神游、静观
第二层次	园林里的窗景	几米	站起来、移步换景
第三层次	庭院园林	几米到几百米（拙政园、网师园）	漫步、闲庭信步
第四层次	北京颐和园、北海	几千米	走走路，划划船，花上大半天甚至一天时间
第五层次	风景名胜区	几十千米	乘交通工具（毛驴、汽车）多布置公路
第六层次	风景旅游区	几百千米（如美国国家公园）	不但设公路，更有直升飞机等

四、“开放的复杂巨系统”——钱学森的城市学理论

钱学森认为：“城市科学研究会要研究全部有关城市的科学。这里学科繁多，有城市建筑学、城市道路学、城市通讯学、城市环境美学等。各方专家可以分头去研究，但应当有个牵头的理论学理，不然怎么汇总？”“这门理论学科是我以前提出的‘城市学’，研究一个大城市、一个小城市以及一个乡镇的整体功能和发展的学问。”

钱学森在其“关于建立城市学的设想”一文中，提出他设想的城市科学体系。他写道：“所有的科学技术都是这样分为三个层次，一个层次是直接改造世界的，另一个层次是指导这些改造客观世界的技术，再有一个是更基础的理论。这就是城市规划—城市学—数量地理学这样一个城市的科学体系，我们要搞好城市建设规划发展战略就有必要建立这样一个科学体系。”

关于建立城市学设想的主要内容，钱学森做了如下扼要的说明：

（1）城市学应是各门城市科学的理论基础，所以层次要高一些。

（2）城市学首先要讲城市体系，即一个国家的居民集中点和小区的分布和相互关系，因而是个体系。

（3）要树立新概念的城市学，就必须理清思想。对过去城市建设中的自发性、盲目性及主观主义要用马克思主义的洞察力来批判。

（4）城市学也要分清现代社会中各种功能不同的城市类别，研究每一类别城市的特点。

钱学森在城市学的研究上有五个强调：

（1）强调理论探索的重要性。他说："我觉得要解决当前复杂的城市问题，首先要明确一个指导思想——理论。"

（2）强调必须用辩证唯物主义与历史唯物主义的观点来看待城市中的问题。他认为，要把城市看作是变与不变的统一，在研究城市时，需要建立一种功能稳定与迅速发展相统一的理论。

（3）强调要用系统科学的观点和方法来研究城市，把现代城市看作是开放的复杂巨系统。

（4）强调要研究城市发展中出现的新事物和新问题。

（5）强调总结经验。他不仅重视总结国内城市发展中的经验，也重视总结国外的城市发展经验，重视总结对未来城市探索的经验。

五、"把整个城市建成一座超大型园林"——钱学森山水城市理论

钱学森是山水城市研究的倡导者，也是山水城市概念的创造者，其山水城市理论的主要精神是：

（1）把中国的山水诗词、中国古典园林建筑和中国的山水画融合在一起，使人离开自然又返回自然。

（2）把中国文化和外国文化有机结合在一起，把城市园林与城市森林有机结合在一起。

（3）山水城市是钱学森构筑的21世纪中国未来城市的一种模式。

十多年来，山水城市的概念引起国内外城市规划界、建筑界、园林界广泛的重视和讨论，山水城市的理论内涵和外延不断扩展，不断深入，钱学森本人对这一理论也不断有所补充。

钱学森阐述了他的山水城市标准："第一，有中国的文化风格；第二，美；第三，科学地组织市民生活、工作、学习和娱乐。"

他叹道："如果说现代高度集中的工作和生活要求高楼大厦，那就只有'方盒子'一条出路吗？为什么不能把中国古代园林建筑的手法借鉴过来？"

钱学森曾形象地描绘他构想的山水城市，他说："要发扬中国园林建筑，特别是皇帝的大规模园林，如颐和园、承德避暑山庄等，把整个城市建成一座超大型园林。我称之为'山水城市'，人造的山水！"

钱学森构想的山水城市与工业时代的城市模式有四个不同。

（1）出发点不同。山水城市的构想是比较超前的，它的思路是以大自然环境为出发点，对城市化的估量与方式有新的、更宽广的视野。

（2）对象不同。在山水城市的构想中，规划、设计、建设的对象不仅局限于道路、建筑物等硬件，还包括人、植物、动物、气候等软件，包括弹性件的选择、研究、设计的复杂系统等，因此钱学森强调城市总体设计的重要性。

（3）城市模式不同。山水城市既是生态模式也是人文模式，其目的在于充分发挥自然潜力和人的创造力。

（4）效果不同。提倡山水城市的目的在于最终实现设计与自然的结合，从而达到以最小的成本为人类创造最大的利益。

从理论上可将钱学森的山水城市总结为“四高”“三性”和“一个基本特色”。山水城市是知识经济时代的城市建设模式。

“四高”——高文化、高技术、高情感、高级生态城市（包括自然生态、社会生态、人的行为心理状态等）。

“三性”——科学性、民主性、时代性。

“一个基本特色”——山水城市的构想具有鲜明的社会主义中国特色。

山水城市构想的核心，是要建设有利于人身心，有利于自然生态，有利于社会、经济、科技文化可持续发展的人类城市。

总之，钱学森建筑科学思想主要体现在以下五个理论：

（1）建筑科学定位理论；

（2）建筑哲学定位理论；

（3）建立园林学理论；

（4）建立城市学理论；

（5）建设山水城市理论。

“建筑是科学的艺术，也是艺术的科学，所以搞建筑是了不起的，这是伟大的任务。”——钱学森热情地激励着我们。

“我们中国人要把这个搞清楚了，也是对人类的贡献。”——钱学森殷切地期望着我们。

——原载《建筑学报》2003年第5期

解读建筑理论

随着中国改革开放的深入发展，建筑业有业无学（有行业无学科）的问题更加突出。在改革建筑教育体制、改革建筑业的同时，迫切需要加强建筑理论研究与建筑评论。张钦楠先生提出“中国特色的建筑理论框架研究”的问题，是十分必要的。我也一直思考着这方面的问题，现在扼要介绍一下我的思考，以便得到同道的指正。

20多年改革开放的实践，使人们对理论研究的需求加强了，对理论对实践的指导作用有了更深入的认识。

江泽民在清华大学建校九十周年大会讲话时，强调了“理论创新”的重要性。他说：“一流大学应该站在国际学术的最前沿，紧密结合先进生产力的发展要求，依托多学科的交叉优势，努力进行理论创新、制度创新、科技创新，特别要抓好科技的源头创新，并推动科技成果加速转化为现实生产力。”这里提出了四个“创新”和一个“推动”，我认为，这四个“创新”中，理论创新是带头的，更为重要。而且实现理论框架的创新，应当属于科技源头创新（观念、思路的创新），更有着突出重要的意义。

下面，就建筑理论结构框架的几个方面谈谈我的认识。

一、建筑理论的定义与概念

在中国，建筑理论是建筑文化和建筑科学技术的重灾区，这里有许多理论和评论的禁区。相当长时期，在“政治可以冲击一切”“实践可以代替一切”的大背景下，建筑理论被人们、被社会简单化、庸俗化、概念化和僵硬化了。在建筑理论的研究领域存在许多误区：①把罗列现象实例误认为是理论研究；②把套用某些理论原则误认为是建筑理论；③把整理材料使之条理化误认为是理论成果；④把对某些问题的一些想法误认为是理论；⑤把一些政治原则、方针政策误当作理论；⑥把重要人物的只言片语误当作理论依据；⑦把形式服从内容误认为金科玉律；⑧把建筑历史研究误等同于建筑理论研究。这些也正是至今国内没有形成得到广泛认同的建筑理论定义和概念的主要原因。

什么是建筑理论？

《简明不列颠百科全书》（1985年版第321页）如是说："建筑理论是判断建筑或建筑方案优劣的依据，而这种判断是建筑创作过程中一个必不可少的部分。"

"关于建筑理论有两种相互排斥的见解：一种认为，建筑的基本原理是艺术的一般基本原理在某种特殊艺术上的应用；另一种认为，建筑的基本原理是一个单独的体系，虽然和其他艺术的理论有许多共同特点，但在属性上是有区别的。"

"一般认为，完整的建筑理论不外乎维特鲁威提出的三个拉丁词：'适用、坚固、美观'，即结构坚固、空间布置适当，外形美观。一般认为，只有当建筑的结构形式和外观与结构体系相符时才具有'真实'的美。"

我认为，长期以来以上关于建筑理论的观点是导致建筑理论定义与概念模糊不清的思想理论根源。

《简明不列颠百科全书》关于建筑理论的定义虽被许多中外人士认同，但是我认为有它狭窄的一面：书中所列举的两种相互排斥的见解，一种观点是把建筑等同于艺术，这虽然不完全对，但它仍然有着很大的市场，自身起很大作用；另一种观点认为建筑与其他艺术有区别，强调建筑的特点是正确的，但至今并没有出现得到广泛公认的建筑定义与概念，也未建立起建筑科学自己的学科体系。没有分清建筑理论科学的属性、特点、范畴、种类、层次和系统等这些最基本的问题。这些粗浅的认识必然给人们造成一个印象，似乎"建筑理论可有可无，理论没有什么用，应当以建筑设计（或建筑创作）为中心，认为搞设计高于搞理论，有人甚至认为建筑理论与建筑评论是设计与创作的附庸等等，认为只有那些不会设计与创作的人才去搞什么理论。"总之，行业里和社会上这些错误观念，使理论工作者受到歧视，成为不利于理论成长的社会土壤。这些错误的认识必须扭转。

二、建筑理论的范畴与系统

欲建立科学的理论框架体系，必须首先解决什么是理论，理论的本质属性与特征是什么，理论与实践的中介是什么，划清科学与技术界限等一系列基本问题。对此，我有如下的认识。

第一个重要问题，什么是理论？

我认为，理论是针对某个对象或者某个范围的定性、定量、定形态的知识体系，也是关于某个范围或对象的信息体系。它既解决“是什么”的问题，也解决“为什么”“怎么办”和“是非优劣”等问题。

第二个重要问题，理论的本质属性与特征又是什么呢?

我认为，任何可以称得上“理论”的信息，大致会有以下十个方面的本质属性和特征。

（1）概括性——以简练准确的术语、概念、法则涵盖复杂丰富的内容。

（2）体系性——由特定对象所决定的术语、概念、法则相互补充，联系成的一个理论系统。

（3）普适性——理论揭示出带有普遍性的内容，源于个性，高于个性，能启示和指导对特殊性的认知。

（4）开放性——既指导实践，又接受实践的检验和修正。

（5）阶段性——理论是相对真理，并非绝对真理，它具有阶段性的正确性，不是永远正确。

（6）局限性——理论的局限性表现在很多方面，如历史的局限性、范围和深度的局限性等。

（7）本质属性（统一性）——理论只能揭示对象那些带有普遍性的本质属性，并不能指出对象的全部具体属性特征。

（8）形态方向性（原则性）——理论的抽象概括特征，决定了它只能大致地指出对象存在形态的方向性，而不能确定具体形态形式的细枝末节。

（9）目标属性（目的性）——理论追求的是价值判定、目标选择的问题，实现其价值和达到目标尚需大量实践。

（10）多样性——同一对象或范围可引发多种理论，有理论的多样性才有形式的多样性。没有理论指导的多样性是“随意性”，不在此论。

第三个重要问题，理论与实践的中介是什么?

这里提出“中介”的问题是为了澄清过去“实践，实践，再实践”的本质，这种盲目强调实践的做法，实际上否定了“学习，学习，再学习”的必要性和重要性。“实践”的概念已经被偷换为“物质”，这不是唯物论，是实用主义，也是“唯我独革”“唯我正确”的理论基础。它从根本上排除了理论（科学）的基础（前提）作用。

强调“中介”是为了实现将科学技术转化为生产力的大目标。“实践”并不一定就是生产力，有时是反生产力，或者是破坏生产力、浪费生产力。几十年前，我们在建设中造成了时间、财力、物力的巨大损失，这一惨痛的教训不应再重演。

这里的实践是指物，是指科学技术的产物。理论（科学）是精神产品，由精神产品变成物质产品要经过一定的机制和过程。因此，理论起码有三个相互依存的基本层次，即人—机制—物，也是张钦楠先生提出的三个互相依存的问题（创作实践、理论建设、职业体制改革）。稍有不同的是，我认为，这三个层次均存在自身的理论建设问题：①关于创作主体、实践主体的理论（包括一切与城市建筑实践有关的实践者，不仅指职业建筑师）；②关于转变为生产力的机制的理论（包括建筑师职业体制改革等内容）。人与物中间的机制（管理体制、社会制度等）是中介。在改革开放的深化阶段，管理体制改革是最关键的问题。

第四个重要问题，划清科学与技术的界限是研究理论首先要明确的问题，必须对科学、技术和工程作出明确的界定。

吴大猷先生早在20世纪80年代就指出，“中国创用‘科技’一词是很大的不幸。造成的不良后果是：①将科学经由技术和工程到实践的过程中不同的层次混同起来，片面追求科学的物质利益与价值；②科学观念淡薄，使科学观念、科学思想、科学态度等观念失落了；③模糊了政策界限，用规范技术、工程的政策措施和伦理原则来规范科学。”

科学与技术之间有一个结构性的、深刻的转化过程。这个转化过程从哲学的视角看，至少包括三个方面：①从科学因果性认识到技术的目的性认识的转化；②从真理性标准到技术功利标准的转化；③从科学的一元通则到技术的多样性的转化。

应用科学与基础科学则不同。应用科学是以已知的基本科学原理知识为出发点，求解有具体目标的问题（动机不同）。

建筑领域内科学、技术、工程界限不清的问题十分严重，建筑管理部门、科研部门，甚至教育文化部门，都基本上是以工程为中心，只抓与工程有关的少量科学技术问题，这是建筑业“有业无学”的现象长期不能改进的体制性根源，所以视野就极其狭窄，把工程设计视为高于一切。即使讲理论，也只重视那些与设计有关的理论。而实际上，建筑理论的范围、范畴、内容十分宽广。我们认识到的几乎是九牛之一毛。

作为一个建筑人，我认为迄今为止，建筑界首要的问题是树立科学观念、科学思想、科学态度的问题，而后才有可能实现科学决策、科学方法、科学措施。目前经常遇到的建筑形式、工程结构、设备等理论问题许多都未能解决。相应的术语、概念、学科范畴系统等都尚未理清，因此，建筑理论建设的任务是既迫切又十分繁重的。

目前亟需研究解决的建筑理论问题有：

①各类建筑设计原理（新增加的建筑类型很多，原有建筑类型的内容和形式也发生了极大变化）；

②建筑风格理论、评价标准；

③构图原理（手法理论、建筑语言）；

④创作思维理论；

⑤城市、建筑、园林的建设模式理论；

⑥城市、建筑的管理模式理论；

⑦专业教育、职业培训标准的管理依据；

⑧人居环境学理论……

三、建筑理论的纵横框架

建立建筑理论的框架，既要考虑纵横问题，也要考虑内外问题、时空问题，即不能就建筑论建筑，不能就中国论中国，不能就目前说目前。也就是说，建立建筑理论的框架时，要有整体观、系统观、时空观和历史观。

张钦楠先生提出纵横结合的问题很重要。但是，我认为，作为纵轴的是学科理论性质——哲学、桥梁、基础理论、技术科学、应用技术、前科学；作为横轴的是学科种类，而不仅是建筑类型。从现代科学体系构成图上可以看到，在横轴上，建筑科学属于第十一个科学大部门，它介于科学与艺术之间。建筑是科学的艺术和艺术的科学。这讲的是建筑理论（科学）在现代科学体系中的纵横结构和内外关系。在建筑学科领域内也存在这种纵横结构和内外关系。作为更具体的建筑理论（如建筑价值观）又有其历史的连续性和阶段性。建筑史表明，6000年来人类对建筑价值的认识与选择先后经历了实用建筑学、艺术建筑学、机器建筑学、空间建筑学、环境建筑学、生态建筑学等几个阶段，目前正在向信息建筑学（数字建筑学）时代迈进。

20世纪90年代，我建立了一个信息塔，形象地分析了信息的属性、层次和结构。建筑理论本身属于信息体系，因此，从这个信息塔上也可以看出建筑理论信息的属性、层次和结构。建立建筑信息塔的工作也可以称作建筑信息学。当我们明确了现有的建筑信息的属性、层次和结构时，我们便能采取科学的信息对策，决定弃取的选择，明确理论建设与创新的方向。

总之，建筑理论框架的建设必须有信息意识、信息观念，采用信息方法、信息技术，达到信息科学、信息文明的要求的高度。

四、建筑理论的起点和终点

建筑理论的起点和终点是什么？换句话说，人的正确思想（包括建筑科学思想、建筑理论）从哪里来？

这在我国几乎是一个几代人耳熟能详的问题。答案是现成的，“正确的思想从实践中来”，“正确的设计从实践中来”……然而，这个答案并不能解决建筑理论的起点和终点问题。新中国成立后，半个多世纪的城市建设与建筑设计实践完全可以证实这一点；按照陈腐的建筑学观念和方法，即使再有千百次更多的实践，也难逃出低水平重复的怪圈。

建筑理论的起点和终点问题是一个科学哲学的问题，也是建筑科学的问题，齐康教授曾提出要重视建筑科学的研究，但至今尚未引起建筑界的足够重视。科学哲学对于建筑领域而言，就是建筑哲学。建筑哲学是建筑科学大部门通向马克思主义的桥梁。它才是研究建筑理论（建筑科学）的起点和终点——质而言之，马克思主义是人类科学知识的最高概括，必须用马克思主义指导和检验实践的起点和终点。

科学哲学的发展史表明，科学的发展或者科学理论的形成前后经历了四个历史阶段：前科学时期、科学证明时期、科学发展时期和科学创新时期。21世纪初，科学哲学侧重于考虑科学的证明问题，科学经常是从猜测与假设开始的；20世纪40—50年代，人们开始关心科学发展的逻辑与研究心理学问题，第二次世界大战后，将科学与社会生产紧密结合，迅速转化为生产力，也大大推动了科学技术的发展；而20世纪70年代以来，人们普遍关心科学的创新问题，随着高新技术与生产的结合，创新将成为我们认识世界的主导方面。所谓“不怕做不到，只怕想不到”的说法，今天似乎可以实现了。正如格里芬在《后现代精神》中所指出的：“我们不单是作为社会产品的社会存在物，我们是能在某种程度上对我们所处的环境作出自由反应的具有真正创造性的存在物”。

创新理论可以有各种途径（或者讲不同的起点），其一是对原有理论进行批判或否定，然后提出新观点；其二是改变原来科学认识的方法，通过新的方法创新理论；其三是通过想象甚至违背原有的逻辑规则，来提出不同于以往理论观点的假说；如此等等。通俗地讲，可以是“接着说”，也可以“反着说”或“想着说”。当然，无论以何种途径为起点也不是随意的，是有其确切依据的。

——原载《建筑学报》2001年第10期

关于现代建筑“三个百年”的思考

新年伊始，人们普遍有一种回顾与展望的愿望。回顾是展望的起点和基础。通过回顾，人们能更清醒地认识自己（或一个行业、一个单位）的优势和不足，明确未来的努力方向。

新的世纪，中国城市、中国建筑向何处去？这是社会各界都很关注的问题。最近《弗莱彻建筑史》英文版在中国面市，借此回顾一下《弗莱彻建筑史》百年和中国现代建筑百年的一些情况，或许能引起同好者的兴趣。

一、《弗莱彻建筑史》百年

《弗莱彻建筑史》（*Sir Banister Fletcher's A History of Architecture*）于1896年问世，一百多年来，始终被认为是世界上最具权威的建筑通史之一。该书颇受欢迎，屡次再版，1996年出了第20版，2001年它的英文版在中国出版。

《弗莱彻建筑史》（第20版）是由英国皇家建筑学会荣誉会员、谢菲尔德大学建筑系特约教授丹·克鲁克香克（Dan Cruickshank）先生在该书第19版基础上，又增加了1/3的篇幅，经过较大修改，重新编排而成。

1896年，《弗莱彻建筑史》第一版问世时，只有300页和115幅插图，而1996年的第20版成为共有7篇、58章、1832页（包括2000多幅插图）的巨著。

值得关注的是，1987年出版的《弗莱彻建筑史》（第19版），在中国建筑部分，收入了1950年以后建造的中国当代建筑43座，并且列出了这些建筑的设计者。这标志着中国当代建筑科技文化开始走向世界，也表明弗莱彻的后继编者，力求更全面准确地反映世界各国建筑成就的积极求实态度。

十年之后，该书的第20版大大增加了中国建筑部分的内容，不仅用了12页的篇幅介绍中国当代建筑（由上一版的43项增加到94项），又新推出22位中国著名建筑师，而且介绍的中国建筑的类型比第19版更为丰富（其中宾馆饭店17项，贸易、文化艺术建筑15项，体育建筑5项，科教建筑5项，商业街3项，成片居住建筑5项），比较醒目地反映了改革开放以来中国建筑领域取得的丰硕成果和欣欣向荣的景象（详见文后附

《弗莱彻建筑史》第20版收入的94项中国当代建筑名录）。

顺带要说明的是，知识产权出版社、中国水利水电出版社联合在中国出版《弗莱彻建筑史》英文原版书，这本身也是改革开放后中国图书市场的新气象，这些对我国建筑领域的科研、教育、设计、施工等多方面水平的提高将有所促进。

二、“建筑之树”百年

1999年初，在北京香山饭店召开的第一届建筑史学国际研讨会上，中国建筑学会建筑史分会会长杨鸿勋先生致开幕词时提到了1896年出版的《弗莱彻建筑史》中的“建筑之树”。他认为，应向国际学术界纠正“建筑之树”造成的对中国建筑长达百年的误解。这些话引发了我重读“建筑之树”的兴趣。

由图1可见，百年前，在西方建筑学者的眼里，中国及日本建筑不过是世界早期建筑文明的一个次要的分支而已。他们认为，既然世界文化的中心和科技历史的主流在西方，世界建筑中心和历史的主流当然也在西方。因此，在他们撰写的建筑史中，把西方建筑当作是“历史传统”的正宗，而把东方建筑当作是“非历史传统”的非正宗，这说明当时西方人对东方建筑科学文化艺术的无知和偏见。

对于这种无知和偏见，从20世纪20年代起，以中国的梁思成、日本的伊东忠太为代表的东方建筑史学者都曾不断地加以驳斥和纠正。

无知并不可怕，可以从“无知”变为“有知”。问题的严重性在于这种无知和偏见传播很广，受害中毒的人很多，不少人（甚至一些中国人）有意无意地也接受了这种无知和偏见，成为中国建筑文化的虚无主义者。

《弗莱彻建筑史》（第20版）虽然增加了不少有关中国建筑的内容，但是，纵观《弗莱彻建筑史》的文本和近百年来西方建筑家的评论，可以看到轻视和低估中国建筑的观念和行为仍很普遍。

西方一些人的误解也影响了一些中国建筑工作者，他们看不到中国建筑文化遗产的珍贵价值，认为不值得在中国建筑上下功夫，他们盲目抄袭西方建筑理论和建筑设计，盲目照搬西方城市规划理论和方法。这是我国一些城市与建筑丧失地域特色、民族特点，千篇一律的重要原因，也是一些城市在使用功能、经济效益、环境效益方面差强人意的重要原因。

因此，在建筑界有必要加强基础理论的研究，特别是建筑史学的研究。

不少有识之士在这方面早就给予了关注。

1996年，中国杰出科学家钱学森教授曾明确提出“建立建筑科学大部门”，他认为，应当把建筑科学提高到与自然科学、社会科学等并驾齐驱的高度来认识和对待。

但是，他的呼吁当时没有受到有关部门的重视，在当年召开全国高等院校科技工作会议时，主管部门竟不通知建设口，理由是建筑业没有什么高新科技。

著名社会学家费孝通教授曾回忆，1947年梁思成先生请他在清华大学建筑系开社会学课，后来由于种种原因没开成，他为此感到终身遗憾。费教授强调：“现在是响应梁教授召唤的时候了！”因为他感到我国目前城镇建设中存在着大量社会学问题。

我们如果不加强建筑基础理论的研究，仅仅争论“建筑之树”的表达方式又有多少价值呢？

还要说明的是，尽管“建筑之树”（图1）百年来有不良影响，但它并非一无是处。因为，科学的发展是由片面（相对真理）逐渐走向全面（接近绝对真理）的过

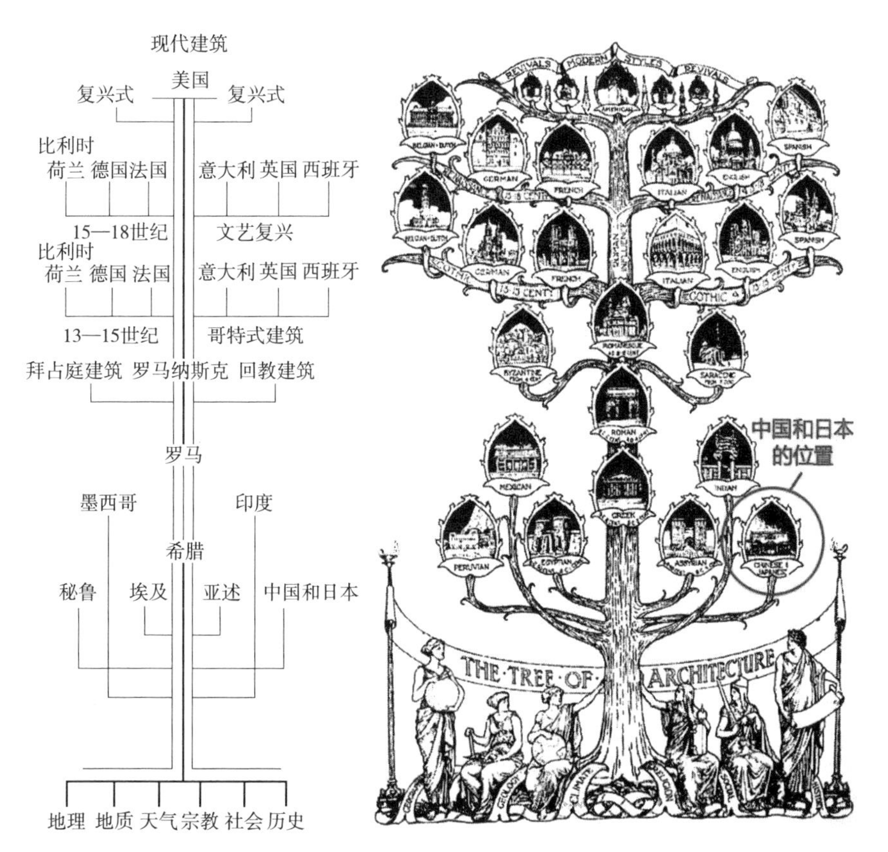

图1 建筑之树

程。学术研究、科学探索的一个重要原则便是要“容忍片面深刻”的存在，不能“求全责备”。何况此“建筑之树”仅是一种图解表达，不可能那么细致、准确。所以，对于百年来人们无知片面的认识不必太苛责。该图有它的历史性贡献，它梳理了当时人们（主要是欧洲人）对世界建筑科学文化的观念形态。从这个意义上说，这棵“建筑之树”至今常绿，仍然有其科学认识价值。

如何看待中国建筑文化在世界建筑史上的地位和作用，如何以清醒的头脑，制定科学的建筑国策，这些问题亟待解决，这就是我重读“建筑之树”所想到的。

三、中国建筑百年

20世纪是中国建筑崛起的世纪。

20世纪上半叶，中国的现代建筑兴起于上海、北京、天津、青岛、大连、南京、武汉、广州和东南沿海等地，20世纪下半叶，中国现代建筑开始以更大的规模、更高的水平遍及中华大地。这个发展趋势在《弗莱彻建筑史》中得到了相应的反映。该书第1550～1571页，收入中国建筑52项（其中上海最多，达30余项，主要是银行、俱乐部、商厦、办公楼和私人住宅），集中反映了1900～1950年的中国建筑状况。

《弗莱彻建筑史》共收入中国现代建筑146项（其中1950年以前的52项，占总量的35%；1950年以后的94项，占总量的64%），这些比例与我们曾发动近百位作者普查中国现代建筑后得出的数量比例是接近的，在《20世纪中国建筑》（杨永生、顾孟潮主编，天津科学技术出版社，1999年）这部书中共收录中国现代建筑994项（其中建于1950年前的有317项，占32%；建于1950年以后的有674项，占68%），可以看出：两书收入百年中国现代建筑的前50年和后50年的数量比例大体是一致的。因此，我认为《弗莱彻建筑史》收入的百年中国建筑项目比较具有代表性。

中国现代建筑百年的成长史，我认为可以大致分为四个阶段：

1900—1930年，外国建筑师主持设计阶段；

1930—1953年，本国建筑师产生与成长阶段；

1954—1979年，基本处于故步自封、停滞胶着阶段；

1980—2000年，大发展、大建设、大提高阶段。

从《弗莱彻建筑史》收录的中国现代建筑的比例上，也能看出这种状况。1950年以后的94项中：1980年以前的为36项，占38%；1980年以后建成的有58项，占62%。

《弗莱彻建筑史》的另一贡献在于，它还弥补了我国建筑史料的一些空白。

由于种种原因，1950年以前的中国现代建筑，许多是由外国建筑师设计，有的建筑物已不复存在。有幸的是，《弗莱彻建筑史》为我们保留了一些已不复存在的建筑物的珍贵资料和图片。

如果还有什么遗憾的话，我认为，《弗莱彻建筑史》中的中国现代建筑部分，未收入香港、澳门、台湾的现代建筑，而这些地区的许多现代建筑都是很出色、很有参考价值的，它们作为中国现代建筑百年发展史的重要组成部分，是不可或缺的。

可以这样说，《弗莱彻建筑史》的中国现代建筑部分，在相当的意义上，是中国现代建筑百年的缩影。

附:《弗莱彻建筑史》(第20版)收入的94项中国当代建筑名录

（建筑名称、建设年代、设计人）

1. 北京友谊宾馆（1954，张镈）2. 北京亚非学生疗养院（1954，张镈）3. 北京三里河办公楼（1955，张开济）4. 北京地安门旅馆（1955，陈登鳌）5. 重庆大礼堂（1951–1953，张家德）6. 北京民族文化宫（1958–1959，张镈）7. 中国美术馆（1960–1966，戴念慈）8. 北京新侨饭店（1954，张镈）9. 北京天文馆（1957，张开济）10. 建工部大楼（1955，龚德顺）11. 北京首都剧场（1955，林乐义）12. 西安人民剧场（1954，西北院）13. 长春体育馆（1954. 葛如亮）14. 广州体育馆（1957，林克明）15. 北京人民大会堂（1959，赵冬日、张镈）16. 中国历史博物馆（1959，北京院）17. 毛主席纪念堂（1977，北京院）18. 广交会展厅（1951，夏昌世）19. 北京和平宾馆（1952，杨延宝）20. 北京儿童医院（1952，华揽洪）21. 武汉同济医科大学医院（1952–1955，冯纪忠）22. 文渊楼（1953，黄玉林、哈雄文）23. 北京电报大楼（1958，林乐义）24. 北京航站楼（1960，北京院）25. 杭州候机楼（1971，浙江省院）26. 乌鲁木齐航站楼（1973，新疆院）27. 兰州火车站（1978，甘肃院）28. 北京工人体育馆（1961，熊明）29. 北京工人体育场（1959，北京院）30. 北京首都体育馆（1968，北京院）31. 南京五台山体育馆（1975，江苏院）32. 上海体育馆（1975，汪定曾、魏敦山）33. 上海游泳馆（1983，魏敦山）34. 广州矿泉别墅（1964，莫伯治）35. 广州东方宾馆（1973，广州院）36. 广州白云宾馆（1976，广州院）37. 北京建国饭店（1982，陈渲远）38. 北京长城饭店（1980–1984，美国）39. 南京金陵饭店（1980–1983，香港）40. 北京香山饭店（1980–1986，贝聿铭）41. 上海龙柏饭店（1982，张耀曾）42. 广州白天鹅宾馆（1980–1983，余畯南、莫伯治）43. 山东曲阜阙里宾舍（1985，戴念慈）44. 西安唐华大酒店（1988，张锦秋）45. 新疆迎宾馆（1985，高庆林）46. 新疆库车龟兹宾馆（1993，王小东）47. 西双版纳竹林宾馆（1984，云南院）48. 四川九寨沟宾馆（1988，西南院）49. 苏州竹林宾馆（1987，香港、苏州院）50. 福建武夷山宾馆（1984，齐康、赖聚奎）51. 拉萨宾馆（1985，江苏院）52. 西安阿房宫宾馆（1990，梁应添）53. 北京国际饭店（1988，林乐义）54. 北京五洲大酒店（1990，宋融）55. 上海华亭宾馆（1986，华东院）56. 上海西乐赖酒店（1987，香港）57. 上海锦江饭店（1980，香港）58. 北京国际大厦（1984，北京院）59. 深圳国贸中心（1985，湖北院）60. 上海商城（1985，美国约翰·波特曼）61. 北京世贸中心（1990，美国）62. 广东国际大厦（1992，广东院）63. 陕西历史博物馆（1991，张锦秋）64. 广州南越王墓博物馆（1989，莫伯治）65. 四川自贡恐龙博物馆（1986，西南院）66. 南京大屠杀遇难同胞纪念馆（1985，齐康）67. 北京中国画研究院（1984，沈继仁）68. 福建省画院（1991，黄汉民）69. 北京炎黄艺术馆（1991，刘力）70. 国际展览中心2–5号馆（1985，柴斐宜）71. 国立北京图书馆新馆（1987，建设部院、西北院）72. 清华大学图书馆新馆（1991，关肇邺）73. 深圳华厦艺术中心（1991，龚德顺）74. 深圳大学表演与会议中心（1988，梁鸿文）75. 上海方塔园（1987，冯纪忠）76. 北京国家奥林匹克中心（1990，马国馨）77. 深圳体育馆（1985，熊永新、梁应添）78. 大连体育馆（1988，西北院）79. 广州天河体育中心（1987，广东院）80. 唐山体育馆（1991，天津大学）81. 上海交通大学教育中心（1988，上海院）82. 上海同济大学科学大厦（1990，吴卢生）83. 北京口腔医院（1985，北京院）84. 无锡太湖疗养院（1985，卢济威）85. 上海华东电力大厦（1987，罗新扬）86. 敦煌机场候机楼（1985，刘纯翰）87. 山东曲阜商街（1989，东南大学）88. 浙江省萧山许义坊商业街（1991，杭州院）89. 南京夫子庙商业街（1987，东南大学）90. 北京六里屯住宅区（1993，北京院）91. 上海凯利住宅区（1992，上海院）92. 湖北富有试验住宅（1993，建设部住宅所）93. 北京台阶式花园住宅（1985–1987，吕俊华）94. 北京菊儿胡同新四合院（1989–1992，吴良镛）

——原载《建筑学报》2002年第2期

Chapter 2

/ 建筑评论篇 /

重新认识建筑的文化价值

——祝贺1986年优秀建筑设计评选顺利完成

建筑是人类文明的综合结晶，建筑是现代化水平的历史记录。城乡建设部优秀建筑设计的评选工作在1986年7月1日世界建筑节前夕揭开了序幕，并顺利完成。在全世界范围开展建筑节活动，本身就是对“为人类开拓生存的空间环境”的建筑文化活动价值的高度肯定和评价。本次优秀建筑设计评选也因此倍受我国建筑界和社会公众的关注和重视。

从本质上讲，建筑作品作为“时代的缩影”“石头的史诗”，兼有物质产品和精神文化结晶的双重社会价值。建筑设计工作是科学和艺术、形象思维和逻辑思维相结合的一种特殊脑力劳动。衡量设计工作的优劣成败，即评定设计工作的劳动价值，必然要同时考虑建筑设计成品——建筑的双重价值，这无疑是我们评优工作应遵循的准则。

遗憾的是，由于新中国成立以来几次受极“左”路线的干扰，尤其那场“文化浩劫”使建筑价值观念被严重歪曲：只承认建筑是物质实体而无视其丰富的精神内涵。同其他文化艺术领域相比，作为艺术的建筑创作所受到的伤害和摧残有过之而无不及：创作队伍曾被遣散，不少有创造新意的作品被扼杀，建筑艺术一度成为思想的“禁区”，人们对建筑文化的正当需求也被束之高阁。当设计人背着沉重的精神枷锁，满足于搬用、抄袭、模仿的重复性劳动时，其结果必然是建筑形象千篇一律、呆板单调，令人感到难堪和窒息。中国现代建筑发展的步履出奇地沉重缓慢、停滞不前，甚至有部分倒退现象。

党中央“拨乱反正”的战略部署拯救了中华文明。从此之后，人们的思想“放”开了，“活”了，价值观念也开始端正了。人们在渴望现代物质文明的同时，也渴求精神文化的滋补。社会公众对缺乏艺术灵性、毫无生机的平庸堆砌物，对大同小异的简单仿造体表示不满，他们期待着建筑师的创作能开拓新的空间环境。建筑师也在觉醒，他们挣脱了枷锁，拓宽了视野，开始了探索。建筑创作呈现复兴的局面，令人兴奋的新作品一个接一个地破土而出……为了护育新芽和扶助幼苗，迎来欣欣向荣的百花园，近年连续两次举行了全国性的建筑设计评优工作。为更加全面地提高设计水平，今年的评选特别强调“繁荣建筑创作，鼓励艺术创新”，这是特定形势下对建筑界提出的时代要求。

当然，建筑的物质价值和文化价值互相不可分割，没有物质价值也就无所谓文化价值。如果建筑作品在使用功能、经济效益、技术整理方面有严重缺陷，就丧失了艺术评价的前提条件。为形式而追求形式绝不是艺术创新。总之，既要突出地推崇艺术创新，又要综合考虑建筑设计诸多专业工作的优劣，但也不求全责备。

建筑师和建筑艺术正在走向社会，这特别令建筑界感到鼓舞。这次评选一开始便得到了来自中央和地方报纸、杂志、广播、电视等20多位新闻界人士的关注和支持。今后建筑也应当像文学、绘画、雕塑、电影、戏剧等其他艺术一样，通过宣传媒介走向社会，与公众联系起来，成为人民物质生活和精神生活不可分离的一部分。由建筑界自己评选优秀设计只是工作的开端，建筑界更期待社会各界都来评论建筑，在接受社会公众评判的同时，也提高了公众对建筑的鉴赏水平，这才能真正体现建筑文化的价值。

今后，在“评优”工作纳入正轨、形成制度的情况下，人民期望建筑师们奋力夺优，争取有更多的建筑珍品载入中华建筑创作的史册，造就出无愧于时代和民族的建筑文化瑰宝，为后世所珍惜永存。

——原载《建筑学报》1986年第11期

北京华都饭店、建国饭店设计座谈会

为了推动建筑理论研究走向深入，加强建筑评论工作，总结旅馆设计创作经验，《建筑学报》编辑部和北京建筑设计院联合组织了华都饭店、建国饭店设计座谈会。1982年6月15日上午，来自设计、科研等单位的刘开济、刘力、沈继仁、魏大中、周儒、张孚珮、王兴业，旅游、施工、设计管理部门的许屺生、刘锦昼、窦以德，清华大学、北京建工学院的高亦兰、王永涵等，共十几位同志被邀请就最近建成并已开业的华都、建国两饭店进行座谈。《建筑学报》编委会副主任、北京建筑设计院总建筑师赵冬日同志主持了这次座谈。与会同志联系实际，从建筑设计构思、使用功能、经济效益、建筑形式等多方面，发表了许多有参考价值的意见。现将座谈会发言按问题综合于此，供大家参考。

一、关于华都饭店设计的意见

大家共同认为：华都饭店在设计上很有特色，结合我国情况较好地处理了旅游旅馆的功能问题，在室内设计方面有所创新，并在创造民族形式方面也取得了一定成绩，因此受到国内外有关人士的关注和好评。

1．设计指导思想方面

华都饭店的设计，对于前台（客房、公建部分）、后台（职工、办公服务部分）都很重视，做了大量调查研究，结合我国旅游旅馆的管理方式，及外宾、华侨的使用要求，考虑地形、施工、建材方面的情况，体现了对800多名职工的关怀。总平面功能分区明确，较好地满足了旅客和广大职工各方面的需要。

2．客房部分

华都饭店的客房部分占总面积的55%，公建占45%。客房设计很成功，单间3.9米×5.1米，大小适当，比较实用。外宾们反映喜欢华都饭店的客房，认为中国建筑师还是有相当的设计水平的。有些细节推敲不够，如卫生间中马桶的位置距洗漱台近了些，有时会碰腿。

3．室内设计问题

许多发言指出，室内设计是国内建筑设计中的薄弱环节，过去重视不够。有设计思想原因，也有设备材料条件、设计体制、管理方式的原因。如过去设计注重厅堂，对设备关注不够，往往追求又大又方正的宏伟空间。而华都饭店在这方面有所突破。

旅游部门讲，国内外游客反映华都饭店设计得很好，内部装修下了很大功夫，效果不错；平面也灵活多了；四季厅、多功能厅等都有独到之处；有中国味，有的地方还很浓。

会上也有同志认为，华都饭店在室内设计上虽然有所前进，但总的来看，还有国内设计旅馆那种"空间变化少，装修东西多"的缺点，总的倾向是"怕少不怕多"。还有人提出，千万不要搞成香港暴发户式建筑，比如，现在室内设计用壁画成风，值得研究。美术家搞壁画，往往不从建筑整体环境考虑，又不听建筑师意见，结果出现吃饭的餐厅里画哪吒闹海，很不协调。华都饭店有装饰过多的地方，如花了两万元在进厅灯上放置龙形装饰，结果影响发光。还有不够统一的地方（不完全是设计问题），如一个厕所里用了四种颜色；沙发不配套，工地现加工的与原来买的配不上。

4．管理和经济效果

大家体会到，设计和管理方式、服务质量的关系极为密切，好的设计没有好的管理和服务也达不到好的使用效果。

华都饭店有541间客房，建筑面积43700平方米，总投资3700万人民币，是比较经济的。由于采用多层和单层结合，施工只用了24个月便部分投入使用，很快就发挥了经济效益。但建筑面积平均每床39.1平方米，总占地10970平方米，与国外同类旅馆比还是较多的。分析其具体原因是：①厨房要考虑一定的粗加工、仓储面积，使厨房和餐室的面积比达到1∶1；②逐层设服务台，仅服务、开水、储藏这三间就增加了不少面积，③人防占的面积较大，平时作库房用；④办公室比较多；⑤机房大，如空调和供热机房就需要2000多平方米；⑥供热水等设备占了面积，虽有热力点还得修锅炉房，因为三个月检修期热力点不供热；⑦变电室大，需200～300平方米。

有些空间利用上不够经济，如门厅、联系的厅廊的面积和高度都显得大；重点地方的推敲也不够。有的同志强调说，国内降低空间高度的问题很早就提出来了，至今改进不大。这是值得我们认真考虑的。空间高度降低后，造价、维修、空调都更经济。

设备基本上是老一套，有关方面应协同改进，如一个电话总机房就要占8间房，国外有一个20平方米的房间就够了。

5．对民族形式的探讨

大家认为，在探讨民族形式方面是有成果的，如四季厅、多功能厅、庭园设计和室内设计上都有不少成功之处。但思想还不够解放，有的手法陈旧，如门厅灯上加了一个龙形装饰。

二、关于建国饭店设计的意见

北京建国饭店是我国现已建成的第一个中外合资旅游旅馆。大家认为，总的来讲，建国饭店作为典型的美国假日旅馆的设计是成功的，空间和平面处理比较经济，功能较好，经济效益较高，并给我国旅游旅馆带来不同的气氛。但有些地方不完全适合我国国情，而且这方面的问题会随着经营时间的加长暴露得更严重。

1．设计指导思想方面

从建国饭店的总体布置中，可以看出设计指导思想方面有几点值得我们注意：①设计上重点保证前台（客房、公建部分），对于后台（职工、办公服务部分）的一些问题欠缺考虑。旅游部门反映，建国饭店全店700多名职工的生活、工作、活动的地方，包括吃饭、单人宿舍等都没考虑，问题很严重。外国没有集体宿舍概念，更没有午睡习惯。没有职工食堂，只好把地下车库占了。建国饭店的办公室很少，很集中。②在重点的地方舍得花钱，而有的地方很简陋，如阳台、游泳池的做法是从几年后全部更新出发，不像我们考虑“百年大计”。③多层为主，高低层结合，体量小且分散；地下室少，为的是施工快，造价较低，收益快。④建筑风格上，设计人自认为建国饭店的庭院是中式的，实际同美国的完全一样。但总的来看，它有家庭趣味，有宾至如归的感觉。

对建国饭店的立面造型有两种意见：一种认为它很像住宅，位于长安街延长线上不太合适，适合放在休养区；另外一种意见认为，对比也可以协调，而且旅馆做得像住宅，也是个特点，不拘一格，不搞我们印象中那种方正的旅馆。建国饭店的入口处理有变化，值得吸收。

2．客房部分

建国饭店极重视客房，对客人考虑得比我们周到，单人床有1.35米宽，很舒服，浴室为大理石铺装，公共房间反而简朴些。客房好坏是关系旅馆设计成败的关键，过去对这点我们体会不够深，设计中往往只注重厅堂，对设备重视不够。

建国饭店的客房一般是3.8米×5.3米，净高2.75米，走道净高2.25米，并不显得压抑，而给人亲切感。客房的类型，除了常见的两间一套、三套间、四套间做法，还有楼上楼下自成一家的客房，做法比较活泼多样。建国饭店的客房面积占总面积的77%，公建占23%。

3．室内设计方面

大家感到，设计很注意紧凑，甚至把宴会厅放在地下室，我们就不会这样做。当然，建国饭店有自己的设备和做法，所以设计起来比较自由。门厅很开敞，适当配一些水池、喷泉很起作用。餐厅不大，很省空间，效果不错。与我们的传统手法不一样，除了大厅空间都不太大，也不很规则，在建筑上有所突破。

会上有的同志认为，建国饭店作为假日旅馆比美国的粗糙些。

4．管理和经济效果

建国饭店共有客房528间，建筑面积31023平方米，占地10970平方米，总投资2100万美元。据讲，与美国比，我们给建国饭店的用地少了些，只有1公顷多，门前路展宽后无停车位置。建国饭店的平面和空间都比较紧凑。

会上同志们分析了建国饭店之所以建筑面积省、占地少也能解决问题的原因，总的来讲与指导思想、管理方式有直接关系：①附属用房少，仓储面积小，不考虑职工用房。厨房也小，不考虑粗加工，牛肉靠进口，厨房和餐室面积比为0.51∶1。②逐层不设服务台，只设总服务台，不供应开水。③办公室面积很少，很集中。④设备比较先进，体积小，省面积。如空调用热泵，尽管耗电量大但省了机房；热水用18台体积很小的煤气锅炉，自动点火，占地很小，布置灵活。

三、学习外国经验问题

与会同志一致认为，通过中外合资工程建国饭店可以看出，有许多外国经验值得我们学习和吸收。如设计旅馆注重实用，重视经济效果，重视客房这个重点，室内设计比较自由、不拘一格、多样化，不追求方正宏伟等。再就是先进的设备，服务和管理好。但是同志们也都强调说，外国人设计总有许多不适合中国国情的地方，也不可能有中国民族形式，真正的中国民族形式要靠我们自己创。

有的同志认为，有少量的外国形式可以解决两个问题：一是形式上破一破北京的清一色，促使设计上有所突破，使设计能更多样化一些；二是有几个不同的实例让大家开开眼界。我们学习外国经验必须具体分析，有所选择。建国饭店对外国人生活琢磨得比较透，知道要往哪儿使劲儿，非常重视客房和卫生间的设计，这些值得我们学习。建国饭店后台部分不足，给经营带来严重的问题，给职工生活工作造成困难，这些不可取。建国饭店现在是按国外的工作方式经营，十年以后我们自己经营时怎么办？还需要摸索。有些地方不正常，如副食品（牛肉等）靠进口，我们自己经营后是不能这样做的。

四、设置旅游旅馆专业设计队伍和设备配套问题

大家共同认为，设置专业设计队伍和解决设备配套问题是当务之急。国外有各种专业设计队伍，有各种设备、家具配套的公司。国内没有从体制上解决这个问题。设计部门反映：从室外到室内，从装修到设备，都要找建筑师，建筑师很为难，搞得什么都是从零开始，做个灯也要画好几张图，出点新东西很不容易，会遇到来自各方面的阻力。如厨房大小、办公用房多少，是靠使用单位提出，无严格标准。施工单位也卡得很厉害，只算他们完成的平方米的账，不愿意做庭院、水池、假山这类工作。旅游部门反映：很需要设置旅游旅馆设计的专业队伍。现在设计厨房时，请厨师当参谋，这不能作为模式。本来这件事不难，关键是没人做。洗衣房也是个伤脑筋的事。厨房、洗衣房的设计和配套问题，甲方感到十分困难，迫切需要解决。由于不配套，使用和质量都不容易保证，设备、家具、灯具的品种花色也很单调。据说，去年提出要有专门的装修公司、家具公司，一直没做起来。旅游建筑需要各方面的配合。国外家具、灯具，甚至厨房、洗衣房、游泳池等都是现成配套的，建筑师之家有各公司的样品。建筑师的任务是组合，像画家画画一样，有现成的颜色可用。

——原载《建筑学报》1982年第9期

学习信息游泳术是当务之急

——关于繁荣建筑创作的思考

“开创建筑创作的新局面”这个问题涉及范围十分广阔，几乎是任何一个人，在较短的时间内，都不可能深入全面地论述有关的一切问题，因此我只谈谈我认为最重要的问题。

所谓“信息游泳术”，是指有关掌握和运用作为建筑设计和创作生产力的信息，提高运用和生产信息的效率和质量，以及提高相应的信息战略、战术和技术水平的问题。

本文所提出的“信息游泳术”，更科学的名称应该叫“信息对策学”。这是一门新兴的十分重要的应用科学和技术。它是研究信息的处理（包括信息的搜集、整理、学习等）、应用和创造的规律和对策的科学和技术。我认为对于建筑界来说，目前亟须开辟这个新的学术领域，即建立建筑信息学。加强对建筑信息的对象、范畴、处理和创造性建筑信息工作的特点和规律的研究，以便更好地掌握和运用作为建筑设计和创作生产力的信息，提高运用和生产创造性建筑信息的效率和质量，提高相应的信息战略、战术和技术对策的水平。

下面分六个问题进行阐述。

一、信息是建筑设计和创作的生命

选择、吸收、提炼、转化有关信息，是建筑设计和创作的生命。要开创建筑创作的新局面，最重要的是学会在信息大海中的游泳术。当今社会被称作信息社会，人类面临着信息的挑战，建筑师也面临着信息的挑战。作为建筑师，我们要接触大量的设计任务书、调查资料、业主要求、方案讨论、设计参考资料等。总之，我们确实是在“信息的大海里游泳”，学习和提高信息游泳术已成为生活在当今社会中每一个人的当务之急。不抓住新的有价值的信息就没有建筑的创新。分不清信息的优劣，还会造成“信息污染”“信息公害”“信息危机”。建筑设计上的“千篇一律”，盲目抄国外，这带有“信息污染”性质，值得我们重视。

建筑设计和创作是一种定向的思想活动。从本质上讲，建筑设计和创作基本上是一种信息转化工作，即把社会和人们的需要转化为建筑产品，这种产品载有满足社会和人需要的一切信息，整个设计和创作过程都是信息吸取、提炼、重组、外延的过程，是把各种信息转化为建筑设计创作信息的过程，最终完成信息载体——建筑物、居住区、城乡综合体、建筑群、社会生产和生活的环境。设计和创作中最重要的环节是构思。构思就是其他信息变成建筑信息的转折点，或者叫作形成建筑创作的“星火”。

设计和创作有本质的不同：设计基本上是应用性实践，是引用，是重组，大量的工作是重复必要的老信息；而创作是开拓性实践，看得远一些、深一些，要既立足当前又面向未来，要给人们带来新的信息。因此设计主要在于求同，即体现共同的、普遍的规律，遵守共同的规则、规范、规划和其他自然地形、施工、生活习惯等条件，因此需要这些方面的“千篇一律”。创作则要破格，突破原有的认识框框，有所发明，有所创造。因此，我不同意许多同志的看法，认为繁荣建筑创作就是多样化的问题，更不同意只是形式上多样化问题的认识。我认为繁荣建筑创作不仅包括多样化这一面，还应包括定型化、标准化、法规化的一面，或被叫作“千篇一律”的方面。我们制定法规、规范，研究设计原理、构图规律等理论，编制定型设计、标准设计，绘制通用图，其目的就是让千篇设计、万篇创作都遵循客观规律。从此意义上讲，我们目前“千篇一律”的不够，我们的标准设计、规范等还不能反映现代能达到的高水平。“千篇一律”是一种普及，没有“千篇一律”，我们的创作多样化也是没有根基的。创作正是这种“千篇一律”上的提高。因此不必为某种程度的“千篇一律”而忧心忡忡，并且千万不要盲目反对“千篇一律”。“千篇一律”的水平正反映我们已达到的普遍水平，这是我们创作的基础和出发点。我们有些同志缺乏起码的建筑构造、构图规律、施工要求方面的知识，也不对当时当地的有关情况做调查，却在那里闭门“创新”，这倒是更危险的事情。繁荣创作的首要工作是提高这种“千篇一律”的水平，使我们的知识、技术、理论、思想水平有一个普遍的提高。如果“千篇一律”的中小设计还搞不好，创作就无从谈起。创作是对设计的更高要求。

二、设计是如何变成创作的——一个实例的启示

创作和设计不是同义词，应当明确二者的区别。最近看到一篇有关黄浦江大桥设计方案的报道。为了解决黄浦江两岸交通难题，征集了不少设计方案，有“高架

派”“隧道派”及“低架桥梁另开运河派”，看来思路很全面了，上中下都考虑到了。而上海闸北四中的一些同学通过实地观察认为，高架桥设吊塔楼虽然能避免长长的引桥会侵占两岸珍贵土地的问题，但吊塔楼耗电巨大，通过的人、车流量有限；建造隧道，通过能力小，不能解决自行车和行人的通途问题；低架桥梁另开运河，更是耗资巨大。所以他们创造性地提出螺纹蝶式设计方案，虽然江中桥身高达60米，但7000米引桥却层层盘旋在一起，安置在江水之上，不占岸边一块地。因此成为富有创造性的设计。

从黄浦江大桥设计方案一例看，可否认为作为桥梁方案来说，“高架派”“隧道派”和“低架桥梁另开运河派”即属于设计范畴，因为它们是按习惯做法进行信息组合的：高架派=高架桥+吊塔楼；隧道派=隧道+引道坡道；低架桥派=低架桥+运河。而螺纹蝶式设计方案则可以列为创作，它突破了习惯做法，有更多的信息：它是高架桥+螺纹坡道+水中支柱而后才成为富有创造性的设计，在“高架派”方案基础之上有所提高，首先把长长的引桥变成螺纹坡道，并移入水中。这个灵感是从哪里来的？基本思路是：①首要目的——必须少占或不占珍贵的土地；②为了少占地可用螺旋式坡道代替引桥；③为进一步减少占地，把立交桥上常用的螺纹蝶式坡道移入水中。这些概念对于许多桥梁设计者来说显然是很熟悉的，只是没有把这些信息合到一起，并且把它们重新进行组合，因此而未形成“创作”，这里大概习惯的心理定式起了不小的作用。另一方面，上海闸北四中这些学生是进行集体创作，有利于带来各自不同的信息，新信息量比较多，容易形成多种信息的组合。而信息正是创作的生长点，是思维的维生素，是完成建筑设计和创作的建筑材料，其作用绝不可小视。四中方案自然也不是唯一的好方案。创作的道路十分宽广，因此，必须进行发散性思维，过多的“引用”往往使我们落入窠臼，难有创新。

三、信息时代对建筑师的挑战

信息资源已成为社会和经济发展须臾不能离开的三大资源（自然物资、人力和信息）之一。但是信息的利用方面存在着三个挑战（或者叫三个危机）：①无限的书籍、报刊、科技情报资源对有限时间的挑战——人们没有那么多时间读那么多书；②迅速膨胀的信息量对人的原有接受能力的挑战——我们习惯于逐字、逐句、逐篇地读，而大量的多余信息妨碍了有用信息的使用；③大量的新知识对人们理解能力的挑战——许多新学科或刚刚兴起的新学科很多，许多新名词含义不明或有争论。

信息时代对整个建筑界和建筑师的挑战尤其严重。当代建筑学的概念经过几次科学技术革命的推动，不再仅仅是“盖房子”这样一个原始简单的概念，它在广延和专业化两极上都有极大的发展。世界上逐渐有更多的人认识到，建筑学是环境的科学和艺术，是进行社会改造的重要手段。建筑师的历史责任、社会责任、科学技术和艺术方面的责任空前加强了。具体体现在以下几方面：

（1）建筑学是一门交叉科学。各种职业、各个阶层的人，社会生产、生活、文化各个领域、部门没有建筑不涉及的；

（2）建筑师应当是建筑文化的时代和人民的代言人。做这样的代言人是既光荣又艰巨的任务；

（3）社会发展变化的各种要求中，有关建筑的信息量越来越大。我们能掌握和提炼出多大范围、何等深度的信息，并转化为建筑设计信息，是我们设计创新能力的试金石；

（4）建筑、规划发展的需要量空前大，广大农村的规划和设计几乎绝大多数是在没有建筑师参与的情况下进行的；

（5）建筑本身分化出的专门化的新学科不断涌现，如城市设计、室内设计、农村建筑学、节能建筑学、环境心理学、建筑人体工程学、行为工程学、建筑美学、符号学、形态构成学……

（6）特别是“三论”（系统论、信息论、控制论）或叫系统理论正在推动各种科学的发展。它在建筑学领域的推广应用给我们提出许多新课题，带来许多新知识、新方法（包括预测方法、评价方法、设计方法等）；

（7）建筑作为人类文化重要组成部分的作用将越来越强，建筑作为文化信息载体的作用越来越被人们认识到，因此古建筑、历史文物、历史地段的保护和改造任务也是很繁重的。

四、信息对策与战术

我们面临着汹涌而来的大量信息的挑战，必须讲究信息对策和战术，建筑创作是一种开拓性实践，不仅为今天，还要为今后许多年，因此，必须首先掌握新的信息，还要掌握超前的预见性信息。建筑本是遗憾的艺术，靠老信息搞新设计，遗憾的事情就太多了！没有足够的信息量很难形成出色的建筑创作构思。构思乃是设计人员已掌握信息的凝聚和升华。

我认为必须学会的具体战术有以下几种：

（1）信息的搜集术——要及时地把有价值的信息搞到手。目前只依靠情报部门的工作人员是不行的。许多人不懂外语，不懂专业或不会摄影。建筑师应自己动手，扩大信息摄取的范围。

（2）信息的浓缩术——不在外围上兜圈子，要能抓到本质和要点，要注视提要、文摘、图表、短论、简讯、趋势和动向，浓缩才能加快信息传递的效率。

（3）筛选术——善于分析、加工、整理、归档，读书看报查阅资料的方法要更新。

（4）储存术——学会利用工具书、资料、索引，知道需要的信息到哪里去找。建立内储和外储系统：明确哪些需要记到脑子里，哪些写到卡片上，哪些要找有关专家。

（5）信息活化术——核对信息，联系实际运用信息，加快信息的传递交流，使信息共享成为集体的财富。这是最关键的一条。

（6）信息的传播术——加快信息传递的效率，使其早日转化为生产力，普及建筑文化，让社会和人们理解建筑文化在经济中的重要作用，争取社会和各级领导的支持。

五、信息的层次和繁荣创作的途径

信息作为重要的资源可以分为层次不同的几种：

（1）作为“矿砂”的信息（原始信息）——表层的平列信息，指所有容易获得或不容易获得的事实和思想的总和，并可在某个时刻供人参考的消息、想法、现象、统计数字等。

（2）知识——系统化了的组合起来的信息，是人们把大量事实和思想投入熔炉后，提炼和组合而成的可供使用的东西。大部分知识是专门知识。

（3）智慧——知识的综合（深化了的信息），它是由某一学科的知识升华而成，但又超越学科界限的理论，在理论的指导下，信息才能变得特别有用。

对于三种不同的信息必须区别对待。对于原始信息，主要靠勤奋，注意收集整理就行了；对于知识性信息，则要经过刻苦的学习才能理解、掌握，而后才能加以选择，区别高下、优劣，再决定是否进一步学习；对于第三种信息——智慧和理论的掌握则需要长期联系实践，综合运用已有知识才能做到。

提高建筑设计水平、繁荣建筑创作与其他事业和学科的发展一样，有三种方法或三条路可以供我们选择。有必要重新认识这三种方法：

（1）播种法，即人们常常讲的“从零做起”，播下可以作为生产力的理论和智慧的优良种子，它可以生根、开花、结果。实际上即使再落后也不是零，总是有个基础的，要站到已有的基础上前进。学习有关知识，提高认识和技术水平，创作必要的物质条件。作为设计创作中的“零”，只是信息量不够，观念没有更新，认识上不去，无法形成新的理论、新的观点、新的构思、新的措施等优良的种子，此时容易有很大的盲目性，甚至在黑暗中探索，这条路是很艰难的，是开创性的，很可能付出了很大代价播下的种子却不发芽。因此许多人采用第二种方法——移植法。其实在探索未来的道路上，向人们提供了失败经验的人和成功者一样应当受到尊敬。

（2）移植法，即拿来主义，引进先进的东西，作为模仿的样品。但应当是拿来“为什么”，而不是“见什么拿来什么”。暂时搞不清人家为什么这样设计，先重复种一个看看也可以，但大量引进、重复引进而不消化则是不可取的，甚至是有害的。

（3）嫁接法，即内外结合，古今结合，古今中外一切精华皆为我所用的方法。

三种方法中，播种法是内因，是基础，它提供创新提高的优良种子，是从根本上解决问题的方法，是三种方法中的最高层次。一个好的作品可能影响很大，而正确的理论则能引起革命，影响一代人到几代人。有时我们往往是在错误的理论指导下播下了有后遗症的种子而不自觉。讲“设计是灵魂”，就因为设计是按照一定的理论进行播种的工作。这里最关键的是解决良种问题——创造出可以作为设计和创作生产原动力的新信息、新知识、新理论。

移植法是外力，是借鉴，最终总是要嫁接的，世界上没有那么纯的东西，杂交才能保持优势。

嫁接法是培养良种的一种方法，我们过去用得比较多。这种方法有它的局限性，往往限于老信息的重新组合，是收敛性思维的结果，创造性较少，给予人们的新信息不多。因此，更要重视在播种法上多下功夫。通过播种、移植、嫁接多种实践，早日培育出符合中国国情的“建筑良种”来。

六、建立系统建筑观的问题

前面已讲到信息的最高层次是理论性信息。我们广泛接收信息，优化、活化信息的目的也在于能指导我们的设计和创作，因此感到有必要讲讲建筑观。

宏观和微观是事物的两级。现在人们已经比较注意把宏观和微观的问题结合起来看了，视野已经大大开阔。但目前突出的问题是尚未树立稳固的系统观念，因此往往忽略“中观”的问题。“中观”是把宏观认识转化为微观现实的桥梁，不抓“中观”的问题就显示不出理论的威力。搞建筑设计创作光讲大道理不行，光讲微观的具体手法、设备、材料也不行。关键是“中观”——形成正确的构思和立意的问题。构思有它的准备、酝酿、顿悟的过程。怎样激发创作灵感是值得下功夫研究的中观问题。有了正确的构思和立意后，手法、方法等细枝末节的问题好办得多。下面举一些系统的简单模式。

（1）宏观—中观—微观：这是一个大系统的三个子系统（从认识事物的范围上讲）。

（2）过去—现在—将来：这是系统纵向（时间）上的三个层次。

（3）形式—中介—内容：形象的内涵和外延的系统。

（4）统一—渗透—对比：相互关系的不同系统。

（5）共性—兼容性—个性：本质特性的系统。

（6）理论—感受—实践：认识阶段的系统。

（7）理论—评论—创作：建筑创作的单元组成系统。

（8）白色—灰色—黑色：色阶的完整系统。

（9）抽象思维—灵感—形象思维：思维单元的不同系统。

（10）环境—人—建筑：空间中心内外的完整系统。

……

从上述列举的系统可以看出一个共同问题，即过去我们对各系统的中间部分都研究得很不够。

这种“一分为三”的例子还可以举出很多，它使我们看到了系统的全体，有助于明确我们的薄弱环节和解决问题的办法。因此必须用现代理论（系统理论）对待问题，进行整体研究，而不是孤立地抽出“内容和形式”“传统与继承”“共性与个性”等一对对矛盾进行研究，更不能只顾一点不及其余。突出一点似乎有风格了，但风格不是目的，那种“功能主义”“结构主义”“唯美主义”的风格是不可取的。风格也有它的系统和层次，如历史风格—现代风格—未来风格、时代风格—地方风格—建筑师个人风格……不能把问题简单化，要建立系统建筑观，才能有真正解决问题的希望。

过去我们习惯于“一分为二”。这样往往使复杂的系统简单化了，它虽然有利于对两极认识的提高，但不能停止在“一分为二”的阶段。

中国古代哲学上有“中庸之道”，八卦中的太极图上黑白相互渗透。这是古代文化遗产中值得重视研究，需要重新认识和评价的部分。中国古代建筑设计上的许多特点与此种哲学有关。

繁荣建筑创作需要很多东西，我认为最缺乏的恰恰是信息，包括原始信息、知识信息和理论信息，而且尤以理论信息薄弱。故写此文以求教于同行。

——原载《建筑学报》1986年第3期

当代杰出的建筑大师
——克里斯托弗·亚历山大

一个建筑师的成功，不仅表现在他建筑作品的成功上，而且更表现在产生建筑杰作的先进思想和科学方法上。而这种思想和方法既表现在建筑作品上，更凝聚在建筑大师的理论上。理论是信息的最高层次——智慧的层次（见拙文《学习信息游泳术是当务之急》）。创新的理论往往是建筑杰作的催化剂，能促进建筑设计水平大幅度提高。

建筑师有两类：一类比较善于建筑设计；另一类则更精于建筑设计的理论，其实二者几乎是共生的，只是很难得有二者兼优的建筑师。而克里斯托弗·亚历山大（Christopher Alexander）正是这种二者兼长的佼佼者。他早年在国外从事设计、规划实践的同时不懈于理论研究，因此成为当之无愧的建筑界哲人。在20世纪世界建筑史上，他占有重要位置，他的历史性贡献表现在实实在在地提高了人们将建筑学作为“为人类建立生活环境、社会环境的综合艺术和科学”来对待的意识，促使人们的建筑观念有了一个历史性的飞跃，献给人类一个完整的建筑语言体系，并且用通俗生动的语言，将这一体系表达得既完美又实用。任何一个想在建筑学上有所作为的人，都会从他的著作和建筑作品中得到教益。

亚历山大教授的伟大，主要不在于他个人有多少建筑艺术杰作，而在于他深刻、全面、辩证的建筑观念，以及先进、科学的设计理论和方法，正在影响一代或几代人，为建筑界内外广泛的人群接受、运用。他最大的贡献在于致力于帮助从事建筑设计和规划的人们，找到一种适合本人及其所从事的建筑设计与规划构思的语言模式，包括原始语言、诱发语言、直接可以运用的语言……他构筑了思维语言大厦的骨架，他不愧为建筑思维语言的大师。

人们的思索过程是依靠思维语言完成的。但是到目前为止，思维语言还是一种模糊语言，有时甚至建筑系的教师也难以搞清楚自己教的学生是怎么学会设计构思的，高明的建筑师往往也讲不明白他为何会有了创新的设计。思维语言至今尚未能如计算机语言或人际交流用的语言那样模式化，以便于人们掌握。或者说，这种设计规划构思过程运用的思维语言，往往是一种朦胧的语言，借助于类比、摸索，但一时猜测不准的语言。实际上，每一个词或术语都是历史和现实的概括，有着丰富的内涵和外延。因此，掌握运用清晰的思维语言，使思维者能站到已有建筑文化高度的台阶上开始起步，不至于每次从零开始，不仅“思维的效率”会大大提高，更有利于创新和突破，这就是思维语言的真正价值。

亚历山大教授几十年来全力以赴的主要著作是一套三本的系列丛书，即《建筑的永恒之路》（The Timeless Way of Building）、《建筑模式语言》和《俄勒冈实验》（The Oregon Experiment）。第一本是他对理论的阐述，第二本是模式语言的条文，第三本是在俄勒冈大学校园运用他的理论加以实践的总结。三本书的组合很有意思，本身就构成了一个系统，即实践总结—技术知识—科学理论三个层次。由此也可以看出作者的伟大和朴实之处。他所走过的道路正是勤于实践、勤于思索提炼而形成自己独特的理论体系的道路，因此他的书内容丰富、充实，能有效地解决实际问题。读他著作的读者常会发出“相见恨晚”的感叹而废寝忘食。

亚历山大的《建筑模式语言》全书包括253种语言模式，分为三大部分：城镇、建筑物、具体构造，实际上是宏观（城镇）、中观（建筑物）、微观（建筑物内部的细致结构）三个层次。这里所体现的系统、网络的思想和控制方法是显而易见的。他不仅做出定性（时空位置行为）的分析，而且竭力做出定量的分析，迈出了建筑思维语言科学化的一步。

253种模式的每一种都是一颗浓缩的信息核，其发生频率很高，属于设计创作构思语言中的常用词，或叫作基础词汇。作者的高明之处就在这里，他不仅告诉你怎样做，而且告诉你怎么去想问题，给你思维的语言，教会你说建筑语言及阅读建筑的本领，至于具体说什么或读什么则悉听尊便。亚历山大为此十分自豪，他说他所创造的这套语言，可以用来写成优美的建筑散文、动人的建筑诗篇，或者只用来写建筑应用文……

1171页的《建筑模式语言》一书，在叙述了253种语言模式的同时援引了丰富的调查资料、最新的可资借鉴的非建筑学科的成就，以及亚历山大本人的经验和闪光的思想及哲学。这里随意举一处，就可以看出这些模式的深度。

如模式第66谈到“圣地”（Holyground）时写道：教堂或寺庙是什么？诚然，这是做礼拜，精神上感染人，让人深思默想的场所。但是从人类的观点来看，表明圣地是一个门口。一个人来到世界上要通过教堂，离开人世也要通过教堂。它是人生命中每一个重要阶段的门槛，人一次再一次地要通过教堂（为诞生、青春、结婚和死亡而设）。这种概括不正是我们应有的思维语言核吗？此后他进一步明确指出，圣地是由一系列境界圈（nested precincts）形成的，每一圈用通道标识出来，每前进一次比前一圈更神圣、更秘密，而最里面的一个最终的内殿，只有通过外部的每一个圈才能抵达（寺院境界间的每个主要通道上建一个门，门是暂停和转换视野的地方）。

亚历山大是1936年10月4日生于奥地利维也纳的英籍美国建筑师，今年恰逢其诞辰五十周年。我这个东方的崇拜者认为，他是当代建筑观念（环境的综合科学和艺术）最杰出的代表之一，他的贡献将超越时代日久天长地使人类受益。因此我不无激动地写此短文，向同行们推荐这位并没有建过多少为自己树纪念碑的大建筑的伟大建筑师。

——原载《建筑学报》1986年第11期

城乡融合系统设计

——荐岸根卓郎先生的第十本书

最近读了日本岸根卓郎先生的新著《迈向21世纪的国土规划——城乡融合系统设计》(高文琛译，科学出版社出版)，感到该书对于如何解决随城市化出现的一系列问题，重点论述的是城市规划与建设的方向和思路问题，这些对人颇有启发，特向关心城市发展问题的同志推荐。

作者是从国土规划的角度看待城市问题的，因此能把城市和乡村看成有机的整体来认识，这个认知出发点就值得我们重视。实际工作中许多问题的出现，往往根源就在于把城市和乡村割裂开来进行研究，分别作出对策。像日本过去曾做过的那样，把综合的、有机联系的社会功能分裂成城市功能（人工系功能）和农村功能（自然系功能），城市规划和农村规划之间失去了联系，各行其是，其结果是使日本形成了不适于居住的畸形社会。

一、立体规划的构想

岸根卓郎先生在书中回顾了近30年来日本曾进行的三次国土规划。

第一次是在20世纪60年代开始的点规划，以“新产业城市规划”为代表，把多数产业（主要是第二产业）拥挤在经济开发条件优越的太平洋沿岸，集中了大量的资本和劳动力，城市化浪潮迅速蔓延，造成人口过密，其他地带异常稀疏，国土资源利用失调，出现严重的社会问题。

第二次是线规划，以“日本列岛改造论”为代表，决定在全国铺设交通网，用“路线”将太平洋沿岸地带同其他地域连接起来，从而消除两种地域之间经济开发条件的差别，将集中在太平洋沿岸的人口和产业疏散到全国各地，解决人口过密和人口过疏的问题，目的是使国土资源利用合理化。然而，交通线诱发了各地产业发展，对自然的破坏和公害也随之被“疏散”到各地，以不成功告终。

第三次是面规划，提出“田园城市建设”的目标，拟在环境优美的田园上配置城市，以建设“定居社会”。但实际上也未达到目的，田园城市的外延扩张只能助长近郊农村盲目城市化，看不出人口过密与过疏矛盾缓解的征兆，社会病理现象有增无减。

正是在这样的背景下，岸根先生应日本国土厅之邀，提出走向21世纪的新国土规划——立体规划的构想，这便是本书的基本内容。全书共有五章：

第一章 “国土政策的新哲学”；

第二章 自然—空间—人类系统设计的基本思想；

第三章 自然—空间—人类系统基本设计；

第四章 自然—空间—人类系统具体设计；

第五章 一个国土规划的具体实例。

二、在混沌中创造整体的协调美

作者对国土政策的新哲学思想是，以“协调与进步”作为自己追求的永恒目标，处理环境的态度是“在混沌中追求整体的协调美和进化”。具体内容主要包括：①国土资源经济价值和公益价值协调一致的扩大再生产；②最适定居社会建设（自然—空间—人类系统设计）。作者对经济效益和社会效益同等重视，尤其强调公益价值的实现，并将公益价值用经济数量体现出来，变成可操作的具体办法。即在政策上，一方面对自然、空间这一国土资源的所有者课以自然、空间外部利用（公益价值）的税收，并赋予资源所有者扩大再生产的义务；另一方面，根据所有者为达到此目的付出的经济代价，给予相应的经济补偿。并且在书中具体提出设立自然、空间“外部效用费用征收制度”和“外部效用利益分成制度”的方案，提出把所有权、经营权、管理权既分离又合理联系的构想。这对于改革我们的规划、建设、管理体制也是很有启发的思路。

三、创建森林、田园、动物和人的对话场

作者提出城乡融合系统设计的基本思想是设计一个理想的社会系统，即本书所提出的“自然—空间—人类系统”，使无意识的“自然—空间—人类系统”变成功能上完善、有自我调节能力、能够适应任何环境变化、经常保持最适状态的系统。系统设计大致分三个阶段：①确定系统目标；②按照功能结构、要素结构、位置结构的先后顺序，进行必要的系统内容设计；③使系统优化。

作者以国土的社会功能统领了整个系统。他解释说，过去的规划建立在以“物”

为中心的价值观上，而理想系统的设计目标建立在以“心”为中心的价值观上，要求消除行政管理部门之间的条块分割，从跨行政部门的综合观点出发，创建一个新的定居社会。

作者特别强调重视社会功能的软功能规划，他说，城市具代表性的软功能是多样性、文化性（包括城市的华丽和洗练）、娱乐性等功能；农村具代表性的软功能是自然性（包括美丽的景观、恬静的环境）、情绪性、传统性等功能。制定新的国土规划，要分别考虑构成城市和农村软功能的有关特性，合理配置农村的自然系和城市的人工系。必须打破人工系要素和自然系要素之间的界限，在全境界领域实现国土结构中多种多样的社会要素完全系统化。

书中用图表表达了自然—空间—人类系统模型，意味着可以通过自然系要素和人工系要素的不同组合，创建出各种类型的理想家园（理想的定居社会）。他认为“农工一体复合系统”或“城乡融合社会系统”是日本今后发展的唯一通途。要修正工业立国方针造成的社会功能分化和由此带来的社会扭曲，消除农村地带和城市地带的对立状态。以自然—空间—人类系统为目标，对全部的国土资源在时间和地理上进行“优化配置”和“优化利用”，对地域社会系统重新设计。总之，新的国土规划方针必须能使农村功能和城市功能有机结合起来。

四、产、官、民一体化的地域社会系统

岸根先生认为，要使日本成为一个新生的国家，必须打破根深蒂固的封建性、排他性和地缘性、血缘性。日本以工业化程度指标衡量国家成就的结果是，出现了“繁荣的工业、衰退的农业”的局面，这是使日本陷入不适宜生存的畸形社会的一个重要原因。具体来讲，使农村丧失了几种功能：

①丧失了文化功能和生活功能——工业化和现代化等外部环境的变化，破坏了农村生活环境，也破坏了地域文化（农村文化），农村社会自身无力维持其生活环境，无力保存和继承地域文化。

②丧失了生产功能和经济功能——对于这种外部环境的挑战，农村社会自身无力有效地利用地域资源（森林、水等天然资源和土地、劳动力等生产要素资源），更不能将这些同合理的、有效的农林业生产结合起来。

③丧失了居住功能和生计功能——对于这种挑战，农村社会自身已无力量更有效地发挥地域特性，并将地域特性同创造地域居民就业机会紧密结合起来。

针对这些严重的后果，作者指出，作为一个具体的系统，必须建立在社会合作分工的理论基础之上，必须设计为产、官、民一体化的地域社会系统，即将因分散所造成的不合理、低效率、非公益利用的各种国土资源功能进行分类，再从社会（国土规划）的角度出发，以规模、效率、公益性实现最优化为目的，重新组合分离的功能，发展经济、公益价值，同时协调扩大再生产的社会系统。

总之，岸根先生所提出的城乡融合社会的基本观念，是以自然（即森林、田园、动物）为中心的地域规划观念，是一种全新的国土规划。在以自然系的农林带（包括渔业在内的生命产业）为中心的田园地带、山区地带，井然有序地配置校园和文化设施、先进的产业和民宅，建设一个自然、学术、文化、产业、生活浑然一体、完全融合的物心俱丰的复合社会。

——原载《建筑学报》1991年第12期

张镈与《我的建筑创作道路》

“文章千古事，留待后人知”，中国自古以来便有重视精神文化财富的优良传统。对于前辈们的历史性贡献，不仅要重视他们可见的贡献（硬件、物质文化产品），更不要忽略前辈们身体力行、潜移默化的贡献（软件、精神文化产品）。后者超越历史时空的影响往往并不亚于前者。最近读了张镈先生的力著《我的建筑创作道路》，更使我对此深信不疑。

该书作者为了对读者负责，“不至于有错误的导向，所以用纪实的办法，以叙述历史的真实为主，间或谈谈自己的观点”。全书不长，将60年的历程、经验浓缩在20余万字的12个标题下加以概括。

张镈老作为当代中国建筑设计大师，国内对他的了解和介绍真是凤毛麟角。直至1989年他荣获设计大师称号时才有如下几百字介绍：

张镈，男，汉族，1911年4月12日生，山东无棣人，1934年于南京中央大学建筑系毕业。曾任基泰工程司津、平、沪、宁建筑师和主任建筑师，兼任天津工商学院建筑系教授，北京建工学院教授，香港基泰工程公司主任建筑师，永茂建筑公司设计部总工程师兼二部主任，北京建筑公司总工程师兼第一设计室主任，北京市城市规划局总建筑师和北京建筑设计研究院总建筑师、教授级高级建筑师，北京市城市规划委员会顾问，首都建筑艺术委员会顾问，现任北京土木建筑学会副理事长。

新中国成立40多年来，张镈同志主持并与他人合作或指导完成数十项重大的民用建筑设计，如北京友谊宾馆、北京自然博物馆、北京民族文化宫、人民大会堂、北京新侨饭店、北京前门饭店、北京民族饭店、北京饭店东楼、文化部办公楼、水产部办公楼、北京亚非学生疗养院等。他的设计颇具民族特色，在建筑界有一定的影响。（摘自《中国工程建设勘察设计大师名人录》）

作为一定历史时期中国建筑科学技术进步、生产力发展水平、人民物质需求和精神心态需要的综合反映，他的许多作品至今仍为人称道，但其精神文化上的价值尚远远未被人们知晓。

《我的建筑创作道路》一书，通过对张镈创作道路生动具体的白描，集中反映了孕育出那么多优秀建筑设计作品的社会、历史、政治、经济、文化背景。可以毫不夸张地说，该书的出版以其丰富的设计实践为基础，又高于实践，其贡献绝不亚于他众多的规划、建筑设计作品。他的这部文字著作与他的众多“石头著作”各有千秋，将双双彪炳于中国建筑文化的史册，美化神州大地的城市形象，使更多的读者和使用者直接受益。此书是一代中国建筑师成长道路的写照，定会成为后辈建筑师成长的有益教材，以及众多国内外关注中国建筑的学术、理论、历史研究工作者的珍贵历史文献、参考资料，其巨大的信息量自有其深刻的历史和现实意义。在此，要向作者张镈、编者杨永生、出版者中国建筑工业出版社致以衷心的感谢。

我曾两次登门求教和专访张镈大师。张老郑重地告诉我，他有生之年下决心写好三个东西：一是开始写的回忆录；二是原北京市市长彭真嘱他写的北京十大建筑工程；三是国家建设部副部长叶如棠希望他以第一人称谈谈建筑感受……（见1991年1月27日《人民日报》载，顾孟潮“为十里长街添彩——访张镈先生”）。直到今天读此书才知道，他老人家是在1991年4月12日，即80岁生日时始“下决心日夜笔耕，努力争取在1993年4月12日脱稿交卷。这意味着我82周岁时，给养育我的人民献上一份薄礼”（见书“写在前面”一节）。以83岁的孔孟高龄，经过孜孜矻矻的两年多时间完成《我的建筑创作道路》一书的写作，这是何等艰难的劳动。这精神、毅力和行为本身都是值得学习和庆贺的。该书堪称张老人生道路上又一里程碑式的贡献。

怎样才能成为一个合格的建筑师？怎样才能创作出优秀的建筑作品？怎样使自己的作品具有中国特色、民族风格，为人们喜闻乐见，符合时代发展的需求……如此等等人们极为关心的问题，都可以从此书张老的现身说法中得到不同程度的答案，同时会使我们得到富有哲理的启发、教育，以及科学技术上的借鉴和建筑艺术鉴赏。至于行文写作上的历史感，同行之间、师生之间、上下级之间的友谊合作和相互推崇之情，亲人间的人情味等都溢于字里行间。这种历史感和种种韵味，恐怕是非像张镈老这样饱经沧桑、阅历丰富、跨越几个历史时期的前辈所不能写得出来的。他提到近200个人，凡提到梁思成、杨廷宝、童寯等必称“师”，对吕彦直等称“前辈”，其余或加“先生”或加“学长”，而且往往细致介绍别人的优点、长处，使他受益的地方，而从不吹嘘自己。如今采取这种风格、方式写自传体文字的人恐怕已难见到了。一生注意以人之长补己之短，这大概是使张镈能成为建筑学百科全书式人物的重要原因吧。遗憾的是，以前他因工作忙而动笔少，以使我们读此书不免有“相见恨晚”之感。下面引用几段张老的原文，使人更容易感受到他怎样严格要求和修炼自身：

“工作不到半年，老板提级三次，使我有点飘飘然，有点忘乎所以，真以为自己有了看家本领，不愁饭吃。这时，家道有些中落，但住大洋房，有私车，亲朋交往甚密，同意我每日自驾汽车代步，生活已逐步由俭入奢……”

“1935年1月……关颂坚给杨师（廷宝）写来一封英文信，内容是希望杨师对我加强教育，还说我已远远不如刚进基泰时的情况，已无闯劲、干劲和魄力了，见到这种批评，有了不寒而栗的感觉。绝不能再为生活小事，迷恋纸醉金迷的生活方式。这个当头棒喝，促我猛醒。”

青年时期，张镈所经历的情况似乎60年后我们重又见到，这样忠实的历史记载，不同的人大概会读出不同的味道来。下面再摘引一段张镈的“旅美见闻”：

“亨利安排全团乘火车。纽约地价昂贵，不可能在独立用地上建火车站。偌大城市的火车站设在超高层建筑的头层和地下室之内。以入口为±0计，下三大层到-12.0米以上才到月台。东京车站也是充分利用地下，但是兼作为商业服务业用房，地面上的主站房仍然存在。我国大城市在火车站设计上，与美日不同。国庆十大工程之一的建国门车站，号称进京的国门之一，重视地上建筑的功能和形式风格，仅利用地道作为出站和运送邮包之用，已成为模式。此后的广州、长沙车站也作效法。车站本是交通为主的建筑，以能有利旅客迅速穿过站房到达月台为主。进出站的路线明确、简捷是基本要求。但作为城市建设中的门之一来说，新中国成立后，领导和群众对它的艺术造型有较多要求，一是嫌它体量低而扁，二是不少人习惯于看到站房上有钟塔；三是应有地方、民族风格。建国门车站竞选方案主要出自南工杨师之手，得中是与此三点有关。广州车站想效法，因影响白云机场降落航线高度而不设钟塔。长沙车站经过竞赛，终于还是加上一个人称‘小辣椒’的钟塔。铁路部门在我国过去建设上占地多，控制严，占地有‘铁半城’之称。站房更是独立王国，不同意外界介入。站房与商业分设、月台与候车室分开成为定律。上海新站设计做了革新，采取上进下出，月台棚上候车，前后通敞。沈阳车站则与高层建筑相结合。到1992年规划设计北京西客站时，对城市过境交通做了下地通过的安排。进站车流采取左进右出没有交叉，派生了与西三环相结合的立交。为解决交通站、区和流线做了4—5层地下室，有点后来居上之意。但在月台候车方式上，未能把地下和台上候车的问题做出比较全面的分析。站房之上与路局用房结合做成高层建筑，类似纽约车站的方式，但仍能见到全貌。我自认为北京西站对外部交通和商业服务业的全面安排，是极大的进步。”

张老的700字有多大分量！中外古今，纵横捭阖，有叙有论，有褒有贬，真是一篇铁路站舍设计评论，无论内行外行读了都会有所启发。

再引张老对中国建筑师划代的观点：

“综观我国过去的无冕建筑师是善于按着时间、条件、地点的不同，发挥地方、民族特点取得人民群众喜闻乐见的形式风格的。文章的特点主要表现在屋顶的处理上。民国之后，在半殖民地半封建的社会中有了建筑师这门职业。早期留学欧美的先驱者入建筑系的人数虽不多，但起步稍晚。据此我划代如下：

第一代：1911—1931年毕业的，以留学生为主。

第二代：1931—1951年，以国内大学毕业者为主。

第三代：1951—1966年，这是一股强大的力量。

第四代：1976—1992年，大量的新生力量。”

正如杨永生在“编者的话”中所指出的：“张镈是我国第二代著名建筑大师，由于众所周知的历史原因，我国第一代建筑大师——梁思成、杨廷宝、刘敦桢、童寯等，没能给我们留下回忆录，这是我国建筑界无不引以为憾的事情。因此，可以说，这是我国建筑界的第一部回忆录，殊为珍贵。”

1993年9月25日于北京谷思斋

——原载《建筑学报》1994年第2期

莫伯治与《莫伯治集》

读书、求师、寻友是人生的三大幸事。佳作、恩师、挚友是人生的三宝。一本书是一个台阶，一个朋友是一盏灯。一位老师的价值呢？是罗盘，他指引着人生与事业的走向。而一本好书，可以同时起着书、师、友三者的作用。

而今摆在我书桌上的“岭南建筑丛书”的第一本——《莫伯治集》，便是这种三位一体的佳作。该书执行主编曾昭奋先生知我渴望已久，特于雪后严冬的日子里，专程给我送来此书。我感到真是冬日里的一炉火，当晚便伏案展读起来。因近日白天杂事多，只好归舍挑灯夜读，一连读了四个夜晚，又加上休息日一整天，可谓乐而忘倦。因此，我决心写此文向同好者推荐此书。

一、岭南建筑丛书

燕赵多豪侠，岭南出巨贾。很长时间在许多人心目中，认为岭南乃是“文化沙漠”，那里是“吃喝玩乐的花花世界，是资本主义、资产阶级滋生之地……”。这真是历史的大误会、大冤案，这种被扭曲了的岭南文化观早应当重新书写了！

依我看，岭南人杰地灵，物华天宝。那里是云的故乡、花的海洋，历代不断涌现出多少国之栋梁、文化的主将、实业界的大王。尤其是改革开放以来，它更是无限风光。

陈开庆和曾昭奋先生首先提出了“岭南建筑丛书”的构想，实在值得赞誉。从1991年12月的岭南建筑研讨会，讨论和观摩莫伯治的建筑作品和创作思想之日算起，时间整整过去了3年。一本300页的集子3年才出来，听着这速度似乎慢了一些。但是，如果您见到这部皇皇巨著时，则不能不叹服它的精美和创意。仅仅那琳琅满目的491幅图照就够让人赏心悦目不已了。大12开本精装，每面黑白灰位置安排色度比重得体的版式设计以及封面书名的集字，雅致而充满书卷气，在商潮风涌之际，给人“出淤泥而不染”的玉洁冰清之感。

夫人见我夜读此书竟然那么投入和辛苦，非到午夜一两点不罢休，便问我对此书印象如何？我脱口而出“精彩”二字，继续读我的书。

书中的有些文章和图照当然是我读过或看过的。但是成集之后，读起来感觉不一样。感觉吃的绝不是“回锅肉”，更不是“炒冷饭”。它给我破镜重圆、集腋成裘、散珠成串、足迹成径的感觉。一本集子能做到这种境界是非常难得的，非编坛宿将所不能为。当然关键还是书的内容扎实，光芒四射，才打响了“岭南建筑丛书”的第一炮。

如今市面上的集子不少。但真正出一本好集子并非易事。首先是，全集难全，选集难选，文集太文，作品集太作，论文集太干……高明的编者回避了这个难题，以精取胜，以少胜多，只用了一个“集”字，编就一部有文有武、说打作唱俱全的书，使它既属于莫伯治，更属于岭南建筑流派，不是一个人唱独角戏；使该书既是个人作品精选实录，更是众多大家高论、研究成果的荟萃。鉴于此，我认为这是一部岭南建筑流派的主帅和主将们共同奋斗的辉煌成果，它是一尊纪念碑，是历史的新台阶，将会使受益者更上一层楼，对岭南建筑、岭南文化的传人刮目相看。而且这将是一本能走向世界的书，其对于建筑文化的贡献绝不亚于赖特、勒·柯布西耶这些世界级大师。该书有如此大的历史性贡献，我作为先睹为快者，要向为此书诞生作出贡献的各位，致以深深的感谢，表示崇高的敬意。

二、岭南之云

1994年5月，我十分幸运地在天山脚下聆听了莫伯治先生高屋建瓴的边陲隅语，心弦极为震撼，为这位岭南建筑大师、老前辈、新老师和忘年友所倾倒。我深深感到，莫老的作品、著作以及多次领导国内建筑潮流的岭南建筑流派乃是岭南的一片紫气祥云，在岭南如云得岫，正不断地放射出新的光芒。

建筑设计大师莫伯治不仅属于岭南，更属于中国并已走向世界。他的英名和作品广州矿泉别墅、白天鹅宾馆等于1987年载入《弗莱彻建筑史》第19版。书中专门有近200字的描述：广州矿泉别墅是“自1949年以来首次将中国传统园林景观与建筑艺术有机结合的探索，而且是一条新路。它将喷泉的浅浅水塘置于3～4层的客房之间，成为院落花园的风景焦点。这个水塘延伸到南翼的地面上，形成供人消遣的内部空间。在内外空间的处理上，水池和开敞的空间以平板桥、之字形走廊和悬挂楼梯划分着，精心布置的山石、小溪、树木创造出完整的内外空间相互渗透的效果”。

莫伯治，1915年3月26日生于广东省东莞市，1934年毕业于广州中山大学工学院土木建筑系，获学士学位；新中国成立前历任平汉铁路、滇缅铁路、滇缅公路、川陕公路等工程师，华侨营造厂工程师；1952年至今任广州市城建委、规划局工程师、总工程师、总建筑师、技术总顾问等职。现任华南理工大学兼职教授、珠江实业公司设计院名誉院长、规划局设计院高级建筑师，国家建筑设计大师，中国建筑学会《建筑学报》编委、顾问；曾获国家建委三次优秀设计一等奖，两次国家优秀设计金质奖。

莫老的建筑作品多为精品，常属开风气之先、领导建筑新潮之作，因而多次获国家政府和学术界最高奖。40年来，中国建筑学会这一最高学术组织评出的各个历史时期“优秀建筑创作奖”共70项，有7项为莫伯治荣获（其中有一项是与佘畯南合作完成的），竟占到1/10，全国尚无第二位建筑师有这么多作品获此殊荣。它表明，莫伯治在中国建筑创作队伍中的杰出地位，是少数的杰出建筑师之一。获此最高奖的7个作品是：广州泮溪酒家（1960年建成）、广州白云山山庄旅舍（1962年）、广州白云山双溪别墅（1963年）、广州矿泉别墅（1974年）、广州白云宾馆（1976年）、广州白天鹅宾馆（1983年）、广州西汉南越王墓博物馆（1991年）。这一事实雄辩地说明了莫伯治建筑创作上的杰出成就，表明岭南建筑对我国建筑事业的进步与繁荣所作的突出贡献。

正如莫伯治大师经常强调的，建筑是集体创作的成果。岭南建筑流派之所以能构成紫气祥云，是有一批志同道合、甘苦与共、默契配合的主帅与主将们起了骨干作用。他们的名字是：莫伯治、佘畯南、吴威亮、陈伟廉、陈立言、蔡德道、黄汉炎、林兆璋、朱炳恒、胡镇中、左肖思、陈开庆、周凝粹、林永祥、曾昭奋、赵伯仁、何镜堂、叶荣贵、伍乐园、艾定增、萧裕琴、李绮霞、郑振纮等。

难能可贵的是，“*莫伯治是一位既从事建筑创作，又重视理论探索，成就卓著的建筑大师*”（曾昭奋语）。如编入第一部分的莫伯治论述建筑创作的3篇文章，以及编排在第三部分建筑文选中的部分文章，朴实精辟，言之有物，是多年实践的经验之谈，是极为宝贵的理论研究成果，称其为当代岭南建筑理论的奠基之作绝不为过，而且其价值和意义远远超出岭南建筑的范围。因此，曾昭奋先生在主编此书过程中，特别着眼于莫伯治先生在理论方面的探索与建树，而给理论园地带来一股春风。

莫伯治大师的贡献不仅表现在他主持或指导创作了一系列建筑设计精品，而且表现在建筑理论上有创造性的建树，而且更加重要的是，他带领和团结了两代人促成了当代岭南建筑流派的形成。这是有目共睹的事实，已得到海内外、建筑界内外的承认和赞赏。这里引述一些有关评论：

- 清华大学周卜颐教授说，岭南建筑使人倾倒，发展中国新建筑的希望在岭南。

- 同济大学戴复东教授说，一个新的岭南建筑学派已逐渐形成。
- 尚廓高级建筑师认为，岭南建筑流派在国内独树一帜，在古为今用、洋为中用、继承革新等方面给我们做出了范例，对繁荣我国建筑创作做出重要贡献。
- 中国科学院院士、建筑设计大师齐康教授说，莫总设计的岭南画派纪念馆、西汉南越王墓博物馆的确不同凡响，一看就令人震动！
- 华南理工大学陈开庆教授、萧裕琴副教授认为，莫伯治奠定了现代岭南建筑的理论基础，其基本观点是：坚持现代建筑的基本原则；坚持和正确体现对自然的复归感；重视对历史文化的沟通。
- 天津大学彭一刚教授说，莫伯治贵在能超越自我，思变求新，他将国外先进的东西与本民族的文化传统相结合而获得勃勃生机。
- 《世界建筑》主编曾昭奋指出，岭南建筑与庭园相结合的创作，已大大超过历史上曾达到的水平。与皇家园林和江南园林相比，当代岭南庭园在艺术创新和实际应用方面，已获得更有力、更扎实的发展——一改传统建筑/园林狭隘、自私的性格，表现了使用过程的公开性和民主性。
- 建筑设计大师、工程院院士张锦秋说，有人说岭南建筑总是领先国内潮流，我同意这个看法。

为了进一步了解岭南建筑流派何以能成风云、成气候？这里有必要对岭南的含义及其建筑特色补充几句。

该书序言就此做的说明是：岭南指“广东、闽南和广西西部”（1963年）；岭南地区包括“广东、广西、海南和港澳地区”（1991年）；大体包括泉州、厦门以西（含台湾南部），至南宁、桂林以东这个区域（1993年）——全国5个经济特区都在岭南。

关于岭南建筑的特色，曾昭奋先生有三句话的概括：较为自由、自然和符合人民生活规律的平面安排；明快、开朗和形式多样的立面和造型；与园林、绿化和城市或地域环境有机结合（《创作与形式》119页）。

三、大师足迹

当我拜读这部《莫伯治集》时极为关心的一个问题就是：莫伯治大师的足迹是如何连成成功之路的？回答这个问题，对于后来者，对于我们培养跨世纪的建筑人才，有着直接借鉴和学习的意义。阅读此书时，我们循着莫总的所想、所说、所作、所为的实践过程和心理路程肯定会得到不少启示。

按张镈建筑大师对我国建筑师的划分，莫伯治应属于第二代建筑师（见拙文“张镈与《我的建筑创作道路》”）。

莫伯治在从事建筑师职业初期，有幸受到我国老一辈著名建筑师和建筑教育家夏昌世教授的直接言传身教。夏老以理论家和实践家的勇气，振臂呼出当代岭南建筑的先声。他虽因此而遭批判或身陷囹圄而不悔。夏老对现代主义建筑哲学的信仰，对岭南庭园建筑、园林的慧眼和情有独钟，及其高超的设计水平，求实、重节约的作风，都给予年轻好学、博学多才的莫伯治以深刻影响。夏老设计的岭南文物宫——广州文化公园水产馆、广东鼎湖山教工休养所，以及中山医科大学和华南理工大学校园中的多项建筑，以其灵活、明快、节约投资、适应岭南地区亚热带气候等优点，受到国内外同行的赞誉（《莫伯治集》269页）。这些优点后来即成为构成当代岭南建筑特色的传统基因，经常在莫伯治的作品中表现出来。特别是在20世纪50—60年代初期，莫伯治参与夏老主持的岭南庭园调查研究，并合写岭南庭园等学术论文，这对其设计思想、设计方法及建筑理论修养的储备与提高都大有益处，为日后更大的发展打下了坚实的基础。

在有了相当丰富的调查研究功底和基础理论准备的情况下，莫伯治很快就有了参与园林酒家实践的机会。这一时期完成的建筑作品有广州北园酒家、广州泮溪酒家、广州南园酒家（表1）。莫公和其合作伙伴们在这类建筑上，把广州的饮食文化、建筑文化和地方风情融为一体。建设中既保存了大量民间流散的建筑构件和工艺品，又结合现代人的生活和餐饮业的使用功能，运用和开拓了传统庭园的词汇，创造了富有岭南特色的现代庭园空间，取得了辉煌的战果（《莫伯治集》284页）。以至早在1958年，莫公设计的北园酒家便成为梁思成先生最为赏识的广州建筑设计，当时44岁的莫公因此受到很大的鼓励。

叶荣贵教授在题为“岭南建筑创作的带头人”的论文中，把莫总的创作道路分为园林酒家—庭园宾馆—客舍、旅舍—高层宾馆空间—世界一流的白天鹅宾馆—闹市中的西汉南越王墓博物馆—近乎难以理解的岭南画派纪念馆—翠园宫室内商业街等几个阶段是颇有见地的。由此可以清晰地看出，莫伯治在创作过程中是如何一步一个脚印，几步便登上一个新台阶，不断达到新水平、新境界的创作轨迹。他在各个阶段都留下了建筑精品，这些已成为值得人们学习、品味、研究的对象。其目前的创作状态正处于炉火纯青、丰富多彩的巅峰阶段。

当我进一步思考大师的足迹以及上升频率和速度为何如此之快时？我逐渐明白了

莫伯治主要建筑作品一览（以建成年代为序）　　表 1

序号	名称	年份	序号	名称	年份
1	广州北园酒家	1958	20	广东珠海宾馆	1983
2	广州泮溪酒家	1960	21	广东深圳银湖宾馆	1984
3	广州南园酒家	1962	22	广东深圳泮溪酒家	1983
4	广州白云山山庄馆舍	1962	23	广州白天鹅宾馆	1983
5	广州白云山双溪别墅	1963	24	广东珠海拱北宾馆	1984
6	广州人民大厦	1964	25	广东深圳福田区政府办公楼	1984
7	广西桂林伏波楼	1964	26	中国驻日本福冈总领事馆	1984
8	广西桂林南溪白龙桥	1964	27	中国驻泰国（曼谷）大使馆大使宫邸	1984
9	广州宾馆	1968	28	中国驻澳大利亚（堪培拉）大使馆	1984
10	广州南园酒家扩建	1974	29	广州东方宾馆大堂	
11	广州矿泉别墅	1974	30	海南海口华侨俱乐部	
12	广州泮溪酒家扩建	1974	31	广东湛江金融中心	
13	广东南海西谯山中旅舍	1976	32	广州花地湾中心	
14	广东顺德中旅舍	1976	33	海南海口珠江公司饭店	
15	广州白云宾馆	1976	34	广州西汉南越王墓博物馆	1991
16	广东番禺莲花山旅游区规划		35	广州东方宾馆翠园宫	1991
17	广东番禺余荫山房整修		36	广东佛山中国银行大厦	1992
18	广东佛山梁园整修		37	广州岭南画派纪念馆	1992
19	广东中山温泉宾馆别墅区	1981	38	广东深圳宝安新城广场	1994

一个道理：眼前所发生的这一切是符合实践、思维、创造规律的。质而言之，只是莫公更善于抓住机遇，按照认识论或思维信息螺旋启示的方向，加快了认识论这个信息螺旋的旋转效应（图1）。

如翻阅此集中的莫公论文并注意其发表年代，便会发现，莫公几乎是每有设计都有及时的思考、研究和总结。

集子中收入莫公最早的论文，是发表于1959年第8期《建筑学报》上的“广州居住建筑的规划与建设”一文。从中可见莫伯治和许多其他建筑大师一样，是从认真设计住宅建筑起步的。只是他从一开始就十分重视结合南方特点，并充分发挥庭园绿化的作用。

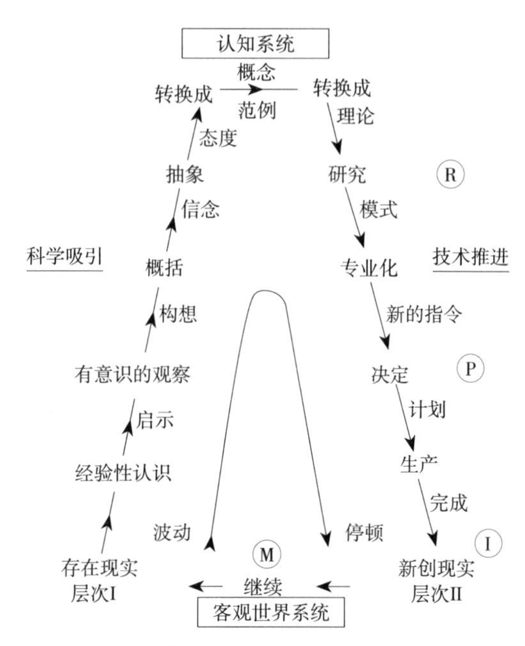

图1 （认识论）思维信息螺旋示意

细读莫公撰写的“山庄旅舍庭园构图”（《建筑学报》1981年第1期）一文，行文中直接点明出自《园冶》这部经典园林著作的引文多达10处，如果再加上引句竟达32处。可见莫公读书之精细、消化吸收得益之丰厚，以及学以致用的精神。

特别令人感动的是，莫公对自己设计中的缺点和不足常能直言不讳，甚至在自己的论文中设专节将其公之于众，如在“广州泮溪酒家”一文中，指出存在的缺点是：①服务工作间面积不够；②厨房设计时没有考虑用煤气……在“广州宾馆”一文中指出存在缺乏绿化空地，没有室外活动场所；停车场狭小，容量不够等问题。

这些看似是细节小事，但都可以作为大师之所以能完成成才之路的注解。

四、大师手笔

不久前，在一次讲课中有位同学问我：“什么是建筑创作上的大手笔？”一时我很难细说，只做了很原则的回答，因为自己对此问题缺乏认真的思考。如今有了岭南之行听莫老现身说法和对《莫伯治集》的研读，似乎可以讲出一点儿体会来。

首先，我认为大手笔与大思路和深厚的知识、熟练的技巧是分不开的。首先要敢想，敢为天下先。有思想观念上的大飞跃（大智慧）才有设计中的大手笔。而这种大智慧（灵感）来源甚多：①从脚底板（footprint）的体验中来；②从实践操作中来；③从有意识的观察中来；④从当代巨人的肩膀上（现有的观念体系）来；⑤从历史的台阶（历史的观念体系）中来；⑥从直觉的感受（个人的爱好、选择）中来；⑦从下意识的反射中来；⑧从模仿（某人、某事、某物）上来；⑨从科研（对新情况、新问题的研究）中来；⑩从对未来的想象和预测上来；⑪从对生态原型的搜寻（如民居、庭园调查）中来；⑫从新技术、新设备、新材料、新工艺、新能源的运用中来……（见“信息·思维·创造”一文，载于《新建筑》1994年第4期）。莫总在这方面表现得非常突出，几乎利用了上述所有渠道激发灵感，因而形成无法有法、异彩纷呈的大手笔。

摸索具有广泛认同意义的建筑审美观是莫老贯彻创作始终的追求。莫老多次引述明代《长物志》作者文震亨有关“室庐”设计的论述，要达到“令居之者忘年，寓之者忘归，游之者忘倦”的境界。讲得多么深刻啊！前面提到的我那“精彩”二字的总体感受就是读到此处迸发出来的。因为我曾反复回味不久前住白天鹅宾馆时的美好体验，总找不到恰当的语言表达，而这里的论述再次震撼我的心弦，这正是对“三忘境界”的感受！文震亨“精彩”，莫伯治“更精彩”！因为他实现了文公理想的“三忘环境”的创造。以古比今，令人感慨。在国外，1981年国际建筑协会大会通过的《华沙宣言》集中了世界上那么多建筑大师的智慧，才实现建筑学观念的更新换代，达到了“建筑学是为人类创造生存空间的、综合的、环境的科学和艺术”这一认识。而500多年前，先人文震亨早已有此高论，可谓异曲同工。又有莫公的慧眼再发现文震亨，并将此继承，发扬光大，实堪称誉。

我体会，莫老创作中的大师手笔集中体现在对自然的复归感、对历史文化的沟通，以及对建筑、环境发展变化的超前意识三个方面。具体讲，莫老对爱恋大自然的人类本能，以及趋光、近水、喜绿、好奇、认同等人类特性感受至深，持掌有度；对古今中外文化，特别是岭南文化与现代文化的交汇点、结合点格外关注，由此生长出许多新手法、新风格；他认为“超前意识是非常重要的。在历史文化长河中，社会经济的发展导致新时代精神的诞生。如何表达社会发展的时代精神，是建筑创作能够有所突破和创新的关键”（《莫伯治集》36页），这也是大手笔产生的关键。这些朴实的话既是经验之谈也是至理名言。

这里有必要提一下莫老在1985年11月29日—12月3日于广州召开的繁荣建筑创作学术座谈会上的论文“建筑创作中的民族形式问题”。这是10年前写成的一篇很重要的文章，可惜当时未能受到重视。该文已具有“总览历史文化”的高屋建瓴的思路，他从历史建筑文化圈的演变来考察建筑的民族形式问题，不走人云亦云、因袭学步的老路，而另辟蹊径，才有今日的许多大手笔产生。

莫总的大手笔特别突出地体现在五个方面：①让建筑融在环境中；②用水面、天光、绿化激活空间；③采用超常尺度、超常体量、超常手法取得震人心魄的效果；④从平凡的环境构成元素中开发出新的艺术语言；⑤做跨文化、超时空的借鉴、引用与嫁接。这些大手笔的运用在莫老10多年的杰作中表现得更为圆熟。下面做一点简要的说明。

1．让建筑融在环境中

据多次与莫老合作设计的林兆璋高级建筑师介绍："莫老经常提醒我们，设计时，切忌将原有地形改变来迁就一个死板的建筑，而应该用灵活的空间、平面来配合现有环境，这样才能得到好的效果。"如在设计珠海宾馆时，根据莫老建议，保留了原有地形的小山坡，形成从进口处到客房部分近6米的高差，但经多样曲廊、小院和丰富的空间穿插，使旅客不知不觉走上两层楼之高度。结合自然环境，空间变化丰富，形成了岭南建筑新的风格。

2．用水面、天光、绿化激活空间

这是我国传统园林、庭院及中外建筑大师常用的激活空间的手法。在岭南的亚热带气候条件下也有此天时地利，同时也是人的心理、生理、行为的共同需要和爱好。因此莫总的设计尤重此道，并多有创新惊人之笔。比如，在东方宾馆翠园宫的改造和室内设计上，他现场指挥，当机立断地决定把20米跨大梁间的混凝土屋盖打掉，做光棚，争取自然光。因而使整个翠园宫增辉不少，丰富了空间层次，增加了人与自然光（阳光、空气）的沟通，避免了空间过于纵深的沉闷。

3．采用超常尺度、超常体量、超常手法取得震人心魄的效果

凡是亲身体验或观看过白天鹅宾馆、广州西汉南越王墓博物馆等名作的人，都会对那长长的沿江引道、贯通三层的"故乡水"共享空间、临江的8米高玻璃幕画框、博物馆紧逼人行道的高台阶和厚重实墙留下难忘的印象，它们具有巴黎纪念墙、人民宫殿式激动人心的艺术力量。

4．从平凡的环境构成元素中开发出新的艺术语言

做到这一点是要颇具艺术功力的。莫总和佘总共同主持的白天鹅宾馆，投资比当时同类型的宾馆节省1/3，每房投资45000美元，在同类型旅馆中最为经济。莫总的设计中常常用普通材料、平凡环境构成元素，如绿草坪、青竹、红砂石等材料，及楼梯、栏杆、天窗等元素点石成金，做到使人耳目一新的效果。

5．做跨文化、超时空的借鉴、引用与嫁接

在前面提到的许多作品中都可看出，莫总对明代文震亨以及园林经典《园冶》的借鉴与运用。翠园宫、岭南画派纪念馆对19世纪“新艺术运动”风格的吸收，对高迪手法的借鉴，以及采用玻璃幕墙等新技术、新材料等，对岭南庭园建筑的挖掘与弘扬，都是这种大手笔、大动作的实践。

以上是我从岭南归来，阅读《莫伯治集》的一些思索。当否，听凭师友们去评说、指正。

遥祝莫伯治大师健康长寿！

1994年圣诞节写于谷思斋

——原载《建筑学报》1995年第2期

建筑史与学科发展

史学的学科性质和学科特点是什么?

从史学的学科性质看，它研究的是已经发生的事情，这表明该学科的学科特点是具有滞后性。即，一般说来，先有史实、史料、文献、考古发掘等基础，然后才能进行史学研究。

不少研究史学的同仁，比较认同史学滞后性的一面，甚至主张“述而不作”，重视继承（滞后性）的一面。

但是，也有另一种情况：先有需要，根据这种需要再去进行一定的史学研究。如，出于某种政治、经济或文化等现实需要，到历史中调查，寻找参考、借鉴和佐证。这就是所谓“古为今用”的做法。这种史学研究方法曾经经常采用，有着很强的功利性。有时往往为了满足主观既定的现实需要，带着某种思想框框和有色眼镜去对待历史研究，其结果是使历史变成了任人打扮的小姑娘。

最近，张岱年先生写文章提出“做学问的三个基本方法”，主张做到思与学的统一、知与行的统一、述与作的统一（见《人民日报》2000年11月30日），我极赞同张老的意见。我认为，研究史学的目的在于，为创造新的历史服务，而不在于重复和延续旧的历史。

所谓“学史使人明智”，是因为史学是理论、学科、思路、创新的生长点和土壤，其学科性质具有前瞻性、超前的预见性。史学学科的超前性、前瞻性具体表现在它具有基础学科的奠基作用、科学技术知识的普及作用、科学决策的导向作用和潜在的生产力作用。如果我们的史学研究属于科学的、实事求是的研究，其研究成果能够指导我们的决策和行为时，就表现出该学科性质的另一面——超前性。

我这里强调的是，研究历史的超前性和科学的预见性、创造性，目的是反对实用主义的随意性。在当前深化改革开放的时期，我们更需要重视和发挥史学研究的前瞻性、预见性，以防止重犯历史上多次犯过的错误。

为了端正史学学风，防止重犯历史上以“古为今用”的名义搞实用主义之实的错误，我特别提出，史学研究的“今为古用”问题。

所谓“今为古用”，是指运用发展了的科学观念、方法、技术手段等，对已有的史实、史料、文献、考古发掘等，做出更科学、更准确的分析和判断，而不是简单地、盲目地引用原有的研究成果和结论。

所以说，史学研究，包括各门类史学研究，在改革开放、万象更新的年代，是可以大有作为，可以做出学科自身特有的贡献的。

具体到建筑史学研究上，目前尚未很好地发挥这四方面作用（奠基、科普、导向、生产力），笔者认为以下的问题亟待改变：

（1）“有行业，无学科”的问题——建筑行业很大，从业人员有几百万、上千万，但是建筑业、建筑学、建筑科学的内涵与外延，却没有被广泛认同的说法。

（2）“有学科，无科学结构”的问题——目前无论是建筑立法或建筑教学，都还没有理清建筑科学体系结构。

（3）“有学科，无操作法则”的问题——如在古建文物和建筑遗产保护问题上，谁主持，谁操作，怎么操作？在体制和法制两方面都未能合理解决。

（4）“有学科，无效益”的问题——建筑史学做为建筑学的基础学科，目前在建筑学中，似乎成为可有可无的课程，或者成为追求经济效益的古建知识性、操作性课程。这些做法不符合设置该课程、研究该学科原有的效益目标。

（5）“有学科，无文化”的问题——目前的建筑史学，比较重视建筑实例、建筑历史个案的研究，对相关的科技内容、文化内涵、文化背景研究却重视不够。

为了改进建筑史学研究，我建议在四个方面予以加强：

（1）加强建筑科学史角度的研究。这样可以扩大学科视野，扩宽学术思路和拓展学科研究领域。

（2）加强贴近当代、现实和未来需求的研究。如对于生态建筑学科史、建筑物理学史的研究，就很符合当前和未来的现实需求。

（3）加强参与意识。对于许多社会上、改革中的热点、难点、空白点问题，如城市建设、建筑体制改革、一些有争议的建筑设计和评论，建筑史学界都可以有自己的做法和看法。

（4）加强对后续人才的吸引和培养，以增加建筑史学界的活力和后劲。

——原载《建筑学报》2001年第3期

Chapter 3

/ 建筑拾遗篇 /

建议增加些短论文

编辑同志：

作为《建筑学报》的读者，眼看着学报复刊以来越办越好，学术性加强了，内容比较充实，思想比较活跃。但是同时也感到每期长文比重大，有的长达两万多字，还要分两期连载。说实话，大家工作都很忙，文章太长让人望而生畏，没有时间看，只好束之高阁，用时再查。这是很可惜的事情，可能把不少好东西埋没了。

和周围的同志议论，大家都喜欢开门见山、一针见血、言之有物、文字简练的文章。希望学报今后能增加些短论文。提倡把文章写短些起码有几个好处：节约出的版面可以多容纳些内容，多登些照片和插图，作者的面也更宽一些；另外，还可以节省读者、作者、编者的宝贵时间。当然我们并不主张越短越好，主张的是在言之有物的前提下写得精练些。不是绝对不欢迎有内容、有水平的长文章。

——原载《建筑学报》1982年第6期

7月1日——全世界建筑师的节日

建筑是人类文化最重要的基本组成因素，又是最实际的为人类提供生存空间的社会活动。建筑师与其他建筑工作者共同肩负着建设和保护居住环境的艰巨任务。建筑师从事的创造适宜的生活环境的活动，与每一个人息息相关，他们的工作理应得到人们的理解和支持，建筑师在社会生活中应有自己的位置。

1985年6月9日，国际建筑师协会在美国旧金山召开第六十三届理事会。国际建筑协会理事、中国建筑学会副理事长吴良镛教授出席了这次会议。为了促进建筑事业的共同进步和感谢那些为人类创造了生活空间的人们，此次会议通过决议，将每年的7月1日定为世界建筑节。

1986年4月24—26日在新加坡召开的国际建筑协会第六十四届理事会进一步明确规定，今后将每年的世界建筑节同当年的国际年结合起来。比如今年是国际和平年，今年的世界建筑节即以“建筑与和平”为题举行活动。因此，会议同时批准了委托瑞典全国建筑师协会起草的《建筑与和平呼吁书》。此前，国际建筑协会第六十三届理事会刚刚结束时，国际建筑协会主席、建筑师乔治·史托伊洛夫的祖国保加利亚，就于1985年7月1日在索非亚举行了庆祝世界建筑节的活动，并通过了《致各国、各地区当局、各国际组织、公民、建筑师呼吁书》。我们赞成呼吁书所提出的维护和平的基本原则。我们认为，世界不安定的因素主要来自某几个国家谋求军事优势，对其他国家实行侵略和干涉，正是这种侵略和干涉迫使第三世界不得不承担沉重的军费负担。

世界建筑节的诞生是一件意义深远的事。

建筑节提供了一个良好的机会。它促使各国、各地区当局、各国际组织、公民和建筑师重视解决当今世界存在的带有普遍性的问题，包括住宅奇缺、城市化导致的人口过分集中、生态平衡遭到破坏、环境污染、居住环境严重损坏、建筑特色和文化价值被人忽略等。

7月1日将成为保护和创造良好的居住环境和发展建筑与规划的国际团结节日，有利于各国同行增进友谊，交流经验，推动事业的发展。

世界建筑节与国际年的结合，有利于两者的相互促进，使各国每年有计划、有重点地促进建筑事业某一个侧面的发展和提高。

——原载《建筑学报》1986年第7期

中国当代环境艺术的崛起[1]

——论环境艺术的内涵与特点

任何一个人须臾也不能离开环境。凡有环境的地方都有环境科学和艺术。

为人民创造优美的城市环境，是深得人心和功德无量的大事，这是个具有极其重大的理论意义和社会实践价值的课题和任务，研究环境艺术问题有助于创造环境美。

中华大地正处在大踏步地城市化进程之中，处在两个文明建设的现代化进程之中。认识、适应、改造、创造城市环境艺术是我们的历史责任，而且这是每一个市民每时每刻都在实践着的事情，包括进城问路、上下班、逛商店、逛公园、修住宅……都与我们息息相关。我们每个人都作为城市形象的一个色点，从随地吐痰到大兴土木，我们的每一个行为、做的每一件事都是城市活剧中的一个镜头，都是我们对城市环境所作出的贡献或者破坏性反馈，可能为城市增添美，也可能为城市抹黑，留下历史的后遗症。这表明解决城市环境问题的迫切性，也说明“城市环境美的创造”是伟大的艺术，它有广阔的领域、丰富的内涵，需要成千上万的人参与创造。

1990年2月12日，《中国美术报》编辑部在北京主持召开了我国首次环境艺术讨论会。在京的30余位著名专家（包括工艺美术家、壁画家、规划师、建筑师、艺术史家、理论家等）参加了会议，呼吁社会重视环境艺术的问题，倡议广泛联合各方面力量为提高环境艺术创造水平而奋斗。这是第一个冲击波。相隔仅四个月发生了第二次范围更广、时间较长、有更大深度的冲击波。6月10—13日，天津社会科学院技术美学研究中心在天津召开了全国性的天津城市美的创造研讨会，时任市长李瑞环、著名美学家李泽厚教授、著名建筑学家吴良镛教授为会议顾问，来自全国各地的60多位专家、学者、城市建设的决策人员参加了会议。其研讨气氛之热烈及所达到的学术水平，都是空前的。事实有力地表明，时代在呼唤环境艺术，在呼唤环境美！

---

① 此文为作者1992年在中央电视台《百家讲坛》演讲的讲稿，《百家讲坛》的演讲题目改为“中国当代环境艺术的崛起”。最早是1987年6月在“全国城市环境美的创造”大会上的演讲，全文收入李泽厚主编的“美学丛书”《城市环境美的创造》（中国社会科学出版社，1989年7月）。

一、环境在呼唤艺术

环境是人类生存、发展的首要条件。整个人类历史从环境角度讲，就是适应环境、改造环境、创造环境、保护环境的历史。一旦人们与环境断绝关系，人类便不复存在。人类对环境科学和艺术掌握的程度，是一个时代、一个历史阶段人类文化发展水平的标志。人类襁褓时期主要是适应环境，经过几十万年后，改造环境和创造环境的能力才达到今天的水平：可以上天，可以入海，可以在室内造出四季，可以培育许多新品种……如今，人类进一步认识到保护环境的重要性，不能乱改乱创一通。重视环境保护是当代文化的特点。对于环境艺术问题的处理大体上也经过类似适应、改造、创造、保护这样几个阶段。

人们在经受城市膨胀、人口爆炸、工业污染、交通堵塞、噪声频繁等种种危害之后，环境意识不断加强。于是，近年常可以听到关于阳光、大气、水体的呼吁。重视保护环境的同时，环境艺术也得到进一步发展。在1981年国际建筑协会（UIA）第十四届世界大会上，建筑师的《华沙宣言》正式宣称："建筑学是为人类建立生活环境的综合艺术和科学。建筑师的责任是要把已有的和新建的、自然的和人造的因素结合起来，并通过设计符合人类尺度的空间来提高城市面貌的质量。"这是人类环境意识进一步深化的标志。20世纪80年代以来，环境被正式当作专门的学科和特有的一门艺术提出来，号召我们去研究、认识和发展它。

环境日新月异的变化呼唤着艺术加快自己的步伐，人们可以看到，就是在这样的形势下，城市壁画、雕塑、园林、旅游宾馆、建筑装饰、室内设计像雨后春笋一样发展起来了。以城市雕塑为例，据全国城市雕塑组副组长王克庆同志讲："自1982年以来，全国已落成的作品约1400座，涌现出一批相当优秀的作品，但同时也产生了不少艺术质量低劣的东西……据调查，在北京122座城市雕塑中，竟有51座作品的艺术质量很差。"

短短几年时间，国内城市雕塑、园林、壁画、建筑发展这么快，这一事实本身就表明了两方面的趋势：一方面是人们追求环境美，环境在呼唤艺术化；另一方面也说明艺术需要环境化（综合考虑整体的艺术效果）——迫切需要研究环境艺术。现实的情况是，人们希望并努力美化自己的城市，美化自己的环境，但一时还不熟悉环境艺术，只是按照习惯的艺术概念，发挥着各自的艺术特长，但在总体上往往事与愿违：把室内的绘画和雕塑几乎原封不动地搬到室外，把古代的题材搬用到现在，把外国的模式搬到国内，把别人的东西一再复制和模仿。结果，在室内正常人体比例的优美雕塑一经移到室外，马上显得小了，丑了，与周围喧闹的人群、车水马龙的环境显得很不协调；而且到处是“仙女”，纷纷“散花”，小鹿、天鹅、仙鹤、熊猫、狮子、光屁股小娃娃多得成灾，让人倒胃口，不仅仙气、灵气丧失殆尽，意境、稚气不再给人以美感，反倒使人产生恶感、反感……园林也有泛滥之势，特别是亭子，每个旅馆、每个公园，甚至办公楼顶上到处都摆上个小庙似的亭子，似乎除此不足以显示是在中国，仿佛当代中国人不再有什么创新能力，只能靠老祖宗的创造混日子……这些东西一旦成了环境的一部分，天天摆在那里强迫人们看，真是罪过！这种大发展的形势以及骑虎难下的事态是我们始料不及的，现在的确是需要认真总结反思和做出适当反应的时刻了！

二、环境艺术在哪里

对于“环境艺术在哪里”这个看似不成问题的问题做出认真科学的回答并不是轻而易举的事，而形势要求我们又必须回答，因为这是我们研究环境艺术的起点。

显而易见，城市的空间、道路、广场、桥梁、建筑物、建筑群、园林、雕塑、壁画、纪念碑、建筑小品乃至橱窗、广告牌、栏杆、花池、台阶、路沿这些人造景观和天空、山脉、地形水面、河流、树林、草地等自然景观，以及属于城市但非显形的东西如地方社会习惯、人口构成特点、生产、生活、文化、交际要求等，都是“城市环境美的创造”要考虑的因素。换句话说，这些都是环境艺术的对象，或者都有环境艺术的问题，因为环境的内容十分广泛。

从哲学的角度看，环境就是“非我”，是客观存在。与“非我”相对应的是“我”，就是人。“非我”，即客观性，是环境的第一位的最本质特点。因而，所谓环境艺术应当是以表现“非我”为主旨的艺术。以上述环境艺术的对象为中心的艺术，都应当列为环境艺术。如城市规划、建筑设计、城市设计、园林、城市雕塑、壁画，等等。

特别应当指出的是，从事环境艺术，任何时刻都不应忘记环境中的我，即人的因素。人是环境的中心、艺术的中心，没有人就只是客观存在，便无艺术可言。我认为，环境艺术是以人为核心，但又不直接表现人的一种关系艺术。它的主旨是创造和表现客观环境，恰当地处理“我”与“非我”关系的艺术。

因此，环境艺术不仅在环境艺术对象本身上栖身，它的精髓是在处理人和环境艺术对象的关系之上。它存在于人与对象之间、对象与环境对象之间、小环境与大环境之间，即所谓“关系艺术”中的“关系”，这常常最容易为人们所忽略，因此需要通过具体例子再讲几句。

“一张画、一堵墙，应该把画挂在墙的什么位置上呢？许多人会回答说，墙的中间。不对!答案应该是：除中间外，别处都可以！也就是说，除了中间，你可以把画任意挂在左边或者右边，上边或者下边。如果你把这幅画挂在中间，画会把墙分成两个相等的部分，从而缩短了墙的视觉尺度，并使画面两边的墙壁变得毫无用处。本可以使房间变得开阔且有生气的画幅，也像是被墙框了起来而与周围的环境相隔绝”（见［意］布鲁诺·赛维：《现代建筑语言》，中国建筑工业出版社，1986年3月）。又如，一个房间把房门开在什么位置，这是很关键的环境艺术问题，因为门是供人通过的，有门就会有走道，就会有人的走动、停留、开关门、开关灯、搬动家具等一系列行为。门与墙、与整个房间、与室内室外的关系处理得好坏，很能反映出一个建筑师的环境艺术素养。再如，同是公园中的一把椅子，摆在什么位置，面向什么景观，决定着人们的视线和心情，可能会有极不相同的效果。河边的一尊雕塑，是面对着河还是背对着河设置，也是大有学问的。总之，从事环境艺术，无论何时、何地、何种对象都不要忘了“关系”二字，可能是外延关系、内涵关系、对话关系、对比关系、你死我活关系……环境艺术的踪迹是否就在这里？

上面几个例子主要是以建筑为例。因为在如此众多的环境艺术对象中，最有代表性的，首先作出贡献的，取得较高成就的应推建筑艺术。加深对建筑艺术的研究，无疑会促进整个环境艺术创作水平的提高。从一定意义上讲，由于建筑艺术固有的环境本质特点，要研究环境艺术，不能不深入关注建筑艺术。

三、什么是环境艺术

什么是环境艺术？目前还没有见到谁下过定义，以及谁做过什么带概括性的叙述，只好在这里提出我不成熟的理解和思考。

环境艺术包括环境和艺术两个方面，环境是客观存在的，艺术是主观的创造，这里环境规定着艺术，环境艺术又反过来改造着环境。

环境总是相对于人或物讲的。我们周围的一切都是环境，环境无处不在、无时不在影响着人类自己。每个人都生活在不同层次、不同方位、不同时间和空间、不同特点的环境之中，人们不能不对环境做出自己的思索、反应和选择。清早起床，人们要根据天气选择适当的衣服，给人体以适当的环境；离开住宅后要选择走一条洁净、空气好、平坦、短捷的路上班；人们希望所乘的车是干净、舒适、迅速、安全的；穿过城市中心到郊区上班……衣服、住宅、车辆、道路、城市、郊区、走到另一幢建筑物中……这数不尽的词都可以用“环境”这个词概括。从衬衣到无边无际的宇宙，都是环境，“环境”这两个字毫无愧于“伟大”这个字眼。环境有着无限的概括力，环境艺术是伟大的艺术。它的伟大，在于它空间和时间上的无限性、内容的广阔性和形式的无比多样性。然而，环境的核心是人，它为人而设，为人而变。人仿佛是环境中的一只大鸟，环境是“笼子”，笼子的形状、大小和特点将决定鸟的存在方式、活动方式和心理状态，决定着鸟的飞翔。环境艺术就是“笼子”艺术，由于环境艺术从各个角落、各个方面作用于人，它又是全频道的体验的艺术。

环境艺术并不是建筑艺术、园林艺术、雕塑、壁画等机械的合成，它有着自己相对独立的对象、内容、规律、理论范畴和系统。

环境艺术是一种关系艺术、场所艺术、对话艺术和生态艺术。

所谓关系艺术，是指它必须比较恰当地处理各方面的关系：人与环境的关系、环境诸因素之间的关系、因素内部组成之间的关系。关系可以分成不同层次、不同范畴：如人—建筑—环境、人—社会—自然、人—雕塑—背景……诸关系的核心是人，因而以尺度（或尺度感）作为衡量关系处理得好坏、水平高低的标准。“尺度”（scale）在这里主要是从视觉角度讲的，它不同于“尺寸”，“尺寸”是客观的度量，而“尺度”（或尺度感）是主观的度量，即人所具有的感受，“尺度”在环境艺术中是极其重要的综合性概念。

所谓场所艺术，不仅指物质实体、空间外壳这些可见的部分，还包括不可见的但确实在对人起作用的部分，如氛围、活动范围，以及声、光、电、热、风、雨、云等，它们是作用于人的视觉、听觉、触觉和心理、生理、物理等方面的诸多因素。古代的宗教艺术就极为重视场所气氛的创造。“场所”的关键问题是经营位置和有效地利用自然和人文的各种材料和手段（如光线、阴影、声音、地形、历史典故等）。

环境艺术之所以有对话艺术的特点出于两个方面的原因。环境所包括的“关系”无穷之多，它们必须有机地组合起来，需要彼此“对话”；另一方面，在信息时代和民主社会中，人们普遍希望“对话”，人们已经不满足于仅仅是物质的丰富和表层信息变化的享用，更不能容忍那种非人性的压抑人的环境，人们追求深层心理的、感情的交流和陶冶，追求美和美感的享受。既然是“对话”，就发生了环境艺术的语言问题——用古典语言、现代语言，还是后现代语言。古典语言历史悠久，人们比较熟悉，如对称、比例、装饰性、象征性等，它伴随着神话的隐喻且朦胧、优美，有崇尚权威的、夸大的华丽和庄重，多数是静态的、神秘的美；现代语言则更具科学性和工业化的特点，直观、简洁、抽象，反对装饰，欣赏几何美；后现代的语言综合前两者的特点，既有古典的装饰性和隐喻，也追求现代化和科学的理性，并有开放性和无定性。这都需要我们悉心研究和实践之后才能有自己的选择和创造。

环境艺术又是生态艺术。生态是指生物（包括人）与环境的关系，人与社会的关系又是社会生态学的内容。因此，研究环境艺术不能不研究生态，包括自然生态、社会生态、人的行为规律和自然界的变化等，要有利于生态平衡、休息，包括思想教育，等等。

纵观关系、场所、对话、生态都要求考虑整体的、综合的效果。总之，环境艺术要解决的问题是更宏观的、关乎总体效果的问题，它是总体设计的艺术。环境艺术依其具体对象的范围、层次不同可以分为许多门类，如国土艺术、城市艺术、建筑艺术、园林艺术、室内艺术、家具艺术、雕塑、壁画、工艺美术等，凡需要考虑环境进行总体设计的艺术，可以说都有环境艺术问题。

四、环境艺术作品的创作特点

什么是环境艺术的创作特点？这是个涉及环境艺术创作理论、创作方法等基本理论的复杂课题，论述这个问题似乎有点自讨苦吃，颇有力不从心之感。但是鉴于这个问题的重要性，我从创作的过程、结构上做一些分析比较，以求教于诸位专家。环境艺术在作品的构成上、创作的过程和结构上与其他艺术（视觉艺术、听觉艺术或戏剧、电影类的综合艺术）有极大的不同。

在作品的构成上，由于环境由自然环境和人为环境两大部分组成，因此决定了环境艺术作品兼有自然和人为两方面的特征，这成为环境艺术独有的特点，正是从此派生出创作过程和创作结构上的许多特点。

环境艺术作品的创作过程是由实物环境转化为艺术（美学）形象的过程，它具体地表现为四方面特点：

（1）环境艺术创作构思是从实物环境出发的，即往往以实物环境为依托，先着力于发现环境的美，并分析现有环境的有利条件和不足（即进行可行性研究），然后才能决定利用哪些条件，取舍什么，创造什么。这既是环境艺术的有利条件，也是其不利因素。有了实物环境的依托和种种实际要求的限定，如果没有进一步的艺术上的追求和探索，很容易搞成实用的设计而非艺术作品。设计是科学和艺术普遍原理的应用，主要解决带有普遍性的问题；创作是艺术的特性，它要求不拘成规地创造性地体现艺术构思。

（2）构思的走向不同。一般艺术创作都是主观的外化过程，即由主观—客观表现构思；环境艺术创作则是由客观发现到引起主观的内省，再修改客观存在的过程。构思走向上两者恰好相反，因此环境艺术创作更重视直觉，重视身临其境的体验，以激发创作的灵感。

（3）环境艺术是公众参与的艺术。其他艺术基本上是个人的艺术，通过个人艰苦的创造性劳动完成。而环境艺术则往往不能一人做主，即使是大师也不能独自完成，不仅需要多方面、多专业的配合和协作，而且需要公众的参与。过去人们对环境艺术必须考虑公众参与的特点认识不够，只是近些年特别是后现代主义思潮明确提出了这个概念。如建筑艺术，既需要建筑师、规划师、城市设计师、室内设计师，以及结构、水、暖、电、卫、通风、设备工程师等专业技术人员的参与，也需要各种社会集团、建设单位，及使用、施工等单位和居民等各方面的参与和同心协力。

（4）环境艺术作品始终是处于“未完成”状态和不断的修改之中。其他艺术作品，在一般情况下都是一次性地以成品的方式出现，一经发表和展出就已定型并完成了全部创作过程。而环境艺术作品只能大致形成，很难在短时间内走完创作全程，要依靠新参与者进行接力性的创作。例如，同样的住宅，分配给不同的使用者，最后展示给人们的环境则是千差万别的，因为使用者投入了无限的创造力。当房屋的主人变更时，随之而来的又有一番创造。所以，即使优秀的环境艺术作品也只能是“未完成的杰作”。环境艺术作品之所以始终处于变化之中，是由于不断有人的参与、自然的参与、环境的影响、历史的参与在起作用。

从结构的角度分析环境艺术创作的特点主要有以下六个方面：

（1）环境艺术作品具有综合性和整体性。它是空间和时间的综合系列，是统一的整体。这是其结构上的本质特点。其他艺术中空间和时间的关系从未有紧密结合到如此不可分离的特点。

（2）空间上的“充满性”。所谓空间不是空的，空间中充满了物质流、能量流、信息流，环境中的一切因素都在起作用。所以我把环境艺术称为“全频道的体验的艺术”就是基于此，它不仅是听觉或视觉艺术。

（3）环境艺术具有多种评价标准，使它带有模糊性和无定性特征。多种标准如社会标准、生物标准、功利标准、民族标准、地理标准、时间标准、环境标准、科学标准、政治标准、宗教标准、经济标准、朝向标准、亮度标准，等等。总之，它不像一首歌、一幅画那样有简单明确的评价标准。

（4）有序和无序的共存。这也是环境艺术结构上的突出特点。环境艺术作品中总有被认为多余的、不想要但又去不掉的东西，或改变不了的因素。环境艺术创作必须善于处理这些无序、无调、杂乱无章的东西。

（5）需要一系列中介空间或者中介物体。环境从宏观到微观到人组成一个复杂系统，彼此是密切相关的，无论处理哪一个层次的环境问题总有相关的中介环境链条与人相通。处理好中介链条是环境艺术作品成功的关键之一。如建筑艺术绝不仅是房舍的艺术，建筑艺术是从小庭院、栏杆、围墙、门洞、台阶、引道、地面……种种中介因素开始的。

（6）环境艺术离不开光线。光线是视觉艺术的生命，也是环境艺术存在的重要条件。因为光线会造成不同的明暗、色彩、层次、阴影效果，从而会引起不同的心理、生理反应和知觉。特别是在现代照明科学技术高度发展的时代，光线在环境艺术中的作用空前加强了，多种人工照明方式在城市环境中运用得很普遍。

五、环境艺术作品浅议

在评议具体的环境艺术作品之前，有必要说明一下人类环境艺术审美意识发展的几个阶段。因为随着人类社会的发展、文化的进步，审美的内容更加丰富，要求也更高。因此，也可以把下述六个阶段认为是审美的六个层次。

（1）自发地崇尚原始美的时期。原始森林、原始草原、高山、大江、大海都充满了原始的自然美。而巨石圈则是原始人创造的美，他们把巨石敬若神明，留出太阳升起和降落的通道，在那里顶礼膜拜。这是壮美、古朴的美。

（2）有意识地趋于和谐美的时期。这是农业时代环境美的标准。它追求自然美和人造美的交汇，让人造物向自然延伸和让自然向人造物渗透。不但有人们的开荒、造田、修路、盖房等不断向自然延伸的趋向。不仅存在于在道路两旁和建筑物前面植树、设花坛，而且在庭院里进行绿化、挖水池和培养盆花、盆景，让自然开始渗透到建筑物等人造物之中。

（3）追求极端美（单一美，形似或对比），它发生在农业时代后期和工业时代初期。表现为两极的高度发展：一方面追求“宛似天开”；另一方面要表现“人定胜天”。前者要求“形似”于自然，在中国颇为流行，现在也泛滥到国外去了；后者则追求与自然对比的效果，从古代巴比伦、埃及到古罗马、古希腊，直到今日的摩天大楼都很突出，那些体量规模空前、高高耸立的塔庙、金字塔、方尖碑、纪念柱以及那些追求宏伟壮丽的建筑物、教堂、寺庙、宫殿等，都是这类意识的反映。

（4）“情景交融”和形成尺度美的层次。宗教要求和文艺复兴的人文主义对此促进极大。这是当人类处理环境问题已有相当水平之后，对环境美的深层内涵追求的阶段。一方面有意识地去发现那些能够唤起人美感的自然风景等加以保护和点景；另一方面有意识地赋予人造环境某种艺术内涵，使人有雄伟、亲切、惊人、迷惘、和谐等不同的感受。这是自然和人造物进一步的交汇，提高到相互交流的程度，此时环境艺术已趋成熟。历史上曾出现有独特风格的环境艺术杰作。在建筑艺术中，以中国的古典园林艺术和许多国家、民族的古代宗教建筑表现得最为突出。

（5）普及美的时期。具体表现为自然环境的人性化、社会化与人造环境的有机化，这是近代的事情，是自然与人造物交汇的进一步发展，几乎到“重合”的地步。如行道树（始于我国周朝）、空中花园（始于巴比伦）、国家公园如今十分普遍，属于自然环境人性化、社会化的实例。人造环境有机化的杰出实例是莱特的有机建筑，他让建筑物从大地里生长出来，与大自然融为同一个有机体。再如，现代广为流行的四季厅、内庭院、屋顶花园等表明，自然界正不声不响地大踏步闯入建筑物中，在与建筑物相互“重合”。

（6）追求自然环境的哲学化和人为环境的哲学化层次。这是对环境美最高层次的追求，对由物到非物，由具象到非具象的意境、气氛的追求，是更高文化的表现。中国园林中的叠石、景窗，外国的许多抽象雕塑、绘画、建筑物有意识的变形等，都反映了这种意向。绝非如某些人所说的，抽象变形是艺术的没落，恰恰相反，这是人类艺术构思向炉火纯青迈进的必然阶段。人们开始是追求“果实”（有实用目的），而后是能欣赏花，追求美的“花朵”（开始有精神生活），再后是追求引起感受的“种子”的培育（引而不发阶段）。抽象艺术似乎就属于培育有生命力的种子的阶段，它使艺术成为开放性的，有更宽的感受阈，能够仁者见仁、智者见智，而具象的某种花、某种果实是封闭性的。抽象是理性和感性的高度融和，环境艺术的特点决定它更需要这类融和。

这里之所以列举出环境艺术美的几个层次，目的不在于肯定哪一个，否定哪一个，而是希望有多种选择，有审美的多元化。

下面具体结合实例做一些粗浅的评议。

实例一：方泽坛（位于北京安定门外地坛公园内）。它给人们的是一种“全频道的艺术享受”，同时诉诸人的视觉、听觉、触觉、味觉和心理感觉。古代建筑艺术家在这“方寸之地”和“有限的元素”（门、墙、地面、台阶）上，综合运用了象征、对比、透视效果、视错觉、夸大尺度、突出光影等一系列艺术手法（详见1985年第5期《文史知识》所载拙文《建筑艺术瑰宝——方泽坛》）。

实例二：北京香山饭店园林（北京，设计者：檀馨等）。它很好地利用了当地的自然条件，与建筑物结合，运用我国优秀的传统造园手法，创造出许多景色迷人、气概不凡的园林景观和意境（详见本书“从北京香山饭店探讨贝聿铭的设计思想”一文）。

实例三：北京新街口邮局（北京，设计者：朱恒谱）。这是与人民生活关系密切的一个小建筑物，在邮电建筑环境的创造上有所前进（详见《新观察》所载拙文）。

实例四：北京延庆区青龙桥詹天佑墓（北京，设计者：虞献南）。以其丰富多彩的空间组织和造型艺术，创造气氛，感染观众，完成纪念性主题。不追求使人感到压抑的大气魄和绝对的对称（详见1982年第20期《新观察》所载拙文）。

实例五：环境艺术的佳作——《和平里》雕塑（北京，作者：王一林）。作者把鸽子艺术地放大，似乎貌不惊人，却耐看、吸引人，与环境很好地融为一体，其选材、定位、用色、造型和台座的处理均颇具匠心。

实例六：未完成的杰作——大鹿岛岩雕（浙江，作者：洪世清）。作者别具慧眼地发现了大鹿岛的美，他赋予千变万化的岩石以凝固的生命，与大海、峭壁、河滩、蓝天、白云、绿树、渔船协调地组成大地上的海生动物博物馆。

画家与大自然的多种空间及无限的时间合作得很成功，才造就了这“未完成的杰作”。作者曾意味深长地说：“人对石头的加工不能超过40%，大自然完成1/3，我完成1/3，日后时间的冲刷与风化再加工1/3才最后完成……”这需要何等的眼力、气魄和功力，这些岩雕的大地艺术是可以挺立于世界之林的杰作。对我们如何从事环境艺术有极大的启示。作者今年已60岁，现已完成岩雕24处。工作中他曾从6米高的峭壁上跌下来，幸免于难。他决心完成100处，干到死。他迷上了岩雕这种环境艺术。我想，这种献身艺术的精神应当得到更多的理解和支持。

当我访问岩雕作者时，我蓦然感到，眼前是一座巍峨的高山，正由于近在眼前反而看不到他的全貌。访问洪世清先生的日子已经过去两个多月了，那情景依然历历在目，余音绕耳，令人难忘。

环境艺术是与每个人都有关系的艺术。环境艺术是既伟大又平凡的迷人的艺术领域，每时每刻都有成千上万的人为环境艺术工作着，让我们更自觉些，更努力吧！

我坚信，中国会有更多像洪世清一样的环境艺术大师出现，有更多的人会沿着环境艺术的大道探索前进！

——原载《华中建筑》1999年第4期

城市首先是生活中心

近十年前（1982年），上海龙柏饭店的建筑评论会在这里召开，这次又在这里开评论会使我感到很亲切。上海曾给我留下了很好的印象，很欣赏这是一个为市民考虑得很周到的城市，那时便有夜市、夜展，图书馆中午照常开门，儿童商店门前有游戏场……这次更看到上海的建设成就突出，变化巨大。

看了几项工程和上海的市容以后，我突出的感受是，许多单体建筑设计得很不错，倒是在城市总体结构上，建筑物或建筑群与城市、与环境的关系方面，需要研究如何处理得更好一些。

我认为，城市，首先是生活中心，是现代人集约化生活的基地。城市的规划与设计必须加强市民意识，是为市民这个城市的主人进行规划和设计，不能只听业主单位的意见。

从生态学角度看，城市本身就是一个与人同构的超级复杂的有机体。可以认为，它是人机体的人为扩大，或者说城市是集合而成的巨人。每一个城市都像人一样有它的新陈代谢系统。有它的生长、发展、衰亡的变化。再者，城市的发展与社会的发展也是同构的、同步的。可见的社会结构——有什么样的社会经济发展水平以及有什么样的人际关系，便会出现相应的何种城市形态。

因此可以说，城市是属于自然界和社会之间的可见的中介，它把社会观念、人际组织和经济、科学、文化水平变成物质实体，并和自然界相互作用。城市是人类社会向自然界的延伸，城市这个大系统具有同构性、中介性、开放性。这三性在城市规划、小区规划以及建筑物、建筑群的设计上均应认真考虑。

作为城市建设，首先应当着眼于城市结构的建设和系统的建设，而不是个别项目的建设。每一个项目的建设都要处理好与整个城市、地区、周围环境的关系。

因此我建议，应当认真研究上海的城市结构，主要包括居住区结构、建筑群结构、城市建设经济的结构，并能有效地控制合理科学的结构的实现。如，现在很强调城市居住小区的建设，而且建几万人或者10万人以上的居住小区，实质上是在搞单一的“卧区”建设，而不能使居民就近工作、上学、就医、购物。我建议用“社区”的概念，建立综合人居环境，而不是单一的“卧城”。这乃是如何安排城市结构、区的结构的大问题。

再如，上海中心区密度这么大，旧城改造的任务很重，往郊区迁人（迁住宅）还是迁工作单位？以减少无效的人流往返、交通压力、居民的疲劳、环境的污染等。

总之，不能就住宅论住宅问题，应当从城市和区的结构、社会和经济的构成上综合考虑问题。作为建筑设计人员需要吸收一些社会学家、经济学家的研究成果，以便把问题考虑得更全面、更长远些。

《建筑学报》编委会评上海新建筑会发言

——原载《建筑学报》1991年第8期

发挥建筑师的积极性和创造性

在今日世界科学技术飞速发展并向现实生产力迅速转化的形势下，中国建筑业怎么办？中国建筑师怎么办？这些是我们近来思考的重要问题。

中央领导同志指出了今后十年的努力方向，即“坚持科学技术是第一生产力，把经济建设真正转移到依靠科技进步和提高劳动者素质的轨道上来”。建筑师和一切建筑工作者都应当在贯彻这一精神方面作出自己的贡献。

设计是工程的灵魂。在建筑设计中，建筑师起着创作主体、综合的作用，这一点已经逐渐被社会各界所认识。建筑师既是科学技术工作者，又是艺术创作家，有着自己独特的工作方式，需要自身广泛的知识、较高的素质和社会给予一定的设计创作条件，才能做出高水平的无愧于时代和社会需求的作品。建筑设计和创作，是把科学技术转化为生产力的重要手段。

新中国成立以来，为了社会主义经济建设的需要，国家培养了大量的建筑师。四十多年来，他们在祖国辽阔的土地上，在各自不同的岗位上精心耕耘，取得了相当大的成果，为社会主义建设作出了应有的贡献。建筑师的社会地位也逐步得到社会的承认。

为了更好地发挥建筑师的作用，在建设部和中国建筑学会的领导下，1989年正式成立了中国建筑学会建筑师学会。作为一个学术团体，建筑师学会成立以来在提高建筑师的理论水平与实践水平，繁荣建筑创作，发挥建筑师的社会作用，维护建筑师的权益等方面做出努力。而且分别就“建筑理论与创作”“人居环境”“医院建筑”等方面展开了活动，并参加了国际建筑协会对口的专业委员会，今年还准备扩大到工业建筑。建筑师学会将努力成为我国建筑师的良师益友。

但是我们应该看到，在我国，占人口比例不多的建筑师的劳动还没有得到社会的应有尊重，他们的劳动成果也没有得到可靠的保护。

今后十年和“八五”期间的城乡建设任务十分繁重，相对而言，我们的建筑师质量有待提高，数量也过于稀少。

据有关资料，全世界建筑师有90万名，而中国只有2万多名建筑师，每100万人口中不到30人，仅为发达国家及部分发展中国家的1/10或1/20。而且从地区分布看，专门人才大多数集中在城市和发达地区，如：京津沪三市的高级建筑师占全国高级建筑师的31%，而贵州、宁夏、西藏三省区仅占3%左右。有的地方，一个县一个地区也没有一个经过专门培训的建筑师，因此，对于如此稀少、有限、珍贵的建筑师人才，如何发挥他们的积极性、创造性是值得各级领导和全社会引起重视的问题。

中国自古至今有灿烂的建筑文化，包括古代城市规划建设和独树一帜的木结构建筑，以及亚运会工程树立的建筑文化纪念碑。但是几千年来在中国存在的“建筑闻名于世，建筑师名不见经传”的奇怪状态仍有待改进。

建筑师的劳动成果得不到应有的尊重，谁都可以干预和修改建筑师的创作和设计，加之设计取费低，先天地给人以“设计不值钱”的印象；设计招标办法不健全，造成有些方案评选不公正，使建筑师陷入大量重复、无效益劳动和内耗上，大大挫伤了建筑师的积极性。

从全国范围讲，不少部门和单位，甚至包括一些领导，不承认建筑创作应有的价值，不尊重建筑师的劳动成果，尤其是在建筑市场疲软的情况下，建设单位动辄就请十几个甚至几十个单位搞方案投标或是不给报酬却让你无休止地修改。建筑师为了本单位的生存，不得不“自相残杀”和忍气吞声。而且“图纸一旦交出，建筑师就被忘掉”，新闻宣传媒介上的报道常常也是只讲××剪彩、××施工，却很少提到设计单位和设计人员的贡献和名字，给人的印象是似乎建筑物是盖出来的而不是设计出来的。对这种情况如不采取有效的对策，很难创作出更多更好的建筑艺术精品。建筑师人才的外流已达到需要我们严重关注的程度。

建筑师的劳动成果得不到应有的保护，也是当前存在的问题，1991年6月1日正式施行的《中华人民共和国著作权法》的规定，给我们明确了方向，看到了希望。著作权法是为了保护文字、艺术和科学作品作者的著作权，以及保护与著作权有关权益的我国第一部保护知识产权的法律。其中第一章第三条明确规定工程设计、产品设计图纸及其说明属于本法的保护范围。第二章规定保护的著作权有发表权、修改权、保护作品完整权、使用权和获得报酬权等内容。对于工程设计、产品设计图纸等还有专门的说明条款……这些规定对于鼓励建筑师创作、提高水平、保证作品完整实现，无疑会产生有益的影响。

为解决上述问题，我们建议：

（1）认真学习和广泛宣传江泽民总书记有关坚持科学技术是第一生产力，依靠科技进步和提高劳动者素质的指示，并作为建筑师和全社会今后行动的基本原则。

（2）建议建设部会同有关部门就保护建筑师知识产权制定贯彻著作权法的细则，以纠正设计行业中的不正之风。

（3）对设计招标投标、设计竞赛评选做出科学合理的规定，并采取有效措施以保证平等竞争，选拔人才。

（4）对设计取费过低，难以维持简单再生产的状况及早调整。包括，前期工作无报酬的不合理现象应设法采取措施予以解决。

（5）提倡职业道德，实现注册建筑师制度，以加强对建筑师的管理和培养。

最近建筑师学会在宜昌召开了扩大理事会，全国有18个省市代表出席了会议，会上大家对此问题均十分关注，也希望有机会把大家的想法表达出来。

*本文系与周庆琳合作完成。

世界建筑节座谈会发言

——原载《建筑学报》1991年第9期

城市大开发、大建设热潮中的问题

目前许多城市掀起了大开发、大建设的热潮，普遍急于吸引外资、招外商，这是改革开放以来出现的新气氛、新观念、新举措。但是，现在有不少城市匆忙地从市中心的一条主街的规划抓起，这就有许多问题值得认真考虑和研究。

首先，要处理好点、线、面、区和城市的关系问题。市中心的主街往往是城市交通、经济、文化、社会发展的热点、难点和敏感点。牵一发而动全身，从市中心的主街动大手术难度很大，搞不好对整个城市已有的比较合理的全盘规划起颠覆性的破坏作用。因此，特别要重视城市里的重要位置，沿街一线及两面、全区和整个城市的关系，需要"全局在胸、局部入手"，将城市规划与一条街的规划做同步调整才能做得准确一些。

第二个要点是，要树立现代城市规划的观念。目前有些一条街规划主要是形体、视觉形象的规划，这还是20世纪初的观念和做法。在城市规划理论和手法方面，近100多年来大致经历了这样几个阶段：从开始的主要关注形体视觉形象的城市规划方法，发展到重视社会发展、功能分区、土地使用规划，后来又进一步，特别重视城市交通结构和经济发展规划，近年来发展深入到科学合理规划，建立科学园区，发展生态规划等以迎接信息社会的到来，已不再仅仅局限于考虑《马丘比丘宪章》（1933年）提出的城市四大功能。如今，城市规划的外延和内涵都大大发展了。最近，钱学森同志又提出"社会主义中国应该建山水城市"的问题。在一条街的规划上亟需把握和运用这些现代城市规划观念与方法。

结合成都顺城街的规划，我觉得目前还主要是做了可见的空间单体规划。如城市的交通、经济、社会、文化规划问题，特别是人口结构问题、服务人口与被服务人口比例、就业区与居住区关系等，及社会发展规划、土地利用规划、人口构成规划、管理方式规划、开发与保护关系的规划等，均需要做认真细致的研究与安排。因为，如此丰富的内容不是叠加关系，是综合辩证的关系。而且规划的主要任务不是只管单体，管沿街立面，而是要管系统，管区域，管城市全面的结构与动态，以及未来发展等大的关系。鉴别国际性、现代化的大城市的标志，应当主要看城市各类基础设施水平、城市效率的高低，包括为市民和各种国际交往、旅游、公共活动提供多少公共活动空间等，不能只看有多少幢高层混凝土大楼和几组高级建筑群。

《建筑学报》编委会成都顺城街规划座谈会发言

——原载《建筑学报》1993年第8期

新疆有着灿烂的建筑文化遗产

谈些此次新疆之行的感受。

新疆是我的“第二故乡”，大学毕业后我17年最好的青春年华献给了这片土地。经我亲手设计和施工的建筑物遍及中苏、中巴、中印边境，因此我多年盼望着有个旧地重访、探望战友和乡亲的机会。本次学报编委会在新疆召开是难得的学习、补课、重睹新疆今日辉煌的机会。有些感受终生难忘，因此十分感谢新疆维吾尔自治区建筑设计研究院及喀什市等众多朋友的关照。

新疆有着灿烂辉煌的建筑文化遗产。新疆古称西域，为欧亚丝绸之路的中段。西域人对古代中国的建筑文化有着极大贡献，如在琉璃瓦的烧制，生土与砖材的运用，壁龛、拱顶、须弥座等建筑细部构造的创造，以及胡床、胡凳家具等诸多方面促进了中华建筑文化的发展。特别是其绿洲文化、生土民居建筑、生态建筑等是新疆的宝贵文化遗产，在当今注重环境生态效益的时代，更有着直接借鉴的意义，需要我们认真地整理、继承和发扬。

很惭愧，限于历史的原因我未能对此有所作为，只好寄希望于新疆的同行、同道。可喜的是，以新疆维吾尔自治区建筑设计研究院王小东院长、孙国城总工程师、张胜仪高级建筑师为代表的许多同志，已经走在前头，取得了不少研究成果。我想这是值得我们称赞和学习的。

我觉得，在新知识、新学科不断涌现的时代，建筑界特别要注意学习和研究新问题，绝不能“有业无学”。如果只埋头设计而不研究学术、理论和新情况，那是很难发挥建筑业应有的支柱产业地位和作用的，更不会继续提高设计水平。在向市场经济转轨时期，“有业无学”的问题十分突出，值得重视。

对历史文化名城喀什，特别是对喀什维吾尔族民居的参观考察使我受益匪浅。它启发我想到应当特别重视建筑文化内涵。每幢民居中都有着自己丰富生动的生活。建筑绝不仅是几个建筑形式符号、标签的问题，它有着经济、文化、历史、科技等多方面内涵。

1987年我来到新疆，听到有人把乌鲁木齐市叫“疙瘩城”，就因为当时拱顶、拱形窗等建筑符号有泛滥之势。这次来看到许多“疙瘩”已经被新的建筑淹没了，建设速度很快，规模很大，也有些新的创造。可到了喀什市，感到喀什市在建筑形式上有时差，颇有点儿乌鲁木齐市20世纪80年代末的味道。

有一件事让我很难忘，即20年前曾在军队建设中出现的错误，20年后又重演，就是施工中把本应朝南的居室建成了朝向无直接光照的北面，而且是老干部宿舍，南面的好朝向让厨房、卫生间、楼梯、走道占了，这的确是“方向性”错误，直接影响住户的健康和生活。如果住宅功能不好，外表再漂亮又有什么用呢？另外，我原来见过的汉代大将班超驻扎过的班超府旧址现已片瓦无存，实在令人遗憾，这也是一个建筑文化价值观问题。

再看20世纪50年代初建的喀什五一剧场、60年代建的人大办公楼，相比之下，似应把它们当作近代建筑文物爱护。城市就是从历史走过来又走向未来的。况且，乌鲁木齐市、喀什市不仅是伊斯兰教中心，也是多民族聚居地，本身应当反映多民族的物质、精神文化需求。

原有的维吾尔民居占地不大，利用最原始的生土，把通风、遮阳、保温、生活、交往、绿化等各方面都处理得十分巧妙，形成了极好的人居环境，很值得设计今日住宅时参考。到喀什那天夜晚，我曾漫步在喀什市两侧镶满绿色大球（喀什市树桑榆树冠）的水泥路面上浮想联翩，深思、相信和期待着未来的新疆建筑文化将更加辉煌。

《建筑学报》编委会发言

——原载《建筑学报》1994年第9期

纪念性建筑是建筑艺术中的诗篇

彭一刚教授设计的甲午海战纪念馆，总的来讲，是一座设计成功、很有新意的纪念性建筑，是一艘看得见、摸得着的不沉的战舰，既有历史纪念意义，更有象征未来的意义。一百多年前的沉船又崛起了。这座纪念馆将成为威海市和山东省的重要历史人文景观和纪念性建筑。

经过初步的现场参观考察，听了彭教授的介绍，从纪念性建筑环境艺术设计的角度分析，我有以下几点体会。

首先，纪念性建筑乃是建筑创作的尖端产品，是建筑艺术中的诗篇，其创作难度极大，非具有深厚的文化修养和高超的艺术技巧以及特有的创作激情的建筑师，是很难设计好纪念性建筑的。而这一纪念性建筑设计实践表明，彭教授具备这三方面条件，因此写就了这篇建筑艺术的诗章。

甲午海战纪念馆的选点和立意是成功的。现在的馆址依山傍海，与威海市中心遥遥相对，与刘公岛特别是与海军公所这三者的关系处理得很好，相得益彰。当人们登上赴刘公岛的渡轮时很快就会见到纪念馆明晰的轮廓线。建筑主体采用了北洋水师将领雕塑及相互冲撞、穿插的船体造型，突出了纪念主题，动感强，给观众留下深刻印象。在纪念性建筑形象设计上，这是一次有益的探索。这是一座雕塑式的建筑，形式上大起大伏、大进大出，体量感和光影效果强烈。虽说国外纪念性建筑大量运用雕塑的情况较多，而在国内较少这样做，更难得见到成功之作，常常出现雕塑是雕塑，建筑是建筑，两者不对话的情况，形成拼凑关系，处理得比较生硬。

该设计启示我们要加强纪念性建筑设计经验总结。至今，国内纪念性建筑已做的不少，但出色的不多，并且目前似乎又有些“纪念性建筑热”，仿佛无论什么样的人都可以设计纪念性建筑，这实在是对纪念性建筑本质特点缺乏起码认识的做法。所以，此刻发起纪念性建筑创作学术研讨十分适时，确实应该认真总结一下这方面的经验和教训了。纪念性建筑既然是诗，就要注意发挥环境优势、场所精神，应当采用凝练、含蓄的诗的语言和手法，做得有余地、耐人寻味。这里似乎有的地方（特别是室内）艺术张力不足。

纪念性建筑环境文化品位需要提高，首先必须解决纪念观念及如何纪念的问题。我认为，纪念是一个激发观众激情的过程，不仅是灌输历史知识的过程。因此在室内外设计安排上，内容不能超载，参观路线沿途不要铺天盖地、加大信息量，展示内容要把强迫注入式改为观众自主选择认同式，需要对周围影响纪念馆气氛和形象的环境做一些清理和呼应（如移开涂黑沥青的电线杆），纪念的内容要突出重点和精炼一些，参观路线是诗的延续，在结尾处需增加点余味，不妨引导人们去海军公所，应与古迹文物相互配合，贯通起来。

甲午海战纪念馆学术研讨会发言

——原载《建筑学报》1995年第11期

敦煌如何开发

敦煌是个强磁场，它以其特有的文化艺术魅力吸引着中外人士，也吸引着我。6年前我来过一次敦煌，这是第二次来，今后还想再来。因为敦煌是一座极其丰富的文化艺术宝库，是3000年中外文明汇集成的文化海洋，第一次来我只饮了一滴甜水，这次来多饮了几口敦煌水，但感到还不解渴，心里仍然有一种文化朝圣的心情，感到既神秘又崇敬。前后两次来有个比较，敦煌更加敦而煌之，城市变化真大，正处于历史上空前的大发展时期，建设了新城和开发区，新建筑比比皆是，最令人振奋的是建设大飞机场将被提上日程。

敦煌如何开发，这里讲一些我不成熟的思考。

（1）我同意严星华总、张祖刚秘书长、莫伯治老、林兆璋局长、戴复东教授等各位大师、院士、专家们的意见。开发之前一定要先做科学的可行性研究，从研究、规划、设计抓起，不要仓促定点、马上施工。要从城市和区域的整体上抓，空间和时间上都要整体把握，留有余地，因为难免会发生许多意想不到的情况。吃不准的不要急于动，不要因为一个点上的项目定的不适当，后成全局上的被动和后遗症。

（2）现在国际上通行的最新做法是以研究带动开发和设计。我认为敦煌抓研究比较有条件，可以说有三大主力：一是敦煌研究院，拥有不少在国内外都拔尖的人才；二是敦煌博物馆，已经积累了不少考古、历史发掘资料、文献，也有一些熟悉敦煌历史文化的人才；三是青海设在敦煌的石油基地，现代科技力量比较强，又有经济实力和人才优势，正在敦煌建设轮休基地，有助于提高城市建设研究、规划、设计与施工的水平。

（3）可否以“三个开发”带头。

①对敦煌灿烂辉煌的历史文化资源进行开发，这里面的文化精神潜力和经济潜力极大；

②对特有的塞外戈壁大漠地理环境旅游资源的开发，如举行大漠古道远足，观赏“落日照大旗”“大漠孤烟直”等日出日落的绮丽景象等；

③开发有敦煌特色的旅游商品，包括农产品、工艺品、书籍、各种印刷品、音像

制品等。

（4）建设中更新设计观念和充分运用现代化手段。不久前建成的敦煌文物研究陈列中心，设计上达到国际一流水平，是一个很成功的例子，值得认真总结其成功经验。现有的我国第一个拍摄用电影城，应当用现代化手段武装起来。如果把精彩的片断汇集成录像带，肯定有销路。而且在戈壁滩中的电影城内看电影《敦煌》肯定别有一番滋味，会给参观者留下更深刻、更美好的记忆。

（5）关于未来的敦煌城市风格与建筑风格问题。风格是一个世界性的尖端问题。风格，本质上是一个可遇而不可求的目标，因为影响风格形成的因素非常之多，包括时代、气候、地理环境、地方历史文化、民俗，以及规划设计人自身的素质和修养，等等。如果一定要追求某种风格，不应当只向后看，只看历史传统，那只能是历史风格，更要看时代科学技术和生产生活方式等的发展变化。因为风格也是发展变化的，相对稳定并为多方面认同的就成为风格。所以，相对来讲，时代风格和地方特色更具有可操作性。

恰当地处理好此时此地的城市、建筑中的社会、文化、环境、生态和功能使用上的特殊性问题，风格将会初见端倪。这大概便是当今世界上有识的建筑师们提出倡导“可持续性设计”（sustainable design）和“跨文化建筑”（transcultural architecture）的原因吧。

《建筑学报》编委会敦煌座谈会发言

——原载《建筑学报》1996年第12期

汕头特区发展前景好

久闻汕头特区、潮州历史文化名城的大名，心向往之，今日有幸一睹芳容令人心旷神怡。名不虚传，汕头果然是一个历史悠久、山好水好的好地方。可以感到它的潜在优势很大，让人可以相信，它的发展前景会十分好。

今天匆匆忙忙地看了一上午，参观了汕头大学，听了市领导、规划局领导的介绍，很有收获，在此谈一点不成熟的想法。

城市的性质、发展方向、区位优势、地理条件和特点等，乃是一个城市规划、建设、城市设计、创造自己建筑风格的依据和归宿。所以我建议，市里在前些年工作的良好基础上，再就这些方面做一些深入的专题研究和思考。不能停留在一般地提“汕头是新兴的海港城市”，作为准确的规划设计依据，只到此程度是很不够的。

汕头的地理优势给人的印象很深。它很像香港岛和九龙半岛尖沙咀的形势，也像意大利的威尼斯，有极好的海面和海港条件。这里有山，有海，有不少景观和名胜。可否认为，汕头城市的发展方向应当是海上城市、水上（河上）城市、立体城市、生态城市？应当按照绿色城市、绿色建筑原理进行规划和设计。

对于像汕头具有这么好自然地理条件的城市来说，特别要注意重视城市的生态规划设计，以保持和发挥现有的自然生态优势，实现城市化进程与建筑的可持续发展。如，对于海岸线、河岸线、水系的开发和利用，对于汕头特有的一些动植物品种的保护、培育等方面，均需从生态、地理、自然角度发挥其很大的潜力，才能做出别处没有的锦绣文章来。再如，节约土地问题、发电厂位置不当将污染海面和黄金海岸问题、海上和陆路旅游路线设计等问题，都有必要专门立项研究解决。

汕头大学作为一所新兴大学的模式给我的印象很深，包括建立大学特有的学科、专业，发挥自身的人才、信息优势的思路，选准自己的发展方向的做法，处理好汕头大学建筑群与环境的关系等方面，均有很好的经验和突出的成绩。所以，我总觉得城市规划设计也可以借鉴一下汕头大学创立的模式，当然也值得我们学习和借鉴。

《建筑学报》编委会汕头座谈会发言

——原载《建筑学报》1997年第8期

知识经济时代的规划、建设、建筑设计对策问题

合肥是较早（于1992年第一批）获得“国家园林城市”称号的城市，在城市园林绿化方面已取得很大成绩，并为推动全国城市绿化起了带头作用。园林化是一个很好的基础，是可持续发展的基础，而且是合肥的主要建设优势之一。另一大优势是科技，合肥是科技城市，市民的文化水平普遍比较高，在全国名列前茅。在即将来临的知识经济时代，科技知识信息是最主要的资源和生产力。因此需要认识知识经济时代的特点，采取正确的规划、建设、建筑设计对策。

知识经济时代的最大特征是科技知识信息资源化，即科学技术是第一生产力，而且科技创新是生命，是灵魂。因此，知识经济有全球一体化、地区特色化、个性化、多样化、高科技化等具体特点。未来世纪的城市建设、规划设计都将体现这些特点。与工业经济进行比较会对知识经济的特征有更明确的概念（表1）。

由知识经济特征可以看到和预测到，城市生产、生活、管理方式的巨大变革，必将反映到城市规划、建设、建筑设计中来，我们必须调整原有的工业经济、计划经济的思路与对策，对新的特征做出相应的反应。

另外想强调一下，对城市园林化要有新的认识、新的发展。《中国环境报》1998年4月25日用一整版篇幅，介绍我国园林城市建设喜忧参半的情况，这方面已经出现误区，只注意园林对城市的“包装美化”作用是远远不够的，必须有“生态化”的思路和“可持续发展”的做法。现在合肥市已有了不错的绿色框架，需要“画龙点睛”之笔。点睛之笔要从整体出发，特别需重视绿带和水边。生态本身就是多样化的，是丰富多彩的，而且是不断发展的。徽派风格也远远不只是白墙、灰瓦、马头墙，总体生态环境的建设上有许多好传统、好经验值得继承和发扬，看了琥珀山庄小区和黟县民居使我们对安徽和合肥的未来更有信心。

知识经济的基本特征　　表1

	比较内容	工业经济	知识经济
1	动力	蒸汽机技术和电气技术	电子和信息革命
2	产业内容	制造业	知识和信息服务成为主流
3	效率标准	劳动生产率	知识生产率
4	管理重点	生产	研究与开发，信息与职业培训
5	生产方式一	标准化	非标准化
6	生产方式二	集中化生产	分散化生产
7	劳动力结构	直接从事生产的工人占80%	从事知识生产和传播的人占80%
8	社会主体	工人阶级	知识阶层
9	分配方式	岗位工资制	按业绩付酬制
10	经济学原理一	以物质为基础	以知识为基础
11	经济学原理二	收益递减原理	收益递增原理
12	经济学原理三	周期性	持续性

资料来源：据袁正光“知识经济时代已经来临”一文整理而成。

《建筑学报》编委会合肥市规划建设座谈会发言

——原载《建筑学报》1998年第8期

珠海宜建滨海山水城市

珠海的自然条件、区位地理条件很好，很有潜力，又有改革开放十几年的经验，加之澳门回归祖国的大好机遇，都使珠海市具备发展的巨大潜力和美好未来。但十分重要的是要根据珠海的实际情况，摸索出一条适合珠海的发展战略和发展方式。总的来讲，从自然区位看，宜建设滨海山水城市。这里提几条想法供参考。

（1）不要跟着其他城市刮几种“风”，包括修大马路风、建高层风、欧陆形式风、搞大工业项目风、大草坪风、搞大片区建设风——所谓刮风，就是“克隆风”，而且这些基本上都是工业时代的思路和做法。我并非盲目地反对一切“克隆”，但工业时代的特点便是什么都“克隆化”，变得千篇一律，并且克隆出来的是过时的东西，不再有生命力和后劲的东西。“四忘”——忘了整体，忘了主题，忘了主人，忘了时代，是在我国城市建设中带有普遍性的问题，珠海似乎在这方面也存在类似问题，如开山采石管理不严，破坏了生态和山容，马路也很宽，大草坪投资和管理都是问题。

（2）考虑进入知识经济时代的前景。珠海缺乏第一、第二产业的资源和条件，所以不宜搞钢铁、化工、煤炭这类投入大、产出小、污染严重的产业，而要大力发展第三产业和第四产业，即服务业和科技产业。要发展第三、第四产业，有两个问题值得特别注意，一要吸收人才、留住人才，二要提供人才、服务可以发挥和展开的空间，特别是人性空间、公共活动空间，不要轻视了此类空间建设在知识经济时代的文化意义和发展生产力的意义。

（3）与澳门的关系问题。澳门的回归为珠海的发展提供了空前的机遇，必须抓住这一机遇。据介绍，目前每年就有几十万人从澳门出入珠海海关，回归后这个数字肯定会大为增加。必须让这样大的人流多在珠海停留，愿意在珠海投资和发展，包括澳门某些企业项目向珠海扩散。

（4）山区、海洋研究开发问题。山和海是珠海的资源和优势，但要发挥这两方面优势必须要有相应的科学研究，建设山水城市涉及的方面很广，既要有专项研究更要有综合性研究。如果在这方面创造出新经验、新途径对沿海城市建设也是一个贡献。

如这方面人才不足，可以引进一点对海洋开发、山区开发有研究的人作为骨干。对珠海的山与水如何利用和开发是一个关系可持续发展的长远课题，需要投入相应的人力和资金坚持做下去。

《建筑学报》编委会珠海座谈会发言

——原载《建筑学报》1999年第10期

21世纪的中国建筑史学

首先要感谢召开这样一个座谈会，有理论和实践两方面的人在一起研讨，对与会者都是很好的学习机会。它有助于理论与实践相互结合，彼此挑战和促进。前面许多发言使我很受启发。如罗哲文先生强调古建筑修复要有科学依据，郭黛姮教授指出要保持“历史的可读性”，要“老当益壮”而不是“返老还童”，耿刘同总提出要靠法制和科技解决规律性破坏问题，并强调要重视可操作性，马炳坚主编提议由建筑史学分会搞一个建筑史学研究大纲，杨鸿勋会长指出考古界前辈就曾提出过“重建建筑史学”的问题，张复合教授提出建筑史学研究要和现代城市规划设计接轨等问题。所以我很赞赏举办这种高见纷呈的学术座谈。

这里从五个方面谈些看法：

一、中国建筑科学史的学科现状与模型

从乐嘉藻（1870—1941年）的第一本《中国建筑史》于1929年脱稿，到1998年8月18—21日在北京香山饭店召开“第一届建筑史学国际研讨会”至今，中国建筑史学整整走过了70年的路程。今年又是以研究中国古代建筑史为主要任务的中国营造学社成立七十周年。尽管完成了不少学术科研成果，但作为建筑史学科的建立和发展史还是很短暂的，特别是当回顾这70年的同时，展望21世纪的中国建筑史学前景时，更感到任重而道远。

首先是在学科理念上需要整合。我认为建筑史应当是建筑学科的科学史和文化史，是总的科学史和文化史的一部分，所以其现有的学科位置应与科学史相同：科学史在中国是一个已经确立了地位但还没有经过充分发展，离成熟还很遥远的学科。正如刘兵教授指出：“虽然国内在语言、史料占有和对文化传统的熟悉方面占有天然优势，但在研究方法、史学观念等方面，与人家就没法比了。”更要看到，“中国科学史学科目前最大的危机实际上还是生存的危机”（刘纯语）。科学史在中国发生发展演化是在缺乏社会认知和学术积累的情形下，以自上而下的方式开始的，由于缺乏学术内部的驱动力而使这个学科建设伊始就先天营养不足。几十年主要服务于爱国主义教

育，成了编建筑成就年表或建筑实录集。或者说在建筑史学的研究上，主要是从历史文献和遗存实物方面做了一些资料整理、测绘工作。在史论的研究上，特别是对建筑史的研究对象、学科性质、范畴、方法、规律、意义，以及建筑史学科结构内容、内在驱动力的研究是很不够的。因此大大缩减了、简化了建筑史学的任务、对象，大大延迟了推出更大学术成果的时间。

我认为，作为科学史（或文化史）的建筑史，起码应当包括四大部分（图1）:

建筑科学史（或文化史）
- 建筑哲学、科学、文化、宗教、理论、知识、教育、流派、风格等
- 建筑管理体制、社会制度、机制、政策、文献、法规、市场等
- 建筑物、建筑群、建筑环境、场所、建筑过程、建筑管理、建筑活动、建筑事件等
- 建筑工作者与建筑使用者

图1　建筑科学史学科结构内容与内在驱动力模型示意

①人——建筑工作者（包括规划、设计、施工人员，制造者、管理者）和使用者；

②物质文化部分——建筑物、建筑群、建筑环境、场所、建筑过程、建筑管理、建筑活动、建筑事件等；

③精神文化部分——建筑哲学、科学、文化、宗教、理论、知识、教育、流派、风格等；

④制度、机制文化部分——建筑管理体制、社会制度、机制、政策、文献、法规、市场等。

从图1可以看出，目前的建筑史学研究，相对于如此广泛的研究内容，其研究对象目前仅仅涉猎了很小的一部分，基本上还处于就建筑物论建筑群的层次上，对于精神文化、制度文化、人本身（包括思维和素质、需求等）都是论述很少的。

另外，当将这四个方面作为研究对象时，这些内容本身即是学科发展的内在驱动力，可以说至今尚未有人指出过。因此几乎把建筑史学研究完全变成纯学术研究，而未考虑使建筑史学研究与政治、社会、生活实践接轨的问题，变成“为学术而学术”，行为进一步加重了学科的生存危机。

二、目前存在的“八多八少”

根据我前面提出的建筑史学学科结构内容与内在驱动力模型的理念，衡量目前的国内建筑史学研究现状，我感到存在“八多八少”现象。

（1）建筑史学研究成果中史实现象多，史学内容少；

（2）在文化层上，物的层面多，心的层面少，制度层面几乎没有；

（3）从历史生态角度看，研究静的东西多，动的内容少；

（4）在史与论的比例上，客观叙述多，主观论述少；

（5）史学研究对象方面，点（个案）上研究多，体系研究少；

（6）在理论与实践结合上，一般性论述多，可操作的少；

（7）新推出的建筑史学论著，沿袭旧说、旧框框的多，而吸收考古新成果、创新之论少；

（8）画地为牢的孤立研究多，跨界的对比研究、综合研究少。

三、改变“八多八少”的对策与建议

为了克服前述的“八多八少”现象，繁荣建筑史学研究，现提出八个方面的加强：

（1）加强学科基本理论的研究；

（2）加强学科内容中软件（精神文化、制度文化）的研究；

（3）加强与建筑科学发展有关的人物、事件、过程的动态研究；

（4）加强对史实、史论的评论和当今建筑实践和理论的评论工作；

（5）加强把论题、论点、个案的研究和整个体系的研究结合起来的工作。

（6）加强各类（如设计、施工、环境保护、文物古建修复等）可操作性内容（包括规范、规程、工艺）等的研究；

（7）加强中西、东西、古今对比，以及区域、类型之间的对比研究；

（8）加强对创新之论、创新之举的保护和鼓励，发扬学术民主，开展百家争鸣。

四、关于“今为古用”

“古为今用”问题自20世纪50年代在我国提出以后，虽有曲折和异议，但是人们似乎已经把“古为今用”作为史学研究活动不可离开的一个指导思想，自觉或者不自觉地都会这样做。但对“今为古用”的问题却从未听到谁议论过。笔者认为，“今为古用”的重要性绝不亚于“古为今用”，甚至可以说，只有做到“今为古用”，才可能实现“古为今用”的目的。

我所谓的“今为古用”，是指把现代科学的观念、方法、知识、工具、信息、资料（包括与马恩列斯毛等有关史学研究的论述）等运用到史学研究中去，这将大大加速和提高史学学术研究成果产生的速度和质量。历代的史学研究实践均可以证实这一点，人们总是自觉和不自觉地在史学研究中实行着“今为古用”的原则。因为研究历史的人是今天的人，所以会有“任何历史都是当代史”的极端说法。为此我提出，请从事史学研究的同志要重视和正确对待“今为古用”的问题，并且研究如何“今为古用”的问题。我相信这将有助于改进21世纪的建筑史学研究工作。

我曾把史学研究工作概括为“考察积累”和“分析借鉴”两大部分，这与史学研究分为“史料”和“史论”两大部分是一个意思。可否认为，相对而言“考察积累”阶段以“今为古用”为主，用当代观念、方法、工具、手段处理考古发现和丰富的史料；而“分析借鉴”阶段以“古为今用”为主，“在前人研究的基础上不断做出新的总结”，以“推进今天祖国的建设事业”。当然，“古为今用”与“今为古用”并非是决然分开的，这是一个过程的两个方面，不可能只有前者没有后者，或者相反，而常常是两者同时在起作用。

五、推荐两本有关建筑史学的书

最近见了两本好书，有助于开我国建筑史学研究风气，特在此向关心建筑史学研究的同志推荐。

一部是郑光复教授积十年之功磨就的《建筑的革命》，由东南大学出版社于1999年6月出版。该书共5章526页，全面地论述了中外古今的建筑哲学、科学技术、经济、艺术美学，资料丰富翔实，立论新颖，逻辑严谨，对于从事理论研究和设计实践、建筑教育、科技有兴趣的读者均会有振聋发聩的效果。在编写体例和语言上也开风气之新，颇具可读性、可赏性。

另一部是由日本著名建筑理论家、资深编辑渊上正幸著的《世界建筑师的思想与作品》，覃力等译，中国建筑工业出版社于2000年元月出版。该书最大的特点不仅在于图文并茂，而在于对51位世界知名的当代建筑师不仅介绍作品，而且见人见物见思想，可以使读者大致体会到一个杰出建筑师是如何成长起来的，加之译文的简练流畅，更加强了这种中外文化交流的效果。从这里，我摘录几位世界知名建筑师的思想语录，读者便可管中窥豹（表1）。

世界知名建筑师思想语录摘　　表 1

建筑师	国别	语录
1. 建筑工作室 马尔他 · 罗班（1943—）等6人	法国	“今天的建筑设计是社会现象的反映，是人类冲突的结果，是社会舆论的表述。”
2. 理查德 · 波菲尔（1939—）	西班牙	“建筑是永恒的艺术，它要不断地迎合人们对建筑空间永无止境的追求。”
3. 基 · 考恩尼（1949—）	荷兰	“建筑绝不只是单一存在的个体。它与构成自然的许多秩序一样，也是庞大秩序中的一个。”
4. 甘特 · 杜麦尼格（1934—）	奥地利	“建筑师所要表达的建筑风格是由他本人的信念和哲学所决定的。”
5. 特里 · 法雷尔（1938—）	英国	“追求潮流不是优秀建筑设计的特点，在设计中我致力于创建自己的独特风格。”
6. 诺曼 · 福斯特（1935—）	英国	“虽是老生常谈，但我仍要说，建筑是一门关于人类及其生活质量的艺术。”
7. 克里斯琴 · 豪维特（1944—）	法国	“我既不是作家、厨师长，也不是音乐家，我把自己看作是制造文化机器的建筑机械师。”
8. 佩卡 · 海林（1945—）	芬兰	“建筑不仅仅是一个自由艺术家个人直觉性创作过程的结果，这门艺术有社会群体性的基础。”
9. 理查德 · 罗杰斯（1933—）	意大利	“建筑是一种集体作业，委托人扮演着重要角色，赖特恰好反映了委托人的奉献与建筑师的奉献一样多。”

来源：据［日］渊上正幸《世界建筑师的思想和作品》（覃力等译）一书整理而成。

建筑史学研讨座谈会发言

——原载《建筑学报》2000年第3期

关于大学园林理论与实践

潘云鹤校长、庄逸苏先生关于大学园林的理论（详见《建筑学报》2003年第6期7～9页）至少有三方面的意义，即明确提出了大学校园的新概念——大学园林；它为园林学带来了新的园林模式——大学园林，丰富了园林学理论；它提出了广域园林、高楼园林、流通园林、综合园林等大学园林的建筑与规划设计模式。

浙江大学紫金港校区校园规划与建设是实践大学园林理论的一项探索性的实践。

潘云鹤校长谈到了浙江大学校园建设指导原则有“五化”——现代化、园林化、生态化、网络化和多样化。我认为，要做到这“五化”是很不容易的。比如，什么是校园的现代化？它不仅是指校舍形式、材料、设备的现代化，至少还应包括教学理念的现代化，而网络化有利于建筑物布置的更自由分散一些，恐怕也不是呈方格网状布置建筑物。要实现“五化”只靠建筑师不行，还要有生态学家、景观设计师等专业人员参与策划。

我这次到浙大，亲身体验了浙江大学美丽的校园意境，更认识到潘校长、庄教授大学园林理论和实践的价值，受益匪浅。这里就校园环境的继续修改完善，提一些自己的想法，与各位切磋。

（1）浙江大学校园规划与建设的定性与定位，我感到有几个关键词值得注意，即“郊区”“水系”“湿地”“多学科”“学习场所”“校园”“百年老校”。它们体现了浙江大学这所老校的地域属性、学校属性和空间属性。而浙江大学校园要建出自己的特色，必须要尊重这些属性。从这些关键词的提出到关键词的展开与整合，形成一种简洁的规划设计方法。

（2）浙江大学校园是建在杭州郊区的，用地比较大，所以不必像市内大学那样建得很密集。由于它有水系、湖泊、湿地，更要注意处理好人们要亲近水面、亲近绿地和对绿化的要求这类问题。道路有红线，水面也应当有蓝线，限制一下，不是什么建筑都可以随意靠近水面，滨水景观要考虑，滨水人的活动需要更要考虑。百年老校北京大学有个未名湖，湖边有可以散步的绿地，北京大学许多大师、名家的灵感是在湖边散步时产生的，一放松，“阿基米德原理”就发现了。

（3）关于中心岛的建设内容问题。中心岛是浙江大学的特点，是最生态的、师生最爱去的地方，现在让一个体量很大、按市区内做法设计的建筑物占满了，让人感到遗憾。

（4）大学校园里可否考虑结合学科院系设置专题园林。如历史系学生提出校园可不可以划出一小块地，让它有历史系的特点。我认为，如果条件允许的话，可以试试，由他们提出设想和建筑师合作。有些大学校园中的树木标有树种、树龄等，石头上注明是水生岩、火成岩……浙江大学生物系前面还保留了一块湿地，如果把湿地园林的文章做好了，它也可能是世界一流的环境设计作品，文化是随处可见的。

环境设计作品从某种意义上说，永远处于未完成状态和不断的修改完善之中，环境设计要与时俱进。浙江大学紫金港校区的校园建设也要经过多年磨合，一期、二期、三期，不断修改，才能创造出一个有个性、有内涵、有文化底蕴的浙江大学校园。

浙江大学紫金港校区东区规划评论会发言

——原载《建筑学报》2004年第1期

Chapter 4

/ 建筑论坛篇 /

北京香山饭店建筑设计座谈会

最近竣工的北京香山饭店，自开始设计以来，就一直受到建筑界的关注。中国建筑学会《建筑学报》编辑部为及时总结经验，推动建筑评论工作，开创建筑创作的新局面，于新年前夕，即1982年12月29日，召开了北京香山饭店设计座谈会。邀请了建筑设计、科研、旅游、管理、园林、大专院校及《世界建筑》《建筑师》等有关单位的领导、专家等30余位同志参加。编辑部负责人张祖刚同志主持了会议。会上，北京市第一服务局副局长刘际堂同志和饭店经理郭英同志首先发言，介绍了饭店筹建过程及投入使用后国内外有关人士的评价和反映。随后与会同志本着总结经验、结合实际探讨建筑理论及建筑创作问题的精神，敞开思想、畅所欲言，先后就建筑的选址、总体布局、经济效益、室内设计、庭院绿化、继承传统、建筑形式等多方面发表了许多宝贵意见。现按发言顺序摘要如下。

刘开济（北京市建筑设计院副总建筑师）：

我想从两方面谈谈对北京香山饭店的看法。

（1）北京香山饭店总的说来不失为一个很好的建筑作品。主要体现在：①手法简洁，整体效果好，给人总的印象是简洁、朴实、统一，但又有变化，不单调。建筑没有繁琐的装饰，以一个基本图形（方形）在各个部分重复运用，达到母题重复，加强了人对建筑的感受，取得了和谐统一的效果。②建筑与环境结合得很好，利用了地势，房屋与庭院相互衬托，随地形而变化，步移景异，从室内外各个角度看都能形成具有特色的观赏效果。以上这些优点值得我们学习、借鉴。

贝先生在探索现代建筑与民族传统的结合上的努力是应该肯定的。虽然我对贝先生在民族形式的体现上有不同看法，但是我认为，在探索民族形式的创作中应允许百花齐放。这里提出的所有问题，正是有待我们客观地、辩证地进行研究的课题之一。

（2）北京香山饭店作为中国现阶段建造的一个旅游饭店，我认为有不当之处。①建造时间不合适——我国现阶段发展旅游业的主要目的是为“四化”积累外汇，首先要有良好的经济效益。因此建造这样一座造价相当可观的饭店是不合国情、不合时宜的。②选址不妥——对香山饭店占用古园林暂且不谈。由于饭店远离市区，交通不便，店内供旅客使用的文体设施不全，难以招徕国外旅游者。③不适当的人选——贝先生在美国建筑师中被誉为“超级明星”，近年来的设计都是“高级”特殊建筑，聘请他设计一座以投资少、收益快为主要目标的旅游饭店，从他来说可能还是“牛刀小试”，但从我们看来，贝先生“游刃”过程中有些地方未免大手大脚。我认为“杀鸡”的初衷，没有必要聘用这把“牛刀”。

沈继仁（北京市建筑设计院建筑师）：

我谈三点看法。

（1）与环境的关系——我认为风景区是否应该建旅游饭店要区别对待。香山距北京近，旅客从城里一天可以往返；这个小小的风景区在北京特别可贵，到香山主要是让人看自然风景。像北京香山饭店这样的大建筑建在这里不合适，不能给风景增色，反而有损风景。而且，为这个饭店，从八里庄拉高压供电线路，从颐和园引下水道，从中关村接电话线，很费钱，是不经济的。这么大的饭店，住满了有500名客人，加上500名工作人员，供应、排污都对公园有污染。

（2）探索现代中国建筑道路问题——这个作品我们能接受，但是称“现代中国建筑之路”值得商榷。应允许民间的、纯洋的、古式的等各种建筑并存，要百花齐放。可以说它是成功的作品，但不要把它看成方向。香山饭店花那么多钱，不合国情，成功了也没有普遍意义。

（3）北京香山饭店有它独特的风格，我很喜欢这座建筑。这个风格从哪儿来的？①建筑群里贯穿了园林，一进门就有园林味。十几个庭院在平面上虽不一定沟通，但实际感觉上是连通的，感到室内外联系到一起了。②重复利用几何图形。圆和方的多次重复，圆中有方，方中有圆，连马路灯具、楼梯栏杆、桌椅陈设都有这种重复，客人不管走到哪儿，都感到自己在香山饭店。③色彩的高度统一。室外是白、灰、花岗石本色；室内是白、灰和木材本色。这三个因素综合在一起形成了它的风格。国内缺乏像香山饭店这样高雅的建筑。贝先生提出一座城市、一个区、一条街应当有统一的东西，而我们的城市小区、街道、建筑群，到处是五花八门。香山饭店的设计手法我们可以参考。

吴观张（北京市建筑设计院院长、建筑师）：

《建筑学报》开这个座谈会很有意义，可以活跃建筑创作的学术空气。对香山饭店我有些零碎想法，不敢说全面评价。也借此机会谈一点对建筑创作问题的看法。

（1）对这个建筑要一分为二。北京香山饭店给我的印象是：①环境优美，立面造型别致新颖；②色彩装饰素静、淡雅，颜色很少，基本上是灰、白、栗色；③设备先进、齐全，使用舒适；④空间基本上是适度的。当然，也有一些问题，有些材料选用、色彩处理和某些厅室空间的处理不大适合我国国情，不大适合北京的自然条件。

香山饭店的建成对北京建筑创作是一个冲击。我很欣赏建国饭店，它对北京也是一个冲击。需要有一些外国建筑师来搞点设计，这对我们是个促进。北京的建筑创作框框很多，形式呆板，时代气息不足，需要冲击，也缺少冲击。

（2）香山饭店的创作中体现出贝先生坚持不懈的追求。他控制得非常严，基本上实现了他的意图。这个建筑有其突出特点，典雅、高贵，与众不同。我不喜欢广州东方宾馆的改造，港气、商业气太浓，使人头昏脑涨，不得安宁。建筑师要有所追求，这种品格很可贵。当然，贝先生在香山饭店的创作中受到了很大的尊重，天时、地利、人和他都得到了。希望我们中国建筑师在建筑创作中也能受到一定的尊重，让他们能有权去有所追求，不要管得太多、太死。

（3）作为旅游饭店，功能使用是首要问题。形式美感也很重要，但那是第二位的。游客到北京来是看长城、十三陵、故宫，一天玩下来，会饥肠辘辘、筋疲力尽。到了饭店，就想吃顿好饭，洗个热水澡，睡个好觉。这是旅游饭店创作的指导思想。现在有一个倾向，总想把饭店建在景区边上，甚至景区里面，又要在饭店里造很多景，过分地进行装饰。吸引游客主要靠风景名胜和古迹。

对香山饭店的创作还有几点提出来商榷：

（1）贝先生把建筑与庭园结合作为探索中国现代建筑之路的主导思想，这是有条件的，如果在新侨饭店原址建高层就结合不成。

（2）我国近三十年的建筑实践中，曾经犯过复古主义的错误，之后又走向折中主义的道路，到处采用琉璃檐，贴琉璃标签，构造复杂而不安全。香山饭店用青砖，只能专门烧制，又要求手工磨砖对缝。虽系中国古老材料和工艺，但绝非现代材料，费工费料，价钱惊人，以此作为中国现代建筑之路也是不可取的。

（3）香山饭店的设备先进、齐全，使用舒适，是好的，但在细致处由于追求“民族化”而失去了根本，追求形式而牺牲功能使用也是不可取的。如餐厅的仿古硬靠椅，坐上去硌背，很不舒服；饭店的平面布局由于院落多而路线长，最远的客房到服务台将近200米，对游客来说实是苦事；四季厅很有点中国南方院子内搭的喜庆大棚的味道，但有些大而无当，感觉过分冷清。

总的来讲，从贝先生的创作中可以学到很多东西，很开脑筋。

朱自煊（清华大学建筑系教授）：

香山饭店放到公园里不合适，占那么大地方群众不能进来；离市中心远，交通不便，建筑投资也大；香山不高，香山饭店建筑体量较大，尺度上不合适。设计有完整的构思与统一性，值得学习。但用苏州手法放到香山格格不入，有点勉强，包括磨砖对缝，磨得光光的没有细部，有点像抗震加固。室内设计很好，讲求民族风格，还有点地方特色。

朱畅中（清华大学建筑系教授）：

选址完全错误，学报应指出，当前许多单位想占风景区，是不对的。人民公园划个禁区，游览的地方群众不能进去，这不应该是方向。占这么大地方，砍这么多树不合适。体量上，它不是个成功的例子，但色调统一，母题运用等较好。

李道增、关肇邺（清华大学建筑系副教授）书面发言：

关于选址，我们认为基本上是错误的，可以从两方面来看：

（1）利用率和经济效益。由于距市区较远，近年内可能不会全年住满500个床位，这种情况或可随着西北郊风景区的扩大和修整逐渐有所改变。从长远看，在旅游季节将会有较好的经济效益。该址适合用于举行某些国际和国内会议，但由于没有相应的设施，会议难以在此召开。

（2）侵占公共园林对环境有一定程度的破坏。主要表现在破坏景观（特别是从山上往下望），厨房、锅炉房造成空气污染，饭店成为普通游人的禁区等几方面。而且由于香山静宜园是在清代皇家离宫旧址的基础上演变而来的名胜风景区，就更加可惜。正确的选择是，应将旅馆建在静宜园园墙之外的某个地点。当然，若从旅客的角度看，现址是可取的。

关于个体设计，我们认为，使用及管理效率上，固然有其不足之处，但作为建筑作品，从建筑艺术的角度看，还是较为成功的，有不少方面值得我们借鉴。

（1）现代建筑与中国民族传统的结合。设计者在这方面做了有益的探索和努力，在建筑室内外空间的穿插组合，建筑与园林中水池、树林的结合，四季厅的布局，以及许多装饰母题的使用上都有明显的表现。在贝氏许多的设计之中，香山饭店将以富有中国建筑及园林特色而独树一帜，成为他的重要作品之一。它虽然不能被认为是代表中国现代建筑创作的唯一途径，艺术上也不能算是完全成功，但不失为一项富有开创精神的新探索。

（2）不拘泥于传统的或固定的格式，有所创新，有所突破。这是建筑设计富有活力的必要条件。这点在香山饭店中，从大的布局到小的装饰，均有所表现。例如：简单立方体的四季厅，一反现在国外时髦的波特曼式的多层大厅格局，是服从于整个建筑的艺术气氛的。空间的处理和装饰构件的应用，初看上去或有生硬不成熟之感，但它们带来了一股清新鲜明的气氛，这些也可能是创造新事物所不可免的必然吧。

（3）香山饭店整个建筑从室内外空间构图、园林绿化、材料、色彩及装饰构件直至家具陈设铺挂的设计，均统一在一个共同的艺术构思之中，包含高洁淡雅、宁静朴素的气氛。绝无喧嚣粗俗、华贵奢侈之感，使人觉得很舒适。分析起来、大体是用了简朴的空间、亲人的尺度、素淡的色彩，以及一些简单装饰母题，如正方斜方基本形的重复运用，有强烈的艺术感染力。在使用中国传统建筑形象时，也主要选用古代的（唐）和民间的、南方的手法，以更好地为基本构思服务。我们认为这是香山饭店设计的主要成功之处。为了做到这一点，以下两个条件是必不可少的，一是建筑师不仅要有高水平的建筑修养，对于其他有关联的领域，如结构、设备、园林设计、工艺美术等方面也有一定的了解和水平。在构思之初就为这些方面的设计留下恰当的余地，使各专业的设计组织在一个统一的构思之中。二是在这个设计集体中，主要建筑师必须具有决定一切的权威。使用单位、施工单位、有关的领导机构等，在设计方面均能尊重建筑师的创作，不加干扰。建筑师在听取了各方面的意见建议后，能虚心权衡取舍，但最后仍能把握住基本构思，不致乱了章法。这是建筑设计能够达到统一和谐的主要条件，也是目前我国建筑设计最为缺乏的。如何在实践中逐渐过渡到具备这种条件，可能是香山饭店设计给予我们的最重要启发吧。

朱恒谱（北京建筑工程学院建筑系建筑师）：

（1）香山饭店的设计前期工作，特别是可行性研究没有做好。如饭店的规模（床位数）、等级，水、电、暖等公用设施的供应，道路和停车场的安排以及与香山风景区的关系等，现在看来确实有些问题。而这些问题只要在设计前认真做好可行性研究，是可以解决的，也能使设计更经济合理。

（2）香山饭店不愧是大师的作品，如果有可能（主要指的是经济上负担得起），我还希望再请几位国际上有名的建筑师来北京设计几幢建筑物。好处是能让大多数的国内建筑师和学建筑的学生，亲眼看到当今世界上著名大师的作品，他们可以亲身感受、比较、借鉴，这对迅速提高我们的建筑设计水平将大有帮助。

（3）香山饭店的设计，从平面布置到空间处理、内庭外院的流通，从用料到包料，从建筑小品到装修细部以至家具陈设，看得出都是经过建筑师仔细推敲过的。总的感觉是像一首平淡、朴实、自然的散文诗，表现出建筑师的文化素质和艺术趣味。

（4）没有偏爱就没有艺术。我喜欢香山饭店。它当然是一幢“洋”房，但它也像中国建筑。这可能就是我们有些同志所说的“神似”。对于中国古典建筑，他没有去师法刻板的宫廷“官式”建筑，而更多地借鉴比较自由的私家园林。从大门外给我的第一印象，就使我想起曹雪芹笔下的大观园：“那门栏窗槅，俱是细雕时新花样，并无朱粉涂饰……左右一望，雪白粉墙，下面虎皮石，砌成纹理，不落富丽俗套。”确在似与不似之间。

但我却不喜欢香山饭店过多的景窗。文章贵在适可而止，这里却没完没了。身在香山大自然的环抱中，本可心旷神怡，却偏要去经营那些豆腐干大的院子，甚至还要造出庭院的“八景”，要和香山争高下？这不是“小中见大”，倒成了“大中见小”。

（5）香山饭店确实称得上是建筑艺术百花园里开放的一朵新花。它是好是坏可以评论。但我有两点希望：一是要把它当作艺术品来管理和爱护，不要轻易改动。我们由于胡乱改动而破坏古建筑艺术品的蠢事已经做了不少。这次花了那么多钱买来一幢香山饭店，总该多加爱护吧。我指的是包括建筑色彩、装修、家具、陈设等要保持原设计的面貌，尽量不要去破坏它的统一构思。二是希望能研究一个切实可行的开放参观办法，让人民群众能欣赏建筑艺术作品，对普及和提高群众的文化艺术水平和建设精神文明也是有好处的。

常大伟（中央工艺美术学院讲师）：

香山饭店的设计做到了室内设计局部处理服从建筑整体，突出的一点是局部推敲细致而不做作。室内设计和建筑做的是一篇文章，可用四个字概括，即“合、借、透、境”。关于赵无极先生那两幅画，前几天碰到我院袁运甫，他讲起贝先生曾说过，中国人取得的世界声誉在国外并不多，为什么十亿人口的国家容不下这样两张画。说这话时贝先生很激动。这两张画的黑白灰色调处理得很雅致，在香山这样的环境里，画点什么也画不过外面的自然风景，这样一种形式应当允许存在。要鼓励更多的海外画家、建筑师为祖国出力，不要挫伤人家的积极性。赵先生这两幅画与建筑配合得很好，不很突出自己，签名很小，是画家谦虚的表示，这种作风值得学习。北京有些壁画总处理不好，成了补壁，没有成为建筑的有机组成部分。

许屺生（国家旅游局总建筑师）：

听了同志们的发言受到很大启发。现在谈谈个人一些不成熟的看法。

首先，贝聿铭先生，作为外籍华人建筑师，对祖国乡土怀有亲切的感情，愿为祖国建设事业作贡献，我们表示欢迎。贝先生的设计构思比较周到。注意与公园的空间环境协调，采用低层，尽可能保留珍贵的古树，以灵活多变的中国园林式布局，形成大小不一的11个庭院空间。在探索运用中国传统建筑形式与现代化旅馆相结合方面，做了不少工作。我认为香山饭店的建筑设计和庭院布置是好的。建筑格调高雅一致，手法简洁朴素，色调柔和宁静，形成了它的独特风格。

其次，在整个设计中，从园林布局到建筑造型，从室内到室外，从材质质感到色彩图案，甚至细小部分如茶杯、烟碟，直到卫生间的毛巾等，无不经过仔细推敲。贝先生严谨认真、一丝不苟的工作作风值得我们学习。

最后，引进了一些新的技术，如四季庭院的大玻璃屋顶，以及各种现代化设备系统，对促进我国旅游事业的发展是有益的。

设计中的不足之处是：①位置距离市区较远。一般游客白天游览，晚上到市区参加各项活动和买东西会不方便。位置在公园内，建筑物体量较大，在一定程度上有喧宾夺主之感。②标准高，造价高，房租也高。每间客房平均建筑面积达112平方米，一块砌好的磨砖就要合9元人民币。地处山区，施工运输以及市政工程等费用都比较高。每间客房工程造价（未包括市政工程）约合14万元人民币。房租平均每间每天110元左右。③某些具体问题还可以进一步商榷。如客房布局分散，距服务台太远；围墙大门的形式；大面积白墙等。又如作装饰的窗上小方格和竹帘有些繁琐，不易作清洗；自云南石林运来山石也不妥当。

刘少宗（北京市园林局设计室主任、工程师）：

从香山饭店开始设计时就有所接触。完工后感到这个建筑很有特色，独具风格。设计者有很高的创作热情，把很多想法比较完整地凝结在一起。从香山公园总体上看，体量大了一些，颜色稍许白了一点。从建筑本身说，室内比室外好，两侧比中间好，南侧比北侧好。在利用地形上（东西高差10多米），如果能运用中国处理不同高度建筑相接的传统手法和形式（如爬廊、跌落廊等）就更好了。贝先生在设计建筑时对园林是有所考虑的，他为园林创造了很好的空间，在主庭园中搞一个大水池也是他的大胆设想。在建筑和园林上他追求的格调是比较高的。这些都为做这个饭店的园林设计创造了条件。他的创造热情和进取精神是值得学习的。

檀　馨（北京市园林局设计室工程师）：

做完香山饭店园林设计后，与贝先生接触过三次。在谈到香山饭店的建筑设计时，他说，中国建筑有两条根：一条是皇家建筑，大屋顶，琉璃瓦，雕梁画栋，是宫殿式的；另一条是民居院落，朴素、简易、雅致。在后一条上进行革新和发展是容易走通、取得成就的。另外，贝先生的老家在苏州，他对苏州园林有特殊感情，香山饭店的建筑设计就是从中国民居及传统的园林建筑中得到的启发。就建筑本身来说，有独到之处，很多地方值得学习。我很尊重他，他有很高的见解，许多建筑师与他是不好相比的。他旅居国外四十多年，是世界著名的建筑师。他在中国不是搞他擅长的现代西方高层建筑，而是搞一个具有中国建筑特点的园林饭店。圣诞节前夕，贝夫人让我为香山饭店的落成写几句话，也就是对饭店建筑的评价。我们赠了这样两句话——“青山玉寓乡情意，绿水碧潭赤子心”。这就是我对他的印象。

如何做现代建筑的庭院，是一个需要继续探索和研究的新课题，只用传统的东西是不够的，要发展，要适应新的要求。香山饭店庭院设计是一次新的尝试。

傅熹年（中国建筑科学研究院情报所历史室建筑师）：

（1）非常同意前面几位同志的意见，是在不合适的地点建了一座很好的建筑。所谓不合适不仅是交通不便，更主要是它破坏了香山这处古迹的原有气氛，香山自金代以来就是重要名胜古迹，乾隆时建有“二十八景”，是“三山”中以山林为主的名园。1860年毁于英法联军后，只有几处劫余建筑。但原址尚可考，档案馆有原状图，近代所建低标准建筑很易清除，修复条件比圆明园更优，所费也少得多。如能逐步重建，可为首都恢复一所重要的历史名园。建了香山饭店这样一个风格色调极不同的建筑，既损害了原有的中国画式的山林风貌，也使古迹的气氛大受影响，给重建香山带来极大困难。从山岭俯视，巨大的白色建筑使山谷的尺度相对来说感觉变小了。建旅游建筑而不幸起了损害旅游资源的作用，不能不认为是件憾事。

（2）饭店设计本身确有令人耳目一新之感。设计者选择了一些他认为具有中国特色的题材、手法和材料，加以改造，巧妙而适当地反复使用，在新奇中不失和谐、统一、含蓄，既给外国人以中国风格的观感，也使中国人觉得有新意，这是值得学习的。在对待传统上，设计者所追求的是“师其大意”，使之又像又不像，给人以联想的余地。当然，所选是否典型，改造是否不失其意，还与对传统建筑的理解深度和建筑修养有关，但这一做法是颇值得重视的。一座建筑，对其反映传统风格的要求也视其所在环境而异。我认为香山饭店如置于其他现代建筑群中，哪怕是就在山口外侧，为山上俯视所不及之处，无疑应认为是反映了一定程度的传统风格而有新意的；但置身于香山这样一个典型的中国山水画式的风景区和古迹荟萃之地，对这方面却不能不有更高的要求。

（3）园林水平较高，五区庭院叠石显得石从土中生出，建筑一角又压在石上，虽在封闭庭院中，却暗示出处于山上，效果很好。可惜主庭院微嫌与墙外山景脱节，如适当简化，造成截取山坡一角的效果，似可事半功倍。

石学海（中国建筑科学研究院设计所室主任、高级建筑师）：

会开得很及时，旅游旅馆应当有中国特色，不要全部照搬外国的，层数也不一定是越高越好。总的看这个设计做到了两个结合、一个统一：建筑和园林结合，群体和周围环境结合；设计手法简洁统一。格调高雅，和商业气氛十足的旅馆大不一样。在香山公园这个特定条件下，还是得体的。白色房子我觉得可以，我国南方民居用得很普遍，特别因为是低层的，比树矮得多，隐在树下，有田园风味。另外补充两点看法：

（1）我不反对在风景区修建新建筑，但主张慎重。把规模如此庞大的香山饭店放在香山公园里面，从山上俯视下去，显得体量过大。如果维持原定的300床规模，效果可能要好得多。再则，饭店距离市区太远，往来很不方便。

（2）香山饭店是贝聿铭建筑师运用现代建筑设计手法，结合我国江南民居特点进行的创作，并以其简洁、高雅的格调得到好评，有很多地方值得我们借鉴。但这毕竟是在香山公园这个特定条件下的作品，不应成为一种模式到处搬用。

王天锡（中国建筑科学研究院设计所建筑师）：

补充一点：从北京香山饭店设计中我们究竟可以吸取些什么？我以为最主要的还是在建筑形式方面。香山饭店的设计确实想借鉴中国的建筑传统，所以它的总体布局像一个古典园林，立面划分具有唐宋之风。但与此同时，由于使用要求和材料技术的改变，它没有必要也不可能一成不变地沿袭传统形式，而是有意识地加入一些新的手法。比如：影壁和水池都是我国传统建筑的构成部分，但在香山饭店中，主要入口处影壁上开圆形洞是传统影壁所没有的；大厅中有流水漫出的水池倒是当代西方建筑中不难见到的。这些手法使香山饭店在传统的基调上具有新意，同时也是传统和现代因素之间的过渡。采光顶棚是颇为流行的处理手法，但它的出现并不令人产生生硬的感觉。可以与之相比较的例子是在纽约大都会博物馆中再现的明轩，材料的选用和施工的质量无可挑剔，设计的高超和意境的美妙人人称赞，但参观时经常会同时看到作为围护结构的采光顶棚及其投射在白粉墙上的影子，它们和这组传统的中国建筑总有些格格不入，原因就是明轩百分之百地依样重建，和采光顶棚之间没有丝毫共同语言。当然，明轩是博物馆内的一个展品，采光顶棚不是其组成部分，但给我们有益的启示。而香山饭店则成功地解决了这类问题。

以传统的手法运用传统的形式，得出的必将是一个地地道道的传统建筑，这并不是我们今天的目的。我们应该认真分析一下香山饭店的设计：为什么入口大门是一个两度空间的表现？为什么主要入口部分的立面有其明显的轴线但左右两侧并非绝对对称？为什么中餐厅内部采用转角墙的处理方式而不突出表现柱子？……我们也应该同样认真地对待我们自己的设计。这样做有助于更好地做到古为今用、洋为中用。

窦以德（城乡建设环境保护部设计局建筑师）：

通过香山饭店的建筑创作，来探索一条现代中国建筑民族化的道路，这是设计人的中心意愿。应该说“民族化”问题在我国建筑界尚属正在探讨的重大课题，或者说还是个一下子扯不清的难题，贝先生能有如此立意并执着去追求，对此我表示赞赏。

从环境设计来看，中国园林建筑设计讲求“得景”“点景”，二者缺一不可，而香山饭店则更多的是“借景”，谈不到什么“点景”，甚至刹了风景，这方面我同意一些规划专家的看法。

建筑本身除了采用多重院落空间处理外，看来主要是利用了一些“零件”来“引喻”传神。这种手法在我们的建筑创作中也曾采用、尝试过。从香山饭店的效果看，有得有失。总的印象是室内好于室外。例如客房室内设施虽然都是现代化的，但总的效果很有中国味。窗子成了一个景框，将室外景色引入室内。我也很欣赏一些走廊尽头的采光天井处理，它与结构、功能结合得很好，在空间上创造出一种“虚”的效果，沟通内外又有所对景，使人联想到传统民居的天井处理。包括四季厅里开有圆洞的“影壁”等，我觉得用得都不错，正可谓在似与不似之间，使你感到还是中国的。而室外（主要是立面）的处理，诸如入口前的牌楼，硬贴的磨砖对缝的客房墙面划分，以及菱形“母题”等，看上去使人感到不舒服。作为中国传统建筑语言的运用，使人感到生涩、勉强，很有些生吞活剥的味道。当然类似情况室内处理也有，中餐厅据说是要仿宋式，为了表现木构架花了这么大气力，看上去则有硬凑、拥塞的感觉。

马明益（北京市建筑设计院结构工程师）：

我们在文学艺术方面提倡百花齐放、艺术民主，我想在建筑界也是适用的。我们应当鼓励有独创性的建筑创作，建筑设计才能兴旺繁荣。现在我们的建筑师正在努力开创新路，贝聿铭先生设计的香山饭店也是开拓新路的一个探索，在结合我国历史、文化，结合现代技术方面，力图推陈出新，有所作为。我想这种精神是值得赞赏的。

香山饭店的外观造型、平面处理以及功能需要等，都立足于简洁自然，严格统一，没有任何矫揉造作。建筑设计力求创造一个舒适的空间，创造一个使建筑、庭院和外部的自然景色互相融合、互相渗透的空间。四季庭园、建筑平面所围成的大小院落、曲廊、不同朝向的客房外窗等，使那红叶苍松、晨雾晚霞、大自然的万千变幻尽收眼底，起到建筑与环境结合、相得益彰的效果。外立面的粉墙青砖，材料朴素，色调纯洁，没有额外的装饰与周围的风景争美。此外，粉墙青砖也是着意要吸取那些与现代生活有关的我国乡土风情，使人们感到建筑创作的根有着长久的历史背景。

内部装修和色彩也是简单朴素、雅致深涵的。它与建筑整体形成高度统一，起到了烘托和强化建筑主题的作用。整个建筑是一个统一的艺术品，好像一首主题鲜明、由各种乐器在统一指挥下演奏出来的音乐，给人深刻而强烈的印象。我想在这方面应该说是成功的。

二号桥主要入口处的门头，与原有虎皮石围墙相连，体量较大，很高，但失之单薄，从整体规划来看，不够协调，与建筑群的呼应脱节。门头北面又紧挨着电话局的入口，这么一个大尺度的门头，前面没有一个开阔的环境，使人感觉欠缺。

主庭园当中的流水音，尺度也较大，又似是用直线尺三角板推出来的，与四周的湖面、叠石、树木花卉未能和谐统一。还有桥的结构偏低，从北岸南视，未能形成扁桥临水、通透舒展的气氛，桥梁几乎要把湖水分隔开来了，这是美中不足的憾事。

香山饭店位于香山公园内，场地内有一些古老、名贵、姿态优美的大树。西山的植被是北京城最优美的背景，修建香山饭店应为原有的风景增辉。凡指定要保护的古树，一棵也不能伐。因此，建筑平面、结构基础、施工开挖等都费了心机，千方百计保护古树。现在工程已经完工，应保留的古树都保留了。这种精心设计、精心施工的精神是值得提倡的。

香山饭店位于山前斜坡地带，地质条件复杂。建筑场地原为静宜园及慈幼院等，经历多次人工整平改造，因此地质岩性变化较大、土质不均。基础设于风化岩层、老土层、填土层的情形均有。尤其东北翼和东南翼因新填土层很深，不得不增加一、二层的地下室。地下室的面积5121平方米也一并算在总建筑面积内，因此每间客房所占的平方米指标是偏高的。这里，处理地基的因素是其一。此外，风景区建筑体量不能大，只宜建低层，客房采用单面走廊，分散的院落必须加连廊等，都是与平方米指标矛盾的。我想这个问题不宜绝对化，要容许某些特殊的单体建筑有其特殊性。

*本文由顾孟潮整理。

——原载《建筑学报》1983年第3期

繁荣建筑创作座谈会

《建筑学报》编者按：在当前建筑业改革（包括设计改革）的新形势下，为了进一步探讨如何繁荣建筑创作，更好地适应城乡两个文明建设的需要，建设部设计局和中国建筑学会于1985年2月3日至7日召开小型学术座谈会，邀请部分中、青年建筑师和专家学者，从建筑理论、方针、政策、设计思想、创作方向和设计体制等方面，集中研究建筑设计如何创优创新，改变建筑造型一般化的现状，提高建筑作品的经济、社会、环境效益。

龚德顺（建设部设计局局长、中国建筑学会秘书长）在会议开幕时发言：

今天，建设部设计局、中国建筑学会邀请部分中青年建筑师召开这个繁荣建筑创作座谈会，着重讨论在建筑理论、方针政策、设计思想、创作方向、设计体制等方面，如何创优创新的问题，并研究如何改变建筑造型一般化的现状，提高建筑作品的经济、社会、环境三大效益等方面的问题。目前，建筑界正是创作思想非常活跃的时期，在这种时候，听一听专家学者的意见，对我部今后开展工作、繁荣创作有着积极的意义。

戴念慈（建设部副部长、中国建筑学会理事长）在会议开幕时发言（摘要）：

随着生产的发展和人民生活水平的提高，人们对建筑艺术的要求也越来越高。但是，就目前的形势来看，建筑设计水平远远跟不上时代发展的要求。人们批评建筑师搞的设计千篇一律，像摆麻将牌，清一色。中央领导同志也多次提出批评，希望建筑界想办法解决这个问题。

当然，造成这种状况的原因很多，有创作问题，也有体制、设计收费等问题。但是，我认为，思想认识还是一个关键问题。20世纪50年代盛行过大屋顶，也批评了复古主义。现在，又到处是火柴盒，为什么会造成这种状况呢，主要是我们的思想认识。那时形而上学猖獗，没有认真思考、研究、讨论问题，常常凭一知半解想当然，绝对化，走极端。这几年开放了，又以为全盘西化、学外国就可以解决问题。但这几年的实践证明事实不是这样，大家都热衷学习外国，结果造成千篇一律的火柴盒。这并不是说不该学国外的东西，而是为什么学西方、如何学西方等等认识上的问题没有根本解决。同时，对民族传统采取什么样的态度也未端正。设计水平的提高要通过大量的实践，这也是一个长远的过程，通过对认识问题的讨论，必能促进建筑创作的繁荣。因此，我希望在这次座谈会上，大家要解放思想，框框要打破。有不同的意见要充分讲出来。不要担心引起争论，要真正实现百花齐放，百家争鸣。争鸣不只是鸣，还要争，争论是为了探讨真理。不要一听反对自己的意见就火冒三丈，发脾气，更不要以势压人，以帽子压人，这是个学风问题。希望普遍发言，讲最要害的话。在争论中不要歪曲别人的观点，以实事求是的态度进行学术讨论，发现自己错了，就放弃自己的意见，作为学者这是应有的态度。

建筑创作要三“尊重”

张开济（北京市建筑设计院总建筑师）：

新中国成立以来，建筑师在国家建设中做出了很大贡献，但是应该承认我们现有的设计水平还是比较低的。建筑界一方面存在“千篇一律”的问题，另一方面又出现过“忽高忽低”和“忽东忽西”的问题。“忽高忽低”是指建筑标准，“忽东忽西”是指早期片面地学习苏联，近年来又一味地模仿西方。这些情况的存在和出现当然有客观原因，不过建筑师本身水平不高也是一个原因，因此假如客观条件改善了，我们的思想长期僵化之后，是否马上就能设计出很优秀的作品来，也很难说。所以提高建筑师的业务水平，特别是理论水平就成为当务之急了。为什么首先要提高理论水平呢？这是因为我们的落后主要是在思想和概念方面，而不是在技术方面。为了提高理论水平，学习和了解国外建筑界的思想动态当然是需要的，因此现在许多年轻建筑师津津乐道后现代建筑主义，这是完全可以理解的。我自己对后现代建筑主义缺乏研究，不敢妄加评论，不过我认为早期现代建筑也不应该全盘否定。至少形式服从功能，内容与形式相统一，建筑与结构相结合，在量大面广的建筑中，要考虑工业化问题等等论点基本上还是正确的。但是早期现代建筑主张与历史一刀两断，对装饰深恶痛绝，不论在什么地点，都是以不变应万变，用各种方盒子来解决问题等等，这可能是针对第一次世界大战前西方建筑界盛行折中主义，滥用繁琐装饰，忽视功能需要等等不合理现象而“矫枉过正”的做法。现在看来，这种做法肯定是需要改变了。

我以为，为了提高我们的建筑创作水平，应该提倡三个“尊重”：一是尊重人，二是尊重环境，三是尊重历史。

尊重人——人是建筑的服务对象。我们建造建筑主要就是为了人们居住的需要。因此在建筑创作中功能这一因素应该总是放在首要位置。然而，迄今为止，在建筑设计中我们对功能不是考虑得太多了，而是考虑得还很不够。一些公共建筑（如火车站、候机楼）中，贵宾室往往在最重要位置占用很大面积，对于广大群众却不一定同样关怀。不仅应关怀人的物质生活，也应关怀人们的精神需要，这也就是尊重人的思想、感情和爱好。把所有建筑搞成光秃秃、冷冰冰的方盒子是不得人心的。

尊重环境——建筑物必须落实在地基上，建筑设计更应该因地制宜。一个建筑物要和四邻建筑“和平共处”最好要相得益彰。对于邻近的古建筑更要尊重，但是这并不意味着新建筑也一定要搞得古色古香，新建筑应该反映自己的时代，不过在体量和尺度方面则必须尊重邻近古建筑。

尊重历史——其实这也是一个尊重人的问题，因为历史是前人所创造的。传统是前人给我们遗留下的一份宝贵财产，我们应该很好地保持和继承它，历史和传统是我们的“根”。没有必要把创新和继承传统对立起来，创造性地继承传统本身就是一种创新，而片面地模仿西方的时新形式并不等于创新。

繁荣建筑创作之我见

程泰宁（杭州市建筑设计院院长兼总建筑师）：

（1）建筑师应该注意研究社会审美心理。“饥则渴，饱则腻”是一条听来粗俗但又必须遵循的审美规律。当前建筑造型的单调和千篇一律早已为群众所不满，只有不断创新，让建筑形式和风格千姿百态、丰富多彩，才能满足人们越来越高的精神生活需要。因此，当前繁荣建筑创作的基本问题是创新的多样化。

（2）大家都谈创新，什么叫新？什么叫老？我以为道人所未道，做人所未做即为新。新，既可指如美国华盛顿东馆、日本代代木体育馆这样一些以新技术、新材料为手段，在造型上有突破的建筑物，也可指如新高轮王子饭店、中国美术馆这样一些运用传统形式但有发展创造的作品。所谓老，不仅指那些“厚檐口、大柱廊”的“模式”作品，也指那些抄袭模仿外来形式的时髦建筑。

新，就是创造，不论它是什么风格。一个只在某一局部有创新的作品也比从洋杂烩中搬来的“新”建筑更有新意。

（3）在创作中，技术只是手段，有意无意的夸大技术对创作的影响，对创作反而不利。技术在不断发展，过多依赖镜面玻璃、铝合金墙面来创“新”，这种“新”很快就会过时。技术落后不一定意味着创作落后，任何一种手段都能产生好的作品。美，不受时间、地点和条件的限制。

（4）中国建筑有丰富的遗产，各个地区的建筑又各具特色，这些是我们创作的重要源泉。“有地方色彩的倒容易成为世界的”，这也是使中国现代建筑跻身世界之林的一条“捷径”。对传统采取虚无主义的态度是不对的。

但是，吸收传统精华，或采风地方建筑都是创新的手段而非目的。笼统地提“民族化”“乡土化”，或创造××风格，既无可能，也无必要。不同的环境、不同的条件、不同的建筑，应该有不同的风格，在杭州西湖风景区盖房子要特别注意环境，但在市区，尽可以盖“洋”楼。只能因时、因地制宜。

（5）要繁荣创作，还要正确认识建筑发展的历史和现实。从历史发展某个阶段的横剖面来看，事物似乎是众说纷纭、杂乱无章的，而从整个历史的纵剖面来看，则可以找出它的规律性来。和其他艺术领域一样。今天在建筑艺术中发生争论的情况，历史上都发生过，一部艺术史（包括建筑史）说明，真正有价值的东西往往存在于不同的甚至完全对立的流派之中。

现代建筑未能如大师们曾经期望的那样垂之久远，但也未必如后现代派言说的已经“死亡”；你尽可以不喜欢文丘里、矶崎新的某些作品，但后现代派的出现，绝不是偶然现象，对于不同流派，我们都应当研究。就当前我们的现实而言，我以为，不必希冀用一种理论去指导实践，更无需用一种风格强加于大千建筑，这既不可能，反而有害。建筑艺术本来就是在争论甚至争吵中向前发展的，重要的是框框少些，再少些！

（6）“俱五声之音响而出言异句，筹万物之情状而下笔殊形”，来自每个人对建筑不同的理解。为了创作的多样化，一方面，建筑师要努力学习，从实践中逐步树立自己独特的建筑观，另一方面，则要特别注意保护和鼓励各种流派的形成和发展，鼓励有“个性”的建筑作品问世。一种建筑观的形成有时会受到世界观的影响，但相同的世界观会有极其不同的建筑观，给理论和实践中的不同观点贴标签是幼稚可笑的。

谈建筑风格

向欣然（湖北工业建筑设计院副总建筑师）：

现在设计单位成天忙于应付生产，特别是实行承包以后，抓收入成了头等大事，大家很难有精力去总结提高。由于目前建筑的商品化还不彻底，一般来说还是“求大于供”，所以日子还能过下去。从长远来看，不提高设计水平，就会在竞争中被淘汰。所以繁荣建筑创作不但是设计部门的任务，也是它存在的基础。

我们对理论界寄很大希望，但建议理论研究要有明确的目的性。建筑是应用科学，空对空的理论对生产起不到指导作用，理论只有与生产“联姻”才能转化为生产力。办法有两条：一是理论服务上门；二是生产把理论请进来。我们迫切希望和高校合作。

另外，对西方建筑理论和作品的介绍，最好能说明它的“所以然”——它为什么是这样。这样，学的人才能举一反三，不然又会导致新的照抄照搬，产生新的“千篇一律”。

有事业心的建筑师应该把自己的设计当成真正的创作，要有艺术上的追求，用建筑美来激发人们的情感，影响人们的精神面貌，这是建设精神文明的需要，是建筑师的一个重要职责。

但我认为，对形式的追求要根据现实的经济条件。新中国成立初期，建了许多红砖红瓦的工人村，大家很高兴，认为很美。后来经济发展了，大家就不满足了。现在人们口袋里有了钱，心情也比较舒畅，这才有心思去关心建筑美。从现状来说，我们的生产力水平还远远赶不上发达国家，所以我们只能在现有的经济条件下做得更好、更美些，而不能脱离现有条件去做某些追求。

关于风格问题。“方盒子”与“大屋顶”可以并存，但是某些建筑应该有较显著的民族特色，因为这是社会的需要。比如国家政权机关、驻外使馆、大城市的外事机构，要体现出民族尊严。与历史文化和革命传统有关的博物馆、纪念馆要能反映我们民族历史的延续性。旅游建筑（宾馆、园林等）以及与传统文化和传统生活有关的机构（如国画院、京剧院、工艺品商店、风味餐馆等）更要有浓厚的民族与地方特色，可以给人大大增添美的享受。但民族风格绝不等于“大屋顶”，办法还很多。就是大屋顶，汉唐明清也不一样，也不能千篇一律。

建筑要创新，先要观念更新

张　敕（天津大学建筑系副教授）：

建筑创作面临新的挑战，建筑必须创新。我认为，建筑创作中首先要解决的是一个观念更新的问题。

（1）要重新认识建筑的价值观念。我们过去的价值观，常常有意无意地持一种被动的实用主义态度。现在应该从这种消极的实用主义价值观，转变到能动的马克思主义价值观上来。我认为马克思主义价值观在于马克思所提出的：人是以美的法则改造世界，并同时改造着自己。

人创造了技术，人创造了环境，人创造了文化，因而也就同时创造了塑造自己的外界条件，而这些条件的结合体就是建筑，这些条件通过建筑对人进行反馈，这也就是建筑的价值所在。

（2）个性化的原则应该是建筑创作的根本原则。建筑创作属于"创作"的范畴，"创作"也可以说是" 创造性的工作"，它的根本特点在于创作者本身在创作过程中取得主体地位和主观能动性的充分发挥，而形成主体地位和发挥主观能动性的基础，往往是个性化原则的实现。

过去，"左倾"教条主义曾严重影响着建筑创作，这种影响虽然方面很多，但主要是忽视创作的个性化原则，久而久之，形成了建筑创作中"千篇一律"的局面。要扭转这种单调局面，使之多样化，就必须强调创作的个性化原则，没有个性化原则就没有多样化，多样化只是个性化形象的外在表现，多样化源于个性化原则。

（3）创新应该是建筑和建筑创作发展的根本规律。建筑史只是一部创新的历史，建筑和建筑创作发展的过程，无非是建筑创新的过程，中外古今莫能例外，只是从不自觉到自觉，从缓慢到飞速而已。

要创新就要破除陈旧的、僵化的模式；要创新就必然要标新立异，更新换代，商品化并不应该是建筑创作不能接受的异教观念。美国著名建筑师路易斯·康说过："设计就是表现"，那么，创新就是个性化原则得以充分表现的最好舞台，当然，这个舞台并不保证每个登台者都能成功，但是，它的吸引力将会无穷无尽。

（4）要建立相对性观念。我们过去虽然也知道建筑和建筑创作有很大的灵活性，但是，往往把很多问题绝对化了，诸如实用、经济、美观也好，功能、技术、形式也好，传统、革新也好，似乎都应该肯定一个固定的模式。就拿"继承传统"这个概念来说，我们常常把它局限在单一化的建筑传统形式之中，而忽略了对传统文化、传统习惯、传统精神的继承，应该是一种广义的继承，而不应是狭义的继承，这里相对性很大。在现代建筑运动中，密斯的实践早就运用了相对性的观念，采取了技术、形式限定功能的创作方法。

"相对论"的概念可以，也应该为我们所接受，"模糊学"的观念也应该是建筑和建筑创作所特有的属性之一。相对性观念可以为我们的创作提供多通道、多层次、多样化的可能，把我们的创作搞灵、搞活。

（5）要建立新的美学观念和“自我”理论体系。当今世界科学的发展是一种整体化趋势，自然科学、工程技术、纯艺术与美学法则相互交叉，相互渗透。社会生活节奏的加快和信息概念的普遍化，产生着新的审美观念，这些都将直接影响社会对建筑的审美要求。我们过去长期习惯于古典学院式的建筑美学法则，即使打破了“方盒子”的老框框，也很难产生新意，传统的建筑美学法则需要发展，需要更新。因此理论问题十分迫切，面临新的技术革命的挑战，面临世界范围内建筑的多元化发展，我们亟需建立起“自我”的理论体系。过去，几乎没有理论，有，也是概念化的理论，这种概念化的理论只会导致创作的贫乏。现在需要的是“自我”化的理论，也就是需要与建筑师创作实践相一致的多元化理论，我们应该有多学派，多种“自我”特色的理论体系。

设计改革应当有利于提高设计质量

布正伟（中国民航机场设计院副总建筑师）：

进入不惑之年，在建筑创作方面才知深浅、懂甘苦。我深深感到，做一个建筑师难，做一个成熟的建筑师更难，做一个勇于创造个性，又善于创造个性的建筑师就难上加难！但是，我们不能辜负时代的重托，一定要迎难而进，为中华现代建筑的崛起贡献全部力量。党所开创的明朗健康的政治局面，为建筑师创作才能的自由发挥提供了越来越多的保证，在建筑创作活动中，建筑师比以往任何时候都更能进入自由状态，更能实现由必然王国进入自由王国的精神飞跃。现在的一个关键问题是如何尽快地提高我们自身的创作水平。我们这些从事设计工作的人，存在着一种忽视建筑理论学习和研究的倾向。如果不能从建筑观、方法论上有所提高，要想繁荣创作是难以如愿的。设计承包以后，如果只想着“钱”，对设计敷衍塞责、粗制滥造，那就更不行了。单纯追求“平方米”，那还要我们这些“建筑师”干什么呢？在这里我要呼吁：设计体制的改革（其中包括设计取费标准、奖金分配原则等）应当充分考虑有利于提高建筑创作质量，特别是对那些创作难度比较大的工程，设计人员的收入应当体现按劳分配的原则。

关于繁荣创作的几点浅见

张耀曾（上海工业建筑设计院副总建筑师）：

（1）有必要总结新中国成立以来建筑设计领域中的历史经验。总结要实事求是，可以结合典型工程从建筑创作的角度进行剖析，不要采取讳疾忌医的态度。从现象上升到理论的高度找出影响创作繁荣的主要障碍。障碍必然来自多方面，对待它不要笼笼统统，要分层次明确创作各方（领导、业主、施工、建筑师）各自的职责所在。天时、地利、人和是一个好作品得以问世的必要条件，天时是我们所处的时代，地利与人和就是涉及各方的相互了解与尊重。

（2）要宣传建筑创作对社会、对人类文明所作出的巨大贡献。在我国，建筑的潜在作用还远未被人们所充分理解，建筑岂止于单调、丰富，美、丑？建筑师创造性劳动的艰辛与价值也未被充分认识，仅停留于建筑师对本专业的孤芳自赏、自我宣传是无力的，只有获得社会的承认与支持，建筑创作的繁荣才能真正大有希望。

（3）要单独成立建筑师协会。建筑师协会应是一个具有学术权威的学术团体；要建立建筑师资格审查制度，资格审查可委托建筑师协会执行。取得某种建筑师资格的专业人员可进行某些项目的设计创作工作。

提高创作水平的途径

刘先觉（南京工学院建筑系副教授）：

目前我国的建筑创作虽取得了一定的成就，出现了不少优秀的作品，但多数建筑距离人民的要求还很远，往往是使用功能欠佳，造型单调呆板，缺乏新颖的构思。究其原因，在很大程度上是和建筑师的水平分不开的。今天要繁荣建筑创作，达到多样化的效果，建筑师就要在创作中不断提高自己的水平。提高建筑创作水平的途径，我认为有两点值得注意。

首先要提高的是感性鉴赏能力，这是建筑师应有的必备基础。基本技能的训练与经验的积累正是提高感性鉴赏能力的手段。由于建筑师所受的建筑教育不同，取得的经验不同，因此对建筑的功能处理与形式美的认识都是不同的，这便形成了高低之分与文野之分。

其次就是要提高理性认识水平，这是建筑走向科学化的必由之路，也是繁荣建筑创作的关键。每一个建筑师都应该有一个明确的建筑哲学思想，才能有创作的灵魂，否则很难达到百家争鸣与百花齐放的境界。国外有许多不同的学派，他们都有各自明确的建筑哲学思想。如果盲目抄袭，人云亦云，是不可能真正繁荣建筑创作的。在建筑创作方法上也应该更多地重视理性化，要注意自然科学与社会科学对建筑学的渗透，以提高建筑科学化的水平。因此，我国的建筑师迫切需要了解科学的设计方法论，要重视各种新兴建筑科学的进展，例如行为建筑学、环境心理学、图式思维论、模式语言、建筑符号学、建筑仿生学、建筑文脉论、计算机辅助建筑设计、太阳能在建筑上的应用等等，都是值得研究的，从而使我国的建筑创作走向理性化、现代化的道路，建筑的个性化与多样化才有基础，在变化中求协调才有理论根据，建筑创作的繁荣才有可能。

也谈繁荣建筑创作

傅义通（北京市建筑设计院副总建筑师）：

我想从建筑设计实践的角度，谈些有关繁荣建筑创作亟需考虑的实际问题。

首先，建筑创作与文学、美术创作显然不同，它既包含功能效用又包括精神效用，而且绝大部分必须以功能效用为基础。建筑师的创作活动必须受到当代社会的政治、经济、科学、文化以及有关物质生产供应水平的严格制约。任何一项建筑设计创作，尤其是高水平、高难度或量大面广的设计项目，欲付诸实现并取得光辉成就，没有强大的经济实体，没有集权高效的指挥，没有完备的工艺、设备、材料供应，没有高超的设计施工、应用技术支撑和优越的建设条件，建筑师很难做“无米之炊”。古今中外有才能的建筑设计师，只有在经营建设事业的最高决策者信赖他、依靠他，担当建筑任务的总编导时，其奇伟的构思才有可能完美实现。脱离社会的综合意志，势必一事无成。至于才乏技穷的建筑师更不必说了。

回顾开国以来我国建筑创作发展的历史，建筑师创作能力长期受制约以致最后否定建筑师的作用，这并非一两句口号能轻易解除的。1952年开始相继批判了崇洋学西方、照搬“苏联模式”和“复古主义”，号召学大庆“干打垒”，建筑师学无所用。随后又宣布“建筑有阶级性”，取消大学建筑系，解散设计院，设计人员下楼出院，实行“以工人为主体”“设计为施工服务”的创作体制。连同建筑总工程师也被彻底批臭，赶下建筑创作的领导岗位，不在其位不能谋其政了。特别是经过十年“文化大革命”的浩劫，建筑业的各个环节失调，协作被打乱，建筑设计队伍青黄不接，级配不齐，设计创作程序混乱，缺乏前期设计工作，搞“三边工程”等。设计院按“低费率”“标米”试行企业管理也有些问题，用限额产值和标米量来卡设计人员，使得复杂而收费低的许多大工程无人愿意做而难完成任务，愿意做住宅，因为成图容易奖金多。在如此创作环境和政策限制之下，建筑师苦于多方面应接不暇，无心力创造具有高度文化传统、高度现代化功能、难于通过的设计方案。于是，社会流行模式的“大路货”“模式化”“千篇一律”的作品自然应运而生。如不着手解决建筑师的如牛负重、不得司其职的困难，无条件学习、考察、总结提高，盲目实践的局面，繁荣创作的愿望不仅难以实现，建筑师和设计院的现有创作水平势必也难保持。

其次，对我国的建筑师应当如何评价，也是一个重要的政治性问题。有些人有意无意地蔑视老专家和建筑师，经常与国际建筑大师相比，“灭我等志气”。他们不研究我们周围不起眼的“虫”为什么出国之后大有作为纷纷成了“龙”的真正原因。关键在于我国长期“闭关自守”的历史和连续执行“堵而不疏”的极“左”政策，使人耳目闭塞。外界先进理论、现代化信息被隔断，造成外文荒废，时代性知识见绌，此类后果亟待设法挽救，而不该耻笑遗弃。我所经常接触的有30～70岁的许多建筑师，老专家们一生勤恳工作，几十年如一日从事建筑创作常常并不具名，虽然百般波折，仍然始终不遗余力地为祖国建设添砖加瓦，甘心踏踏实实地做“填空补白”的工作，他们有丰富的实践经验，连有些外籍建筑同行都认识到，如不器重和依靠他们都会寸步难行。由于我国建筑师们有强烈的报国思想、深厚的事业感情，他们有甘心为祖国服务、为人民幸福服务的高尚品格，不计较职务，不计较分工，不计较工资待遇和奖金高低，仍然埋头自觉工作、自费学习。对这样一支素质好又有决心为更快更好把祖国建设成现代化多作贡献的技术队伍，我认为应当十分珍惜、信任、依靠、使用和培养，使之尽快成为设计改革、繁荣建筑创作的重要支柱。

各单位要争取自己宣传自己

张志贤（中央人民广播电台记者）：

刚才许多同志发言，希望我们为建筑业，为提高建筑师地位造舆论。作为宣传单位，我们有责任宣传。我这里讲个意见，希望各单位要争取自己宣传自己。一个记者需要跑好几个部门，不可能对联系部门的专业都很熟悉，对各种情况随时掌握，这就需要各有关部门及时提供情况和材料，为记者采访创造必要的条件。各部门还可发动有关人员亲自写稿。我原来跑农林口，林业部有宣传司，有管形象宣传的，有管文字宣传的，他们还组织一些活动，组织记者到林区增加感性认识，还组织作家去熟悉生活。建设部应当加强与新闻单位的联系，多提供报道的条件和材料。如好的建筑、好的设计师可以宣传，那些失败的、不正之风可以批评的也通通气。洛阳环保局举行新闻发布会，表扬好的，批评差的，受到领导的肯定，这种做法也可推行。各单位要想办法促进报道。

民族特色和地方特点

陆元鼎（华南工学院建筑系副教授）：

对建筑的民族特色和地方特点谈三点意见：

（1）繁荣建筑创作，必须摸索建筑创作规律。

建筑创作规律有普遍性和特殊性。建筑为社会服务是普遍规律。今天，建筑就要创造中国的社会主义新建筑。建筑创作的特殊规律很多，民族特征和地方特点是其中之一。

中国传统民居丰富多彩，有浓厚的民族特色和鲜明的地方特色，主要反映在：①类型众多，组合灵活丰富；②立面朴实，造型优美，结构合理，比例匀称；③大中型民居中，装饰装修绚丽多彩。其原因有二：一是因地制宜，不受官式建筑约束，所谓"地"，就是气候、地貌（地形、地理、环境）、材料，这些不同面貌称为地方特点；二是在经济条件许可下，充分运用本地区、本民族的传统手法，如平面布局、屋顶形式、结构方式和材料特征、细部纹样、装饰装修等，这就是民族特色。

（2）重视建筑中的民族特色。

民族特色，不同历史时期有不同表现，它随着时代的发展而不断被赋予新的内容和形式，因而不是固定不变的。如大屋顶，它是清代官式建筑形式的一个主要特征，原封不动地把它作为今天的民族特征，显然是不恰当的。

传统的民族特征一般表现为五个方面：①以庭院组合为特点的建筑组群布局；②以含蓄多变为特点的空间处理；③丰富的古建筑形象创作法则和形式；④建筑与环境、园林、绿化的结合；⑤传统的装饰装修、细部纹样、色彩、家具的综合运用。

今天的民族特征，要与现代化（包括新时代的生活、生产、科学技术、材料等）结合起来。要继承，要发展，要有新的时代特点。要充实新技术、新材料，要不断变化更新，以形成新时代的民族特征。

此外，并不要求一切建筑物都非要全面表现民族特征不可，而是只要求在典型的、有代表性的建筑物中得到充分表现。同时，不同类型建筑物的民族特征表现也可以有所不同。

屋顶形式是中国传统建筑的重要特征之一，它的产生与发展绝非偶然，是功能、材料、结构和美学观念综合的结果。今天，在有些地区仍然沿袭和发展。讲到大屋顶，在古代也不是普遍采用。除大型官式建筑外，各地运用屋顶也是根据经济条件而定，或化整为零、化大为小，或高低错落、前后错开。今天，不要对屋顶形式一概否定。在今天，多层以下建筑中，房顶形式仍是反映民族特征的重要手段之一。

（3）重视建筑的地方特点。

地方特点和建筑中的民族特征，是建筑创作表现中不可分割的两个方面，两者相辅相成，相互渗透，又有自己独特的内容。

建筑物的建造离不开具体的地点和环境，它用本地的材料、结构、构造方式、传统手法和美学观念建起为当地人民所喜爱的建筑形象，反映了鲜明的地方特点，而民族特征也寓于其中。在创作中，离开了地方特点，民族特征将变成抽象。越发挥地方特点，也就越反映出民族特征。在广东近年来的新建筑中，地方特点比较明显，如平面开敞、空间通透、形象轻巧明朗、内部装饰富有浓厚民间传统色彩，特别是民居和园林等传统建筑中的一些式样和手法得到广泛采用，既丰富了地方特点，又促成了新的民族特征的表现。

谈谈系统建筑观

侯幼彬（哈尔滨建筑工程学院副教授）：

繁荣建筑创作，需要变革建筑观念，其中很重要的一条是建立建筑的系统观念，或者说建立系统建筑观。这可以从三个角度来看：

（1）长期以来，我们的思维方式深受经典模式的影响和局限，形成一种“线性因果决定论”，研究问题往往局限于寻求事物的单一结果和单一原因。在建筑理论研究上表现为追求单一答案，如争论“我国现代建筑是要民族风格还是不要民族风格”等等，总想做出非此即彼的一种选择；在建筑实践上则表现为套用一种模式。这是导致建筑创作单一化、模式化的思想方法上的根源。建筑是多因素、多层次、多目标、多指标的复杂系统，我们必须清醒地确立建筑的非线性系统观念。

（2）建筑中存在着精神功能要求偏低和偏高的两大部类，它们在创作上既有内在的统一性，也有相对的差异性。历来的建筑观都带有浓厚的部类倾向，存在着部类效应。建筑实践中主流部类的演变，必然推动建筑观的变革，构成建筑发展中的反馈和调节。半个世纪前，现代派取代学院派，经历了建筑观的一场历史性变革。现在，各发达国家随着主流建筑向高技术、高舒适度、高情感趋势发展，建筑观正面临新的调节。我们不能以一种部类建筑观去否定或取代另一种部类建筑观，应该升华到系统建筑观的高度，突破部类建筑观的局限性，兼容各种部类建筑观和各种学派，强调不同部类建筑观念的互补和渗透，发展多元的创作论。

（3）建筑中存在着一系列逻辑上的“二律背反”的正题、反题。如“少就是好”与“少就是厌烦”，“形式追随功能”与“形式唤起功能”等等。从系统观念来看，不宜简单肯定一方，否定另一方；也不能停留于正题适用于A域，反题适用于B域的所谓“适用域”；而应该把它们看成辩证的、相辅相成的对立统一。对“功能”与“形式”，不能只承认“因→果”的单向联系，应该承认“因⇄果”的双向联系，承认系统观念的因果连续链。在建筑设计构思中，实际上充满着“功能⇄形式”的微循环。辩证地综合运用建筑中的一系列“二律背反”的设计手法，对繁荣建筑创作是很有意义的。

建筑系统的复杂要求建筑载体的多样性。建筑系统多变量的差异度，是取得建筑个性的根。只要真正做到实事求是地把握对象的特性，因地制宜、因材制宜、因人制宜，就能突出建筑的个性。我们的创作构思应该是多侧面、多层次、多向度、多方位的。我们应该在中国的社会主义现代建筑的总目标下，坚持有重点的、多样的选择，鼓励建筑创作方法的多元化，发展建筑创作的多流派、多风格，真正确立开放的、豁达的、兼容的系统建筑观。

建筑规划设计水平低的原因

徐显棠（河北省建筑设计院副院长、高级建筑师）：

目前群众对我们的建筑设计作品持批评意见的甚多，称一些建筑是没有特色、千篇一律的方盒子。建筑规划设计水平不高的原因很多，从我们建筑设计队伍本身来说有以下几方面：

（1）我们的设计队伍中，不论老中青，确有一批有才华的建筑师并有成功之作，但受很多条件的制约，未能充分发挥他们的才能。总的来说，目前人力不足，建筑师数量太少，有的建筑师素养还不太高。河北是个有5000万人口的大省，而最大的河北省建筑设计院不过是个240人的小小队伍，建筑师则更少，远远不能满足“四化”建设的需要。

（2）由于以上基本状况，设计队伍人少，但设计任务大，工程一项接连一项，建筑师们承受着巨大的压力，大家忙于应付任务，没有适当的时间去总结，去精心推敲搞创作，有的单位多年以来信息不灵，缺乏技术交流，设计人员知识老化，不免显露设计构思拘谨，手法单一、陈旧。

（3）城市规划与管理和建筑设计体制需要改革，规划与建筑设计脱节，相互矛盾，建筑方案审批者——规划部门和建筑管理部门专业技术人员奇缺，有人甚至不是专业人员，这种状态不免造成建筑创作上的困难。鉴于上述原因，在详细规划中，规划与建筑设计最好统一考虑，建筑创作才可能更好地结合规划与环境设计创作出更有广度和深度的好建筑。

（4）设计承包应该有利于繁荣创作，有利于提高，但很多单位建筑师拿不到应得的报酬，甚至有时不如技术员拿的多，承包必须和质量、设计水平挂勾，着重奖励优秀的建筑设计产品。

在客观上，一方面建设的投资和使用的要求在一般工程中常有矛盾，建筑师甚至没有转换的余地，另一方面是建筑师的劳动在社会上尚未受到应有的尊重，人们离不开建筑，建筑又是全民族文化的重要组成部分，有的作品成为一个国家和民族的象征，但也有很多人认为建筑设计不过是画画图，甚至看成是个简单的劳动，认识不到这是一项艰苦的创造性劳动。宣传报道常对歌星、影星、体育明星给以热情的报道，但是对一项重大工程的建设与落成常常只报道为某某单位施工。所以我们要广为宣传，提高人们对建筑的正确认识，提高建筑师应有的社会地位，尊重建筑师的劳动。

繁荣建筑创作重要的一点是贯彻党提出的“百家争鸣，百花齐放”的方针，只有百家争鸣才能百花齐放，繁荣我们的建筑创作。现在我们的建筑理论工作比较薄弱，甚至有的人没有理论，盲目地创作，这不会搞出好的作品。如今建筑界可以大有可为，我们首先要加强建筑理论的研究、建筑历史的研究，客观地介绍国外的建筑理论和经验，开阔建筑师的眼界和思路，引导大家都来研究建筑理论，指导自己的创作实践，不要给自己画框框、定调子，推行某一种风格、某一种模式。提倡建筑师以自己的理论为基础作为自己的设计哲学，去创造有个性的、独具风格的作品，不断探索新的路子，这样才能使建筑理论和建筑创作富有生命力，不断创新，使建筑百花园千姿百态、丰富多彩。

繁荣创作的主观客观条件

戴复东（同济大学建筑系主任、教授）：

出去一段时间，回来以后，周围情况变化很大，有些地方感觉不适应。有关繁荣创作问题，我想到以下几个方面：

（1）主观与客观。建筑创作对每一个建筑师来说，主观上要努力做许多工作。另外，客观条件对他也有很大影响。

给做建筑创作的人以机会、条件，这是很重要的，“创作自由，评论自由”不仅对文艺界，对全国设计部门也是适用的。因为长期以来形成的习惯势力或者已经有的那些关卡，要真正实现这个条件，还有许多工作要做，许多问题需要解决，设计的审批方式是否可以放宽一些，有一定自由，这样的界限能解决，创作人员的思想就能放开一些，现在引进许多外资，由外国人设计，对我国建筑师的创作机会也会有制约，因此，这样的机会和条件希望上面能给创造一些。

从主观上说，建筑师要主观努力，提高自己的设计能力，从现在的形势来看，大多数建筑师都感觉力不从心，水平远远跟不上时代的要求，一方面是过去培养的人才少，另一方面是经过十年动乱，中间脱掉一代，这个问题比较严重。过去毕业的同志也存在相当程度的知识老化，因此要努力学习，提高自己。

（2）建筑师搞创作首先要靠信息，另外靠建筑师本人的素质，这两者都不可少，对信息能否组织加工得好，这与每个人的努力与素质是分不开的。信息无非是国外和国内的。国内的建筑到底有什么优点，有什么不足，到现在似乎不太清楚。有许多同志进行了探索，但我们应更进一步努力。搞建筑史的要对传统建筑进一步研究，建筑史要用设计的观点分析研究。虽然有建筑史教材，营造学社也做了很多工作，但在营造、历史、考古方面做得多，而有关建筑设计和创作的分析少，应加强一些，对建筑创作是有利的。我们也出了一些古建筑方面的书，如《苏州园林》《承德古建筑》，但价格高，不容易普及，希望能有一般的读物，这样面可以广一些。我与一些学生谈到后现代，他们说很喜欢这些东西，但并不清楚。我觉得这是一种思潮，是对现代建筑的一种不满足，希望有所前进、改变，不把现代建筑大师的思想当作创作的顶峰。因此我感觉，不能用传统观念看待它。任何一种科学或艺术不会停留在一点上，总是不断前进的。这样会产生一些东西，某些人会不习惯，创作中，要让这些东西出来。这个过程中是会鱼龙混杂、泥沙俱下的，但只有通过创作实践和评论才能筛选。

（3）建筑立法是很重要的，建筑师是为人民服务的，不能随心所欲，这就要以法作依据。现在各城市没有城市法规，这个工作量很大。设计竞赛也要有法。有些竞赛没有结果，另外得头奖是否实施也成问题。评委也要公正。

（4）建筑师执照也要引起重视，只决定一个单位能否设计工程、出图纸是不够的，对建筑师也要有规定。美国是由建筑师协会来授予建筑师执照的，毕业学生能否成为建筑师需要审查。

（5）“设计为施工服务”这个口号在全国影响很大，我认为应扭转过来。“百年大计，质量第一”这个口号我觉得不科学，盖房子是要讲质量第一，但是我们不能把每一幢建筑都当作名垂千古的东西，它经过一段时间是要变化的。没有必要对每一幢建筑横挑鼻子竖挑眼，有些房子以后有条件可以拆，就像衣服一样，应经常更新。

新时期、新模式、新风格

曾昭奋（《世界建筑》副主编，清华大学建筑系讲师）：

对外开放的政策，必将影响城市规划和建筑设计。长期的封建社会中所形成的封闭的城市模式和建筑模式，在过去几十年的城市发展、改造过程中，暴露了不少问题和缺陷，与我们社会主义性质的城市不适应。在新的发展时期，我们将有可能形成崭新的城市模式和建筑风格。

马克思提倡艺术家要“更高地把最现代化的思想表现在最纯粹的形式中”。对我们来说，就是要把社会主义“四个现代化”的思想表现在新的城市和建筑形式中，要求城市和建筑的现代化。

但我们所说的“封闭”不仅是一种城市模式和建筑传统，而且是一种思想意识和习惯势力，它妨碍我们的城市和建筑的现代化。

北京就曾是一个典型的封闭的大城市。这是封建王朝的安全、威严及其生命运转的需要，最根本一点是政治上的需要和思想意识上的需要和满足。随着时代的前进，北京城的这种封闭模式也已经发生了变化。新中国成立前，就已经打通了东西长安街和景山前街，新中国成立后把城墙也拆了，街道也拓宽了，还出现了大广场。但它的封闭、半封闭性并没有根本转变。

天安门广场面积很大，气势雄伟，但在使用上，它却是封闭和半封闭的，人民群众来到广场，实际上有诸多不便，除了人民英雄纪念碑和革命历史博物馆外，人民大会堂、毛主席纪念堂、前门和箭楼等，都处于封闭和半封闭状态中。长安街的尺度也很大，车水马龙，但也处于封闭、半封闭状态中。人们来到这个长街上，没有多少可以停留、徜徉的场所，只能是匆匆而过。20世纪60年代初期，在讨论长安街规划方案的时候，有的同志曾正确指出，长安街上摆了那么多部委的办公楼，将来一个部委建一个，或占一片，不是关大门，就是围围墙，老百姓来到长安街时有什么活动内容，在长安街上能干些什么呢？如果真按那样的方案实施，我认为，未来的长安街仍然是封闭、半封闭式的，仍不是人民群众能够活动于其中的一条大街。它可能也是气象非凡，但对老百姓来说，仍然有诸多不便。[①]

深圳有一条深南大街，很有气势。它有可能建设得如同长安街那样，成为一条封闭、半封闭式的大街。那就是：大机关、大办公楼堂而皇之，围墙围紧，或大门紧闭。但它也可能是一条现代化的、开敞的、向人民群众张开双臂的新型大街。我们城市的主干大街，它的广场、公共建筑，或者高楼大厦的底层（沿街布置的高层建筑的裙房，是举办第三产业、向群众开放的最好场所），应该为群众共同享用。但是，究竟应是什么模式，深圳是否已经做了认真的探索？沿海许多开放城市已经开始的大规模建设，是否也作了切合自身实际的探索，或从深圳学到了有用的经验？这些问题值得思考。

为冲出亚洲走向世界拼搏

马国馨（北京市建筑设计院建筑师）：

繁荣建筑创作中首先必须重视的问题是要提高建筑师的社会地位。这个问题即使在一些发达国家中也仍然存在。虽然我国有38万人的设计队伍，但是真正的建筑师还不到4万人，长期以来由于历史形成的原因和其他方面的原因，作为物质文明和精神文明创造者的建筑师社会地位很低，社会上相当多的人根本不知道建筑师这个称呼，不知道建筑师是干什么的。因此，建筑师的作用还没有为社会所认识，建筑师的劳动还不能被社会理解，建筑师的工作特点还不能为人们所尊重，无论在对建筑创作的干预上，还是我们的一些宣传报道上都有所表现。而我们的建筑法规极不健全，无法可循，也是造成这些问题的主要原因之一。

虽然大家都认为理论很重要，但是建筑理论还远没有提高到应有的地位。我们现在建筑实践的机会很多，北京市1984年的竣工面积就有700万平方米，北京市建筑设计院1984年完成的设计达600万平方米。要提高建筑设计的水平，进一步说，要赶上和超过世界先进水平，如果不建立我们自己的理论体系，并以此来指导设计实践，设计水平的提高是较困难的。提高创作水平有待于理论的建树，而理论的建树又有赖于思想的活跃。像我们现在常说的“千篇一律”的问题，还是仅从视觉形象上来研究建

① 《北京晚报》1985年1月24日头版头条载，群众批评北京市“气象非凡，诸多不便。”市领导同志对此十分重视。

筑表现，也有不少人提出必须用“民族形式”来解决千篇一律的矛盾，但我们如果不仅从视觉上，而且从人们的“参与”上来研究建筑，即不管个体也好，小区也好，创造更多开放的、半公共的空间，人们可以自由出入其中，这时人们对建筑的感受就要远远超过对建筑仅是远远观赏时的效果，也就是从建筑的体系上也必须开放才能搞活。

在建筑理论问题上，“左”的影响还没有完全肃清，人们提出的一些看法常被引申、歪曲，如向发达国家学习就会变成“全盘西化”，要冲破传统束缚会变成“数典忘祖”，而这常常是驳倒对方的最好方式。在理论上，我们还不习惯百家争鸣的局面，总是希望能纳入统一的轨道，做出统一的结论，并以此来影响或指导我们的创作。

在对待国外的建筑理论上，我们了解得很不够，我们现在了解的信息常常是五年、十年前，甚至是二十年前的东西，而对待这些东西也常常是形而上学的贴标签做结论，就好像在文学界一提起“现代派”，舞蹈上一说“迪斯科”，就都成了反面角色。对于在西方影响很大的人物如路易斯·康、影响很大的潮流如后现代主义等，也还缺少深入且实事求是的分析。

就像许多人强调的“寻根”一样，我们要植根于自己国家和民族的土壤，要很好地研究历史，了解传统。但是更重要的应该了解我们的传统中哪些是健康的、充满生命力的，需要进一步发扬的部分，哪些是封建糟粕，需要加以批判或摒弃，单纯地复制古董，单纯地强调传统，不能代替创作，也不能繁荣创作。另外，在这方面也不能搞近亲繁殖，在中国古代历史上一些时期的文化繁荣都和与其他国家、其他民族的文化进行交流、结合有很大关系。

建筑评论同样十分重要。现在还比较缺少中肯而实事求是的评论，缺少建筑评论家，这也是建筑师不为社会所了解的一个原因。评论当然需要真正的肯定和真正的批评，不要一味地“捧”或一味地“骂”，但是二者之间我以为“肯定”似乎更难做到一些。做过设计的人都知道其中的甘苦，在政治、经济、社会等各方面因素的影响下，建筑师捧出的最后成果真可说是呕心沥血，挑毛病总是容易一些，而且很多地方未必是建筑师不曾考虑过的，所以我认为需要更多的肯定、鼓励和支持。西方的许多建筑大师也都是经过建筑评论家的分析、总结才为世界所了解的。

在创作方法上过去强调集体创作，强调“综合”，抹杀了建筑师的个性，现在比较强调项目负责人，注重个人的作用。但我认为二者都不可偏顾。建筑学是一门触发性科学，需要彼此不断地启发、深化，而且目前多种学科在建筑学上互相结合，互相渗透，内容越来越复杂，绝不是一个“大师”所能胜任的。我认为我们现在不是“大师”的时代，而是需要在个人负责下的集体创作，需要配合默契的集体把设计水平不断提高。事实上，西方国家的许多名家也都是有一大批训练有素、配合默契的建筑师共同工作才取得那样的成就的。

提高我们的建筑创作，为冲出亚洲走向世界拼搏，需要中年建筑师认识到自己的责任，努力奋斗。但总的说来，我认为我们这一代建筑师还是过渡的一代，我们的建筑设计走向世界需要几代人的努力，我们要为青年们积累经验，扫清障碍，为他们向世界水平的冲击创造条件。

CAD与繁荣建筑创作

陶德坚（《新建筑》编辑部主任）：

刚开完电子工业部计算机总局辅助设计技术委员会的会议，又赶来开繁荣建筑创作座谈会，使我感触很深。在辅助设计会上，许多搞计算机的同志对在建筑界推广应用计算机的前景很乐观，很热心。委员会已作出决定，把建筑业列为该部近期在我国推广CAD的三个重点行业之一。然而，咱们这个会的内容似乎与计算机相距十万八千里，其实，CAD与繁荣建筑创作是大有关系的。

马克思曾经有过一段精彩的论述：“最蹩脚的建筑师从一开始就比最灵巧的蜜蜂高明的地方，是他在用蜂蜡建筑蜂房以前，已经在自己的头脑中把它建成了。劳动过程结束时得到的结果，在这个过程开始时就已经在劳动者的表象中存在着，即已经观念地存在着”（《资本论》第一卷，《马克思恩格斯全集》第23卷第202页）。

正因如此，人们往往容易看到目的与结果之间的关系，而忘掉在目的与结果之间的十分重要的中项——手段（即实现目的的工具和运用工具的方式或操作方式、方法等）。实际上，目的的设定是要看手段可能达到的程度，也可以说，目的在很大程度上又是手段的产物，是观念运用于手段的结果。所以康德说：“志于目的的人也志于他力量能得到的为达这个目的所不可少的工具。”

20世纪初，工业革命为建筑业提供了机械化生产的手段，使我们有可能创造出机器美的现代建筑风格。目前，在世界范围内兴起的信息革命也必将给建筑业带来革命性的变化。可以预料，运用CAD系统进行信息、图像处理，将使建筑师的创作取得更大的自由，创造出前所未有的新风格。

许多建筑师误认为搞计算机辅助建筑设计就得丢掉自己的拿手好戏去编程序，其实这种担心大可不必。值得忧虑的倒是由于我们的本行缺乏科学的方法，不重视理论研究，因而热心的计算机专家也难以为我们服务。例如，要编住宅方案评优的程序，建筑师应提出各种判据，并就各种判据进行精确的描述，给予定量才能建立数学模型。如果我们老是停留在“实用、经济、美观”上就解决不了问题。且不说这三个因素并不能概括整个建筑，仅就这三个因素的相互关系来说，我们往往理解为并列的关系。如果建立数学模型就是按不同的权值相加，例如按实用占55%、经济占35%、美观占10%的比例分配权值，这时就会出现一幢十分丑陋的住宅能打90分，浪费典型的住宅也能及格的怪现象。其实，经济是一种边界约束条件，与实用、美观等建筑目的不属同类项，是不应相加的。如果承认建筑是件产品，按照以最少的投入获得最大的产出这个一般原则，即将实用、美观等各种作为目的的因素作为分子，资金、材料、土地、能源等支出作为分母，可能合理些。我们盼望，在建筑设计领域推广应用计算机的过程中，能反过来促进我国建筑理论的系统化与科学化。

目前有碍我国建筑创作繁荣的因素很多，建筑理论研究的薄弱可能是更主要的一个因素。正如马克思所指出的，建筑师的高明之处，就在于他在实践之前，建筑在他的头脑中就已“观念地存在着”。这种观念本身不是实践，而是实践的总结，上升成为理论的东西。实践—理论—实践是一个永无尽端的链环。一个高明的建筑师不但重视实践，而且重视实践后的总结，使每一次循环都能上升到更高的高度，使在下次创作时，有更新的意象，有更丰富的信息库，来支持新创作。否则，在同一高度的无限循环中怎能不造出千篇一律的建筑来呢?

当然，不进行总结，不重视理论并不是建筑师本身的过错。设计任务太重，出图都来不及更谈不上其他。但是，这个状况再继续下去是很难指望我国建筑创作的大面积繁荣的。我们的领导应为在第一线的建筑师创造一点条件。是否可以成立一个建筑研究院，对在建筑创作中作出重大成绩的建筑师，每年一度地发给通信院士聘书，并与所在单位洽商，在适宜的时候给予他们一段写作假，在此期间内由研究院发给科研补贴。使个别单位、个别人的经验能成为全国建筑界的精神财富，达到智力资源共享，使我们的建筑创作起点不断提高。果能如此，相信在不久的将来，我们不仅会有中国的建筑大师，而且会有中国现代建筑的学派，那么，建筑理论和建筑创作的繁荣是指日可待的。

希望得到理解和扶持

张　萍（建设部建筑设计院，建筑学硕士）：

我是刚从学校毕业跨入建筑行业的，许多建筑界的前辈们都为我们赶上了好时候而感到羡慕和欣慰，同时也为我们不能立刻胜任全部设计工程（特别是施工图）而感到遗憾和着急。加上青年同行在新的、不同于学校的工作环境中表现出的不同程度的不适应，因而出现了一些对于年轻人的议论。我觉得从主观方面，年轻人确实需要进行再认识与再学习，而从客观方面，年轻的建筑师也确实希望得到理解与扶持。

首先，由于学校教学重点所贯彻的是一套与设计单位的工作重点并不完全一致的教学系统，使得大部分刚参加工作的青年同行很难在思想上从建筑设计的宏观世界（追求整体方案设计构思水平）一下子迅速转入建筑设计的微观世界（大量的工作在于每一个构造节点和施工细节）。而从思想上把这两个世界统一在一起往往不是一个一蹴而就的事情，因此应当允许青年人有一个认识过程。

其次，在工作过程中，老同志往往觉得年轻同志不能得心应手，年轻同志也会感到力不从心。这说明年轻同志在深入细致的设计工作中比起老同志确实是“嫩”，如同幼细的苗比起壮粗的树；然而树的生长与存活是需要阳光、空气和雨露的，而苗就可想而知了。因此年轻同志一方面需要老一辈的扶持和引导，一方面需要进行再学习！要使青年人成长迅速，就应该给他们再学习的机会——将他们推上第一线，让他们在亲身经历中了解设计过程中的每一个细节。“不在其位，不谋其政”，也许是一个不负责任的说法，不过，不入虎穴，确实难得虎子！

第三，青年人虽然有他们的弱点，但也确实有他们的特点，比如思维敏捷、思路活跃、进取心强、精力旺盛，等等。不能把这一概说成想入非非脱离实际、好高骛远、心浮气躁。新形势下的我国社会需要具有开拓性的人才，而青年往往是最富于开拓性的，一个不想当厂长的人，绝不会毛遂自荐去治理一个待兴的企业。说有的年轻人总想当“设总”，其实这未必是一件坏事。现在“代沟”似乎是一个流行的说法，其实前代人只要想想当年，想想自己年轻时候所梦寐以求的东西，那么，与现在的青年人就绝非无“共鸣”可言。

应破除传统的封建意识

于健生（哈尔滨建筑工程学院研究生）：

1981年国际建协第14届大会上的建筑师《华沙宣言》中提到，“近年来整个世界的发展步伐加快了，特别是迅速的城市化过程，迫切需要对指导建筑师业务活动的各项原则做新的考虑。”在世界范围内的技术革命和我国的城市改革重任面前，我们应该清楚地认识到建筑师对于社会主义现代化事业及全国人民的责任。因此，不断提高建筑观念已成为当前的急切任务。

关于修正建筑观念，我们应该向系统的、全面的、多层次的方向努力。但我认为繁荣建筑创作首先应该考虑破除传统的封建意识。

中国历史中的封建社会漫长久远，尽管时有改朝换代，传统的封建思想却是一脉相承。20世纪前半叶，中原逐鹿，大众觉醒。遗憾的是，落后的生产状况仍未能使建筑业发生深刻的变化，未能适应世界范围内的建筑革命，由于建筑发展的后效性，我们落下了反封建的一课。新中国成立以后，社会形态发生了深刻变革，生产得到了飞速发展，但探索中的风风雨雨也难免给建筑留下一点愁云。

一部欧洲建筑史，从古希腊、罗马到新建筑包豪斯，随着社会制度的更替、生产力的进步、思想意识的改变，各种风格的建筑交替产生，建筑的发展代替着不同历史阶段的愿望。一种清晰的迹象表明，建筑越来越趋向公众性，越来越代表人民的愿望。中世纪的黑暗连同教会和封建主的狭隘思想，一经文艺复兴的伟大变革，就彻底失去了威势，尽管古典主义又曾出现于世，但毕竟是封建意识的回光返照，新建筑运动是不可避免的。

文艺复兴是中世纪转入近代的枢纽，从这里，西方开始得到了生产力的解放和精神的解放。这一时期“建筑也进入了一个崭新的阶段，众星灿烂，繁花如锦，面向新时代的现实生活，既有提高，又有普及，大河奔泻，众流归注，终于浩浩荡荡，改变了欧洲大批城镇面目，影响所及，直达20世纪”（陈志华：《外国建筑史》）。这一时期，新兴的资产阶级把个性自由、理性至上和人性的全面发展视为自己的理想，带着蓬勃的朝气向各方面去探索，去扩张，这个生活理想实质上就是“人文主义”，虽说这种哲学思想还不可能是彻底的唯物主义与无神论，但历史地看其反封建的社会内容却是进步的。

为繁荣建筑创作，我们有必要重新了解一下文艺复兴的历史，破除封建意识的束缚，我们的建筑要有个性，要有风格，要有流派，还要强化建筑的社会功能，提倡建筑设计的人文主义倾向，因为我们的建筑是为人民服务的。

建筑师要面向社会

林兆璋（广州市规划局建筑师）：

广州现在是“农村包围城市，特区包围广州”，人才需要采取“流动政策”，否则本单位人才也不能发挥作用。我也要跑，我们的学生、徒弟比我们钱多，什么问题都解决了，他们工作上有小汽车，有电话，用大量外汇买参考书，他们不羡慕有名的建筑师，认为“你们那么穷”。这种不平衡对我们是个刺激。

我在设计第一线，不能不提到大学生的教育问题。到局里的这些大学生，基本功比“文革”前有很大提高，但是受老师建筑艺术影响太浓厚，出学校只愿搞方案、画透视图，其他不感兴趣。他们不知道在中国建筑师的地位不高，我让他们改图，他们说这是什么PM派，就是不改，只得我自己动手改。我喜欢用一些中专毕业生，又有五六年实践经验的人，他懂得问题的复杂。我希望建筑师要面向社会，不能只搞纯艺术的东西，要按照群众的需要搞大众的艺术。县里建筑师完全是为业主服务的，要开工了，先出结构图，再出建筑图，以便解决社会问题，而到了设计院要先排队。建筑毕竟是商品，是为业主、为促进生产发展服务的。香港搞建筑设计的，方案尚未定，先打桩，按10米×10米打，为了争速度，后出建筑图，我们的设计院永远不会这么做。现在可以搞建筑师事务所了，这对于解决社会和生产需要，以及繁荣建筑创作是重要的手段。

关于传统与革新问题，重要的是建筑师本身的素养。建筑师是你需要什么菜，我就炒什么菜给你，适合你的口味，就有比较高的修养。年轻人修养不够，知识不多。刘敦桢先生的《中国建筑的类型与结构》一书有深入的研究，现在还没有超过的。作为建筑师，我无所谓现代和古典，搞现代建筑有继承传统的东西，搞古典的建筑，中间也有现代的东西，有斗栱也简化了。如果建筑师没有现代和传统的修养很难搞好设计。

大政策——要导不要堵

吴国力（中国建筑工程总公司设计部建筑师）：

造成我国近三十年来建筑形式千篇一律的原因很多，归结起来，与我们在这一历史时期在建筑创作领域（包括建筑理论、建筑教育等）基本上贯彻了一条不恰当的大政策——“堵”的政策有关。

所谓堵，就是批判，就是这也反对，那也不许，使我国的建筑师多年感到下笔踌躇，莫衷一是。回忆起来，我们从新中国成立之初批判世界主义、结构主义，1955年批判复古主义、形式主义、纯艺术观点，再批玻璃方盒子，批现代建筑为功能主义，为洋、怪、飞、“混淆了两种对立制度下的美学观点的本质差异”，又批封资修建筑，西方建筑的各种流派更不在话下。“文化大革命”中更是无所不批的了。总之，三十几年来，中国的建筑界最革命，出现了一大批“造反派”。古今中外几乎没有我们看得上的，没有没批判过的东西了。结果怎样？批得大家没“饭”吃，设计上缺乏语汇，理论上不是谬误百出就是大片空白。正如一些同志讲的，出现了贫血症。

当前，在建筑创作上，建筑师可以有较多的创作自由了，为什么还搞不好。其主要原因之一就在于几十年来我们执行这种层层“围追堵截”的政策，就好像给我们的建筑师裹了几十年的小脚，脚已经裹小了，一旦放松，脚是不能马上放开的，这怎么能怪我们的建筑师！说心里话，中国绝大多数的建筑师在这种艰难困苦的创作环境中，在这窄小的舞台上，还挣扎着要演出悲壮的建筑史诗，其精神是够高尚的了，其意志是够坚强的了，其品质是够好的了。

这种堵的政策所导致的理论空白和谬误至今已十分明显。例如，从1983年的敦煌学术座谈会至今，我们仍然在建筑的继承与创新、民族形式、地方风格、什么是现代建筑等等这些从五十年代就讨论的老题目上转圈子。甚至还在争论什么是建筑这样的原始课题，还在研究建筑的阶级性这类似是而非的题目，几十年深入不下去。当别人不仅有了各种流派，而且在探讨环境心理学、环境行为学、人文哲学等等之时，我们还在研究几十年一贯制的题目，怎能不落后于他人呢？不是这些题目不该讨论，而是不该总围绕这些题目争论不休，要深入下去!

那么，在党的十二届三中全会以后，现在在建筑界还有没有堵的问题呢？不仅有，而且仍然严重，例如，对西方的后现代主义，由于历史的、地理的、文化上的种种障碍，我们研究得很不够，就匆匆下结论说后现代主义好与不好，是不是过于匆忙？而且我们在历史上这样匆忙表态，定义还没搞清楚就加以批判的教训实在是太多了。这种盲目的批判实际是在执行自杀政策，它有扼杀中国类似的建筑派别产生的危险。后现代建筑在西方的出现是历史的必然还是怪胎，恐怕还要看一段很长的时间，甚至要看几代人，还要看它发展与完善的程度。在这方面，中国的建筑界要吸取历史的教训，中国的建筑师要表现出宽阔的胸怀。就像我们能够承认毕加索为现代艺术大师，能够容许刊印、出版毕加索的画一样。

在当前的建筑界，对个体的事务所、业余设计、奖金问题等等，都不宜采取堵的政策。不仅不要怕个体的事务所，相信它对国家的设计机构不会有大的冲击，更要看到它对繁荣建筑创作必将有意想不到的贡献。要尊重建筑师，尊重建筑师的创造性脑力劳动，承认建筑创作的艰巨复杂性，就一定要实行重奖的政策，使我们的建筑师能够富起来。同时，对可能出现的消极面，例如保障设计质量问题，采取引导的办法予以解决。

党的十二届三中全会以来，党和政府采取的大政方针从总体来看，就是对社会的发展总的采取放的政策，采取疏导的政策，而不是采取收和堵的政策。从而使我国的经济和社会生活向良性循环转化，使国家走向繁荣。同样，建筑创作的繁荣也有待建筑界的领导和全体同志采取同样的政策，领导要开明，建筑师也要开明，要有宽广的胸怀，要执行开放的、疏导的大政策，否则，建筑创作的繁荣永远只是良好的愿望。

使标准化和多样化协调起来

赵冠谦（中国建筑技术发展中心副总建筑师）：

针对近年来根据标准设计建造的建筑物经常出现呆板单调、千篇一律、缺乏个性的局面，需要提高自身的建筑素养。我认为需要从这几方面来努力：

（1）要使标准化和多样化协调起来。

建筑现代化与工业化的发展对建筑标准化提出了更高的要求。标准化绝不能单纯地追求简化、精简，它要求在建筑中从无数个性现象里找出共性的规律。如确定合理的建筑参数、选择通用的部配件和建筑功能单元、采用先进的生产工艺、选用性能优良的材料等，将个性的东西抽象提高为共性，使之具有普遍性。标准化可谓是一种高水平的技术手段。多样化则是把带有共性的建筑部配件和建筑功能单元，通过建筑设计手法，把产品组合成能满足多种功能要求、多种体形变化的带有个性的建筑物。标准化既是一种限制、约束，又是多样化的基础，标准化与多样化是相辅相成、互为依存的。标准化与多样化的统一，实质是建筑创作由个性到共性，再由共性到个性的螺旋上升过程。

（2）要反映地方特色与时代特征。

目前的标准设计往往是南北、东西一个样，缺乏地方特色。一个建筑物具有“落地生根”的特性，标准设计要因地制宜，体现地方特色。标准设计还要反映时代特征，因时制宜，它包含社会、科学、技术进步的内容，因而应该优先采用新技术、新材料，但更主要的是要强调功能的时代性。譬如工业厂房的标准设计要适应由于工艺不断更新、技术不断进步而引起设备变换和工位的再布置，就需要采用灵活车间或大跨度空间；办公楼要适应随意分割、灵活布置的可能性；住宅模式也将由睡眠休息向工作、求知、文娱、交际等多功能的建筑场所转化。

（3）要不断组织方案竞赛活动。

组织方案竞赛是繁荣标准设计创作的有效途径。一般来讲，参加竞赛的方案思路开阔，突破陈旧条框的愿望强烈，富有创新精神，这给标准设计倾注了新的血液。去年我们举办的砖混住宅新设想方案征集活动，促进对环境、经济、社会效益的重视，平面类型的创新，套型平面组织的研究以及系列化等的探讨。为了使竞赛活动更有成效，我认为应该让获奖方案有实施机会；方案的构思能充分得以阐述；要给以与成果价值相当的精神和物质奖励。

亟需用“三论”武装我们的头脑

顾孟潮（《建筑学报》编辑、建筑师）：

在信息时代，非常需要信息，但又不能一句一句去看，要学会信息检索，学会运用信息。不学会运用，一切有价值的信息对于我们都等于不存在。现在已有的大量信息，需要我们发挥主观能动性去吸收、去选择，变成自己的东西。

对于“传统与革新”的提法，我有些不同意见。这还是我们以前所说的“两论”起家的思路，碰到什么问题解决什么问题，缺乏整体的、整个系统的研究。一提问题就是矛盾的两个方面、主要矛盾、主要方面、主要因素……单因素直线平推的分析方法。辩证法本身是动态的、辩证的、历史的、进程的、系统的，而我们把它固定化、一时化、简单化了。一个建筑物，不管它是革新的，还是传统的，只要功能合适、符合大家需要就是好的。首先是功能，它包括现代化、时代的观念，包括发展了的传统，功能不是单纯的东西，是和其他因素相互渗透的。

现在中央的基本精神之一是开放，这符合客观事物以开放系统存在的客观规律。任何事物本身是在空间上、时间上、横向、纵向与其他系统相互联系的系统。我们现在对这个“放”的政策体会还不深，认识还不足。建筑是一个复杂系统，更需要开放。对外开放，对内引进，社会科学比我们走在前面。国外建筑学领域建立了很多新学科，更需要我们开放，好吸收人家的好东西。历史进程是一个相互之间的接力赛，因此必须开放。过去提倡自力更生，什么都从零做起，似乎过去是伟大的，关起门来可以继续伟大，这是不可能的！香港十年超过了上海，重要原因之一就是开放，各国先进的东西都可以在香港生根、开花、结果。我们现在执行开放政策很有希望，开放是个非常重要的概念。

长期以来，我们的理论研究薄弱，其主要原因：①用政治、政策代替理论，用解释政治术语代替学术研究；②用重要人物的讲话，用文字描述代替理论研究；③用古代理论、别人的理论代替自己的理论。“适用、经济、美观”的方针是怎样提出来的？至今不太清楚。正如有的同志讲的，三者是不同的概念，不是同类项，不能并列在一起。两千多年前维特鲁威提出建筑的三要素，两千年后我们不能继续在三要素上徘徊，而必须用现代系统论、信息论、控制论武装头脑，我们的思路才能打开，才能有所突破，产生新的东西。

讲繁荣创作，我认为，有三个相关的层次值得重视，即创作—评论—理论。用信息论的观点来看，创作，是运用我们储存和获得的信息的过程，因此要加强摄取信息的速度。赏析评论，就是认识信息，对现有的东西进行评价，区别有些什么新的信息，哪些是有价值的。理论成果必须是研究信息的产生、发展、变化、传播的规律。只有同时抓住这三个层次，我们的创作才能有一些突破。

建筑艺术是环境的艺术。用信息论看，是全频道的体验艺术。如明代建成的北京地坛公园内的方泽坛，我国辉煌的园林艺术都证明这一点。把建筑只当作空间艺术，只抓空间组合和变形会钻到死胡同里。空间不是空的。

我认为要注意突破的三个条件：①开放。不只是经济开放，艺术、思想上也要开放。②综合。建筑是多边缘、多侧面、多学科的艺术和科学，特别需要综合对待。信息时代的特点就是综合。综合不够水平就提不上去。③亟需用当代先进理论武装头脑，即实现观念现代化问题。

应寻找中国建筑的根

尚　廓（中国建筑技术发展中心高级建筑师）：

谈到传统与创新的问题，我同意贝聿铭先生所说的“中国建筑师应寻找中国建筑的根”。所谓寻找中国建筑的根并不是照搬传统的古建筑，而应理解为把中国传统建筑的优秀部分和精华部分根植在现代生活、现代科学技术的土壤里，让它发出新的芽，结出新的果。进而言之，我们还应抓住整个中国传统文化的“魂”，把一些优秀的中国传统文化特色灌注到新的建筑创作中去，让它以崭新的现代化姿态出现，做到最具中国味又最现代化是完全可能的。在中国传统建筑中，如各地民居，有许多可以借鉴的东西，特别在形象语言方面非常丰富多彩，只要我们去发掘并熟悉它们，那么随手拈来都有许多东西可以很好地结合到新的设计中去。在造型艺术方面，本来中国人是最懂欣赏抽象艺术的。中国古代的彩陶、青铜器、漆器、纺织物上都有极为出色的抽象图案，中国人创造的龙、凤、狮、虎等动物的生动形象都不是写实的。从京剧的脸谱到园林中的叠石都和现代的抽象绘画和抽象雕塑一脉相通。中国传统造园除了塑造山水、建筑的景象外，还借助文学的诗词、匾联，及鸟语花香等综合性手段（视觉、听觉、嗅觉、意念）来创造园林意境。这些都是中国特有的传统文化，都可以把它们变成最现代的东西，中国不同于那些文化历史短浅的国家，他们对历史无可回顾，而中国既然有如此丰富的文化遗产，作为中国建筑师如果不去继承发扬，那就说不过去。

这里提出传统的继承与创新问题并不是主张所有的中国建筑都要搞清一色的民族形式。关于要不要民族形式的问题争论了很久，这个问题我觉得没有争论的必要，根据人们对建筑不同的精神功能和物质功能的需要，建筑形式必然会走向不同的发展道路，多种流派、多种形式并存的现象将不以个人的主观意愿为转移，将是客观事物发展的必然趋势。根据某些特定的需要、地点、环境、条件，以及结构、材料、科技的新发展，建筑的形式从古建筑的修复、复制、仿古、革新，直到全然新型的各式建筑，必然是同时多样并存，各得其所，不能强求统一。《大趋势》一书中提到在高技术的时代，人们需要高感情与之平衡，高感情的精神生活要求多样化，所以书中对未来建筑的预测是：“……在所有这些千差万别的建筑设计中，只有一项共同的要素，即大家都在千方百计地寻求丰富多彩和更加奇异的建筑设计……”对于这一点，我是深信不疑的。人们已经厌恶千篇一律，反对统一模式，要求丰富多样和个性突出。现在人们如此重视要保持一个国家、民族、地区，乃至城市的传统风格，就是要保持其文化特点及个性不致消失，所以借鉴传统是创作的重要方法之一，但不是唯一的创作道路。这适应各种客观物质需要和主观精神要求所产生的各种观点、学派、流派、风格，都将对建筑的发展进步做出自己的贡献，只有容许多种流派、多种风格并存，贯彻“百花齐放，百家争鸣”的方针，才能使建筑创作真正的繁荣兴旺起来。建筑师的创作道路是非常宽广的，可以不拘一格，这就是我对传统与创新的一点看法。另外，提几条具体建议。

关于学术活动，由于学术交流不够，使建筑师耳目闭塞，眼界不开。今后应：

（1）多组织学术报告（包括请国内及国外建筑师来讲）。

（2）多举办介绍国内外建筑作品的展览，展览要多样化、经常化，使广大设计人员都有观摩机会。展品可以是某设计单位、某事务所、某学校、某流派、某集体、某建筑师个人的已建成、未建成的设计作品。每次展出都整理出一套资料交流。

（3）建议建立永久性的建筑作品展览馆（类似美术馆），对有代表性的重要优秀作品做永久性展出，对专题性的作品（如室内设计、农村建筑设计、园林设计、住宅设计……）作临时性的轮换展出或巡回展出。

（4）各地建立“建筑师之家”，建筑方案可通过竞赛选取新颖别致的形式。不仅作为正式的学术活动基地，也可通过非正式的、经常性的文艺活动方式或社交方式（如晚会、茶会、舞会……）来加强建筑师之间的联系、交往，以达到交换设计思想、观点，增进建筑师之间的情谊、合作等目的。

关于设计竞赛，组织竞赛是选拔优秀设计、发现设计人才的好办法，目前所组织的竞赛多限于即将建设的重点大型项目，时间短促，任务书复杂，工作量大，非一般个人所能承担，不能吸引更多人参加，故建议：

（1）某些艺术性要求较高或功能性较强的有特点的中、小型项目也可组织竞赛。

（2）为了探索、研究、预测某些特定的课题，可以虚设一些竞赛项目，发动建筑师寻求解决这些课题的途径，激发建筑师做富于创造性和想象力的思索，以此推动建筑向更高阶段发展。

（3）为了寻求大量性、普遍性建筑的最佳方案以节约国家投资，也可组织一些专题性竞赛（如商品住宅、活动房屋、特殊材料房屋、节能房屋、城市小品……）。

有关部门应拨出一些奖励基金，作为繁荣创作、活跃设计思想、鼓励发明创造的基金。

几条建议

陈志华（清华大学建筑系副教授）：

第一，关于“创作自由”。

有两方面问题：一是行政干预太多，怎么解决，我不知道。二是建筑师要自己解放自己，不要用旧框框、旧思想、旧观念束缚自己，如“形似”和“神似”，“民族形式”和“地方风格”,“传统”和“遗产”。人类的历史，无非是一部争自由的历史，向自然争，向落后的生产关系争，向阻碍前进的传统观念争。咱们建筑师要有高昂的争自由的热情，也就是创造新事物的自觉性和积极性。总是要向前看才好。

第二，关于方法论的革新。

希望尽快把系统论、控制论和信息论应用到建筑学中来，建立建筑创作的科学方法论体系。尽可能使建筑评价科学化、定量化，减少主观的“印象分”。现在连古典文学、舞蹈等的研究都应用了这三大论，我们建筑界显然在这方面落后了。应该着手筹备一次在建筑学中运用三大论的学术会议，并成立相应的学术组织。

第三，关于坚持历史唯物主义。

建筑毕竟是为社会生活服务的。咱们还是得学习马克思主义，对世界上种种建筑现象和思潮做社会的、历史的分析，也不免要做点儿阶级分析。咱们可不能一方面对禅学和弗洛伊德等津津有味，一方面对马克思主义的分析冷淡，甚至反感。

用不着为尖锐的学术争论忧心忡忡。没有行政手段，没有组织压力，没有报刊一面倒的围攻，谁也打不了什么棍子。

第四，关于创作的理论的出发点。

创作也好，理论也好，咱们总得拿最大多数人民的利益和社会主义的利益做试金石。我们要争自由，争来自由是为人民服务，为社会主义服务。我们当然要胸襟开阔、高瞻远瞩，不能狭隘地、平庸地看待人民的利益，但我们确实应该时时想着人民的迫切需要，把自己封闭在象牙塔里总是不大妥当的。可不能把这试金石看成极“左”的框框。咱们应当建立社会主义的建筑价值观。

第五，关于生活的发展。

建筑创新的一个极重要的方面，就是敏锐地预见生活的发展，去促进它、适应它。我们的生活当然要沿着社会主义的轨道发展的。例如，家务的社会化、反哺型家庭不可避免的解体；第三产业的兴起、工作时间缩短后对文娱生活的要求；儿童智力的早期开发、老年人的增多；私人机动车辆的增加，等等。这些可以预见的趋势，会给住宅和住宅区的设计带来很多创新的可能性。不久之后，也许我们就能发现，没有及时建造适量的老人公寓，是个不小的失误。

设计建筑在一定程度上是设计生活，所以我们的创作带有道德因素。从这里会生长出我们现代建筑的社会主义特色来。

创新不仅仅在形式或风格上。在材料、技术和经济条件有限的情况下，犯不着过于用建筑形象的“千篇一律”来烦扰我们自己，以致开出贴琉璃、戴帽檐、造院落一类药方，这种药方本身其实是很千篇一律的。还是多考虑生活的发展、方法的革新和环境的情感素质等等为好。

走理论与实际相结合的路

张祖刚（中国建筑学会副秘书长、高级建筑师）：

《建筑学报》多少年来一直是按结合实际的路子走，但前几年有一段时间做的比较差，有些空谈理论，读者反应很大。我们也感觉这是个问题，后来转扭过来。如传统与现代建筑究竟怎样结合，说来说去不解决问题，必须结合实际，如果空谈，起不了作用。近几年按结合实际这条路走，还需要继续改进，今后学报要有纯理论文章，但联系实际是主要的，而且要结合国内实际。这次座谈会主要解决建筑创作问题，矛盾是体制问题，再有方针政策问题，贯彻双百方针问题，因地制宜、因人制宜、因时制宜问题，以及设计院要走专业化道路问题等等。所以说，要繁荣建筑创作，不仅是谈风格问题，要多方面解决这一问题。

我们曾呼吁多次，请研究院把理论队伍组织起来。目前是学报先把这个任务担起来。编辑部与研究的同志加强联系，争取各单位一些支持，把理论研究工作抓起来。目前没钱，今后怎样搞，还请部长、局长过问一下。

领导对这个会很支持，两三年前就让抓这件事。

戴念慈 在会议结束时的讲话（摘要）：

许多意见都插话了，那代表我的思想，不一定正确，可以批评。

关于创作问题很早就提出了，首先应听听大家的想法，克服“千篇一律”到底从哪几方面来抓，我想到的有五个方面：

（1）要解放思想，打破老框框。我们受了多少年“左”的影响，一讲艺术，就说它是浪费和不实用的根源，全盘否定建筑艺术，连建筑师、设计院也不要了。现在解放思想，建筑师首先要自我解放。我经常参与设计审查，有一个感觉，设计通过难得很，就因为条条框框太多，自我束缚，再加上互相束缚。

（2）要真正实现双百方针。设计通过难，还在于双百方针的认识没有解决。讨论方案时，批评是可以的，但不等于不允许人家存在。有些人对不合自己口味的东西总想一棍子打死，这不好。我们历来有个传统，批评要与人为善，是希望人家改进，不是要否定别人，不要批评也是不对的，如果对批评的意见不同意，可以来一个批评的批评，这样才能百家争鸣。

（3）要提高我们的技术水平和艺术水平，这里面也包括理论水平。光有创新的愿望，没有创新的本领，仍然不能创新。在这方面有必要向外国学习，但一定要结合我国的实际，要问几个为什么。不分青红皂白，不问为什么，照搬人家的表面现象，不可能提高我们创新的本领。严格地讲，这够不上那个“创”字。

（4）要进行体制改革，理顺各方面的关系，特别是设计院内部的关系。从外部来讲，创新要得到规划、施工、建材等各方面的支持。过去外部干预比较多，但现在改革的形势很好，是很有利的条件，我还是很乐观的。从内部来说，设计院层次很多，层层提的意见都要听，最后拿出来的东西是不同水平、不同思路、不同学派的总平均，把差异平均掉了，最后的结果总是一个模样，这就是千篇一律在体制上的根源。因此肖桐同志提出今后在设计上搞项目负责制，我很赞成。项目负责人对各种意见有权取舍，做得好奖励；好的意见你不听，搞坏了你负责。奖励也不能老是平均主义，设计好奖做设计的，图描得好奖描图的，各有各的奖，不搞大锅饭。

（5）要真正理解党的十二届三中全会精神，贯彻党的方针政策。这里面既有实践的问题，也有理论问题。理论就是事物发展中客观存在的规律性的东西。掌握了规律才能取得自由，否则就没有自由，不能脱离客观规律，想怎么办就怎么办，这就是理论的作用，也是我们要开这样的座谈会的原因。从更大的范围看，建筑要为人民服务，它的理论和实践都离不开四化，离不开我们的宏伟目标。因此，建筑师要在党的方针政策指导下进行创作，这是很重要的。我这里说的是方针政策的指导，不是去干预具体的创作活动，两者必须分清楚。

阎子祥（中国建筑学会副理事长）在会议结束时的讲话（摘要）：

这次会议收获很大，原因是贯彻了百家争鸣，争鸣后能不能百花齐放，就要看大家在实际工作中的创造了。只有真正实行“双百”方针，我们的设计水平、理论水平才能不断提高，不断前进。首先要把过去束缚我们头脑的东西彻底肃清。

否定建筑艺术，否定建筑师作用的因素是两方面的。不能说是建筑师自己否定的。过去在“左”的思潮下，每次运动来了，要你交代资本主义思想、形式主义，你要抵制就会戴上各种帽子。所以领导和群众都违心地说了一些话。极“左”思潮至今使人们心有余悸。戴总讲，不要扣帽子，我非常同意，这是第一点意见。

第二点意见，许多同志大胆发言很好，要考虑今后怎样活跃起来。现在中青年有了个组织，我们应考虑以什么形式，使它有一定的独立性、合法性，又不定什么框框条条，也要筹一点经费，不然印个材料开一次会都没钱。最好每年有一定时间开展有准备的活动，活动经常化，才能促进设计工作的繁荣。

*本文由顾孟潮、白建新整理。

——原载《建筑学报》1985年第4期

北京琉璃厂文化街建筑评论

1985年12月27日，北京土木建筑学会建筑理论学术委员会召开了关于北京琉璃厂文化街的建筑评论会。建筑理论学术委员会主任刘开济副总建筑师主持了会议。

与会者会前阅读了工程主持人张光恺建筑师介绍琉璃厂街改建规划设计的文章。有的同志还到现场进行实地观察、研究。在听取北京市建筑设计院的同志介绍背景情况、放映幻灯后，大家以极大的兴趣和实事求是的态度展开热烈的讨论。分别就规划设计思想、建设成就、设计水平、设计手法、经济效益、建筑风格等多方面进行探讨，有不少值得参考的意见，今摘发如下（以发言先后为序）。

刘开济（北京市建筑设计院副总建筑师）：

最近看了琉璃厂街的改建，前些时候看过黄鹤楼等古建筑的恢复以及绍兴古城特色保护等做法。感觉这些工程有一个共同的特点，即改建、复原或采取保护措施后，限制了城市里的许多人到那里去，如公共汽车到不了跟前。这里存在一个现代如何处理古建筑的问题。我想，现在新建的建筑总要反映时代的看法。现代人已经习惯于庞大而且壮观的东西，因而贯彻不了琉璃厂街改建之初确定的指导思想，对建筑“古朴、端秀、雅致”的要求。这条街原来是为中国知识分子服务的，现在则是赚取外汇的地方，大概因此要搞得花哨一些。

徐　镇（北京市建筑设计院建筑师）：

古建界一些人认为，改建后的琉璃厂店面雕镂粉藻，大事增华，过于富丽，与传统的店面形式亦不相合，没有很好地体现出文化街市古朴的传统艺术风貌与精神风貌。改建初始，吴作人先生就提出，应恢复的是琉璃厂为中国知识分子服务的精神（当时只对外宾开放，连吴作人先生这样的知识分子也进不去，进去也买不起）。我赞成吴先生的主张，因为琉璃厂的历史就是一部为中国知识分子服务的历史。琉璃厂在康熙中叶还是一片刚发展起来的居民区，书肆并不多见（那时的书肆都集中在隆福寺和打磨厂一带），以后才逐渐发展起来，到乾隆修四库全书时才达到鼎盛时期，有书肆三十多家。不少书肆是前店后堂，以接待文人官宦选书画、购文物、交流学问、言谈时事，给学者、收藏家提供了不少方便。恢复琉璃厂文化街做到这一点，才能言及“恢复”二字，现在说它是一条商业街，似更贴切。

周治良（北京市建筑设计院副总建筑师）：

原来的琉璃厂不仅是一条商业街，而且是文人聚会的地点。书店的店主也很有知识，可以交流，有沙龙和文人俱乐部的作用。专家可以到后院看珍本，帮助鉴定。有的书不卖，借给看。现在建成的琉璃厂文化味不够，买卖味太足。另外，完全按原样复古实际行不通，为了安装各种管道就不能保持道路原有宽度，一些原来准备保留的店铺也只好拆了重建。目前不是成片改建，只建道路两侧的店铺，没有进深，只是两层皮，后边再盖高楼，盖工厂，环境究竟如何，值得研究。

布正伟（中国民航机场建筑设计院副总建筑师）：

恢复文化史上有价值的建筑，有一个如何处理时代性与历史的真实性之间关系的问题。要把握好分寸，必须指导思想明确，贯彻始终，不要“折腾”。我认为应该恢复琉璃厂文化街，而且它应该是“京味”十足的街。这可以引用一个“场”的概念：它所处位置并不妨碍现代生活，不要强调时代感，要体现历史的真实感。隆福寺街很有名气，也有人情味，希望能在现有基础上形成一个好的环境，组织好交通，成为步行商业街。北京东风市场和上海城隍庙的改造已有不少教训，不能片面强调“现代化”，都搞成一个大空间。因为有些商业区不仅仅是买东西，还要身临其境体会那个“味儿”，哪怕挨挤也“认”了。

杜白操（中国建筑技术发展中心村镇建设研究所所长、建筑师）：

恢复古建筑有两类情况：①原封不动就地复原；②保留传统风格，功能现代化。琉璃厂可以看成第一类。即便是拿它当一个橱窗，为外宾服务，去赚外汇也可以。如果能够二者兼顾，当然更好，目前这样考虑也无不可。首先，它的成绩表现在这几方面：①总体上基本保留了原有风貌，道路仍然斜交；②店铺建筑的安排自然而且有序；③街心几棵树保留得好，可以与建筑互相衬托。缺点是：①杂——有些杂乱，不同时期做法、不同风格混在一起；②花——颜色太多，调子太浓，给人以“匠气”的感觉；③俗——古倒是古，但古而不朴，华丽而不是素雅，有暴发户的感觉，这与原设计宗旨不符，但俗而不雅的好处是商业气氛浓。再一个问题是，这条风格与众不同的街如何同与之正交的南新华街协调？不妨“退晕”，采取渐变的办法。现在所有临街建筑都在一条线上，很单薄。若是有进有退，有疏有密，则街景会更丰富些。建议二期工程中的公园应搞成三维绿化空间，用花木烘托气氛，协调与新华街的关系，十字交叉口处的过街天桥可搞成玉带桥似的，桥端盖个亭子。若是比例尺度处理得恰当，会相得益彰的。

王志周（北京钢铁设计研究总院高级工程师）：

我从一些专业人员评价琉璃厂的议论中，听到不少和领导同志、老百姓、外国人的反映很不相同之处，这一现象引起了我的深思。听说现在有人提出利用北京一些旧王府中的四合院作涉外宾馆，恐怕也会出现刘总刚才讲的古建筑与现代化生活的关系问题。罗马旧城区在第二次世界大战后采用基本保存原有城市风貌的规划手法，取得的成就闻名于世。但这并未排斥他们用现代技术来装备古建筑，圣彼得大教堂就有四种语言的电子讲解设备和OTIS公司设计的专用电梯。大家只觉得很方便而没有什么不协调之感。长期以来人们在思维指向、思维起点、逻辑规则、评价标准上的单一化，导致了设计过程中思维方式和结论的雷同，也是产生建筑千篇一律的原因之一。建筑设计既然是一种创造性劳动，那就理应突出创造性思维的重要。只有敢于否定那些习以为常的框框，善于从不同的角度想问题，加大思维的“前进跨度”，才能适应时代对建筑师的要求。

宋　融（北京市建筑设计院四所总建筑师）：

我认为可以有三种做法：①留下古董；②加上20世纪80年代的东西成为现代的；③留一点风貌。这第三种像后现代的手法，需要时间的考验。只要有更多人喜欢它，反而可以教育我们要客观一点，现实中它是有价值的。我个人的观点是，赞成琉璃厂就是个盆景，是古董，不必强求在规划上与四周的特殊联系，应尽量探讨如何保留它的原有价值。

傅义通（北京市建筑设计院副总建筑师）：

这个设计采用了古建形式，有古风效果。但个体设计的古风不够精练成熟，群体设计不很成功，没有抓住中国古建群体的舒展和韵味。另外采用古的形式也有个功能符合现代化的问题。仿古的楼梯很陡、很狭，外宾穿高跟鞋就上不去。还有室内照明设计不佳，梁碰头，门槛绊脚等，适用效果欠妥，诸如此类功能上适用的问题，应按现代生活的需要精心设计。

马国馨（北京市建筑设计院建筑师）：

琉璃厂盖起来不容易，太多头了。气氛可以，但每个商店门可罗雀。现有的建筑形式上比较单一，里出外进也比较生硬，有复制古董的意思，三万多平方米，内容这么多，应有所变化，现在的形式是塞进什么内容都行。

顾同曾（北京市建筑设计院建筑师）：

琉璃厂当今的形象与其内容性质不够明确有关，它还应该是条文化街，不能把文化的含义理解得过于狭窄。中国和北京的古老文化是广泛的，现在只表现在卖书画上，太简单了。涉及文房四宝类的，如木版印刷、造纸、制笔、治印、雕砚以及水印木刻等等，不仅卖成品，可以像古老的作坊一样，前店后厂，在那里表演其工艺过程，宣传古文化历史沿革。这条街犹如宣传古文化的博物馆，可能更能吸引人。不买东西，也可增长知识。

美国有个叫Rushmore的小城有一条街，这里有精湛的手工艺，又是淘金区。在店里既卖首饰，也可看到能工巧匠在制作首饰、玻璃器皿和木雕，既充满商业气氛，又能吸引游客。对文化的理解不能太狭窄，明确了内容、性质，再确定建筑形象，如此看来原来的命题和内容就不确切了。文化街，宣传古代文化，那么形象会全然不同。

最近参观了著名的华沙古城。该城很小，第二次世界大战时被炸平了，战后恢复；其建筑形象和气氛保持传统风格，画家在广场卖画，马车在小路上行驶，居民照常在这里居住。教堂不少，有些教堂院落内有画廊、博物馆。虽有商店、餐厅，但整个古城不是商业气氛，而是一个欣赏古文化的旅游城，充满了历史名城固有的文化气息。为了适应现代生活的要求，适当地加宽了马路，不通的道路打通，便于消防。路灯和有些餐馆的照明形式依旧，不过加入了现代化的内容，蜡烛形的电灯会闪烁发光，犹如随风飘荡。

王天锡（建设部北京建筑设计事务所负责人、高级建筑师）：

建成后还未去过，所以谈不出具体意见。笼统地说，恐怕至少有两方面的问题应该考虑。因为这对今后这类工程（如北京隆福寺的改建等）会有参考价值。

一是设计指导思想要明确，包括它的性质、服务对象、与相邻各区的关系等等，一旦确定就要贯彻始终。在建筑格调上与周围环境可以考虑用“退晕”的办法达到谐调统一，但也不是唯一的办法。琉璃厂规划中的步行天桥可以考虑做成某种形式的文化街之门，进门之后自成一体，不一定再要寻求过渡地带。

二是文化街内的做法要力求统一，在统一中求变化。虽然任何人都会这样说，真正做到却极为困难。无论是恢复原有风貌也好，还是在某个基础上改建也好，都不可避免地加入当代的因素，包括人和物两方面的因素，所以建筑师要把好关。首先在考虑如何满足各方面人的口味时要有所分析，特别要注意摒弃那些对民族形式的陈腐之见，其次要能自我控制，有选择地运用某些设计手法，不能十八般武艺全部用上。只有这样才能形成浑然一体、鲜明突出的建筑风格。

顾孟潮（《建筑学报》编辑、建筑师）：

目前不止一个城市在短期突击大搞“××一条街”，我以为这种做法是不足取的。目前已完成的几个“一条街”共同的特点是：规模不小，动辄几百米长的街，几十家上百家店铺，短期突击，尅日完成，而街道店铺的内容比较单一，店铺是凑到一处的，高档货居多，沿街建筑是两层皮，设计质量和施工质量都不太高，经济效益、环境效益上也存在问题。产生问题的原因在于几个主要方面没得到适当的处理。

①一条街与网络整体的关系。一个城市现代化水平高低，道路、交通、商业、文化网络整体运转情况是关键。社会生产、人民生活迫切需要的是均匀分布的网点，而不是少数的“××一条街”。在资金、力量不足的情况下，大搞“一条街”，看起来热闹，实际上只抓了局部，放弃了全局上更迫切的问题。

②标准问题。把建筑标准搞得太高，花钱太多，而且单一卖高档商品、字画、古董等，甭说一般中国知识分子买不起，外宾中能买得起的人有多大比例也值得调查，外宾并非都是豪富大贾，因此不得不在店内将古籍书画与美人挂历、武侠小说杂陈。

③街的内容。一条街要有生命力必须不只面向历史，首先应当面向现实，面向现代化，面向周围环境和居民的需要才成。

④建设程序问题。一条街的形成是历史的积淀，是“长”出来的，不是“挤”出来的。一条街像一条历史的河流，由过去流经现在又流向未来，是长期逐渐形成的。

形成500多米长的一条街绝不是一件简单的事情，急于一下子把文章做完、做好，往往事与愿违。其他如古建、老店面保留方式问题，真假古董问题，设计施工组织问题等。建设“一条街”的实践给我们提出一系列迫待解决的理论和基本方针问题。五十年代曾提出过的“先成街还是先成坊（区）”的问题，今天似有重新认识的必要。

王伯扬（中国建筑工业出版社《建筑师》杂志主编）：

我对琉璃厂有两个基本看法：

1．作为文化商业街，它当然可以为中国知识分子服务，但我怕大多数知识分子不敢领情，进得去而买不起，因而利用它来赚点外汇理所当然。

2．作为复古一条街，它在北京很可能是个孤例。基于这两点，我认为琉璃厂的旅游价值并不亚于文化服务价值。今后应该进一步加强它的旅游功能，把它建成一个书画工艺品博览馆，吸引国内外游客。完全恢复琉璃厂旧貌既无必要，也无可能。既然如此，对于它的建筑形式也就不必过于苛求。虽然它花哨了一点，俗了一点，但总体上看还是蛮像样的。毕竟，比起珠海的九洲城和深圳的香蜜湖来，它是很有文化的。

陈志华（清华大学建筑系副教授）：

琉璃厂本来是北京市很有历史意义的一条街。把它当作文物地段，按照当前世界已经相当成熟了的并且得到公认的原则，妥善地保护起来，这当然是很应该的。可惜，现在的改建是把原有的真古董拆掉，换上了假古董，完全失去了文物价值。旧的没有保住，新的没有创造，两头落了空。这是当初立意的错误，与设计人无关。现在也只好把这篇文章写到底，慢慢改善。

糟糕的是目前造假古董的风正在蔓延。黄鹤楼造起来了，后面有跟着来的。古色古香的“一条街”，都快爬上五台山了。宾馆之类，盖大屋顶的也陆续多了。要说中国建筑界的“时髦”，这复古乃是当今第一条。

搞假古董的人说，造它们是为了发展旅游，看一看天下大势，保护文物建筑、保护历史古城，确是世界一大热门，修复者也有之。这些东西当然也会附带着刺激旅游业，但以新造古董来开展旅游业的，似乎还很少见。偶有一处，都非正经。相反，倒是有悉尼剧院、蓬皮杜中心、西尔斯大厦、东京地下城这样大量招徕游客的崭新的创造。

有人说，外国人到中国来，谁看你的新东西，要看的当然是你的古老文化、传统风格。但细细品味一下这话里包含着多少耻辱，多少危险！如果外国人到中国来仅仅为了访古，难道是我们的光荣？难道我们不应该因这话警醒！

也有很多同志搞假古董并不着眼于外汇，而是正儿八经地要“发扬传统文化”。但是，这种“发扬”却必然以囿于传统文化为前提，代价不是太大了吗？在绘画、书法、戏剧等多个领域，为了“保护传统”，而死死躲在茧子里不肯把它咬破的笑话，咱们可别再闹了。

*本文由顾孟潮整理。

——原载《建筑学报》1986年第4期

长城饭店建筑评论与保护北京古都风貌座谈会

北京土木建筑学会建筑理论学术委员会于1986年3月31日就长城饭店建筑和保护北京古都风貌问题，在京召开建筑评论和座谈会。副主任委员、清华大学建筑系吴焕加副教授主持了会议，到会同志二十余人。会前分别阅读了有关长城饭店设计介绍的资料，会议开始时放映了长城饭店建筑物室内外设计的幻灯片，马国馨建筑师介绍了长城饭店设计者贝克特国际设计公司的有关情况。上午就长城饭店展开评论。下午在傅义通副总建筑师传达北京市建筑艺术委员会关于保护古都风貌的决定后，就此进行座谈讨论。发言中不仅涉及长城饭店具体设计的得失，还谈到建筑与环境的关系，与保护古都风貌的关系，树立新的建筑观念，创造新的建筑风格，避免复古主义重演等问题。

现将会议发言摘要记录如下。

发展要往现代化走

宋　融（北京市建筑设计院四所总建筑师）：

我是带着问题来听会的。无论是合资的还是外资工程设计都有三种路子：①设计成国际式的；②把外国的东西带到工程所在地；③作一个所在国的设计，如长城饭店是美国人设计，就设计成美国式。

第一个问题，我们援外设计也遇到这个问题，到底走哪条路？建受援国式的东西总是比不过本地。北京香山饭店让中国人看还是洋味的。

再一个问题。新设计的建筑与环境怎么协调？是否就是躲、藏、挡等手法，有没有对比的手法（如长城饭店是对比的手法）。

第三个问题，我们作为一个北京市民，希望外国建筑师来搞点什么样的设计？

我认为，从旅游者的角度来说，我们的面貌越老越好；而作为当地人希望变化得越多越好，希望看到和享受到当地所没有的，立场不同。现在经常用外国人的话来压人，都说“为人着想”，但要具体分析为哪些人。我不赞成走统一的路子，如琉璃厂，我不赞成到处都来点儿一样的，旁边来点新的是新景。长城饭店褒贬不一，国外批评，可我们满意。

发展就要往现代化走。九寨沟风景极好，有几个藏民寨子原样不变地留在那里让人看，我认为老是如此是很残忍的。藏民也应有电视天线、抽水马桶等现代化设备，而那肯定要破坏风景。

真正要保留古的东西，是扩大好，还是范围适当不要扩大好。西安的碑林如果只有5个碑更精彩。如果古建周围都用琉璃是保护了它还是发展了它？我的观点不赞成仿古扩大，扩大后就不宝贵了。古有古的精彩之处，过分强调就变得荒谬，要研究它的价值在哪儿，新旧对比才显得宝贵、协调。

据统计，新建的北京为老北京的3～4倍，将来还要发展，会到10倍，无论怎么压也做不到呈水平发展的城市，应考虑既不妨碍它发展，又能保留得更好的办法，把它的价值充分发挥出来。古时看不到"万家灯火"，一个城市的发展必然是新的大于旧的，应合乎这条路，顺乎自然的发展，最难的是第一个吃螃蟹的人。其实"仿古"从一种角度上讲就意味着破坏，复古并不见得对保存古都有利。

有个长城饭店是件好事

吴焕加（清华大学建筑系副教授）：

北京能有个长城饭店这样的建筑是件好事，可以学到不少东西，有了就可以打开眼界。很多人担心北京变成香港、新加坡，实际上并不那么可怕！圆明园的西洋楼在当时还不是相当于长城饭店，清朝皇帝接受了。宣武门教堂，当时也是很洋的，放在一定范围内完全可以。玻璃幕墙有人说坏，但为什么世界各地仍在建？总是有其优点，生产力发展到一定程度，它是"多快好省的材料"。中国将来也会用的，有长城饭店不可怕，还可以参考、琢磨。

提"保护古都风貌"这一口号似乎不够确切。中央对北京的四点指示比较明确。什么叫古都风貌？北京的龙须沟是不是古都风貌？过去的阜成门外一带的破烂景象算不算古都风貌？

玻璃幕墙和古都新貌

马国馨（北京市建筑设计院建筑师）：

长城饭店的设计人曾提出：要使这个旅馆建成以后刺激北京奔向21世纪。但是建成以后并没有像香山饭店那样引起很多的议论。我想这主要是因为贝克特是个商业经营的事务所，它并不像贝聿铭先生那样，想通过香山饭店这个工程来探索他所说的既不同于单纯模仿中国传统建筑也不同于完全模仿欧美的这两种途径，而去探索第三条道路，这自然就引起了人们的注意。长城饭店作为一个商业性事务所的设计就满足了各方面所提出的要求而言，基本上还是成功的。

人们对长城饭店的兴趣更多地集中于它的玻璃幕墙和多层内庭，尤其是对玻璃幕墙这种材料的理解也有助于我们更好地贯彻“保护古都风貌、繁荣建筑创作”。建筑创作要繁荣就必须具有时代感、层次感，应该是多元、多样化的。我们的财力、技术力量限制我们不可能大量应用玻璃幕墙，但有选择的应用也将会大大丰富我们的建筑词汇。因为时代在发展，材料在发展，表现手段在发展，20世纪80年代的建筑就要与六七十年代不同。另外“古都风貌”因时因地也有不同，像长城饭店所处地段，更多地恐怕是古城新貌，虽然在它边上就是20世纪50年代末建的传统形式的农业展览馆，但没有什么必要为了与之谐调而非要使用玻璃瓦小亭子。周围的小型使馆不是早已表现了五花八门的形式了吗？何况玻璃幕墙所具有的“反射”这一特性可以把周围建筑物的四时景色变换都反映在玻璃之中。这种不断变化的动态景色会大大丰富城市的景观。另外，在饭店的各个立面上除去幕墙之外，也有意留出了几条大红色的细条，也可以理解为是让人回忆起中国传统建筑特有的红柱子。

“折中”万岁

王伯扬（《建筑师》杂志主编）：

看了长城饭店后，心里是矛盾的，一方面觉得它给我们带来很多新东西，同时又担心。其时其地放了这么个建筑是否恰当？无疑，如建在上海、广州效果较好，造在北京则为时尚早。从宏观看，北京是历史文化古城，要十分重视保护传统风貌。从微观看，长城饭店选址也不当，由机场进城头一个就看到它，与北京总风貌不太协调。固然，协调可以用对比法，但在特定环境中，渐变更好。西方建筑追求差异，中国传统建筑追求统一，我们应在两者之间找到一个恰当的分界线。长城饭店放到20世纪90年代建，可能就不会引起人们反对。总之，长城饭店是一个不错的作品，但与现时北京对比太强。当然，这种差异最终会被时间磨平。

玻璃幕墙不宜大量发展

顾同曾（北京建筑设计院建筑师）：

玻璃幕墙好看不好看很难说，从纯功能的角度，尤其是从节能观点看，目前在我国似乎不宜大量发展。一是大玻璃本身制造能耗大，后面又加岩棉，又是高能耗材料；二是日常使用能耗高，空调比采暖费用更高。从世界范围看，节能和对建筑进行“绝热化”至“超绝热”设计是现代建筑的趋势。发达国家的年人均能耗量为2.5吨标准煤，我国仅0.6吨，所以围护结构材料的选择要考虑国情，因地制宜。

建筑创作应充分发挥专家作用

杜白操（中国建筑技术发展中心村镇所所长、建筑师）：

听了有关保护北京古城风貌意见的传达，颇有感触。有些问题似乎说得太具体、太死了一些，值得商榷。建筑创作这个问题，不能搞什么硬性的统一规定，而应因时、因地、因条件制宜。由此而联想到“建筑创作要充分发挥专家作用”这个问题。

回顾我国三十多年来的建筑创作史，是一部曲折史、一部进退史、一部起伏史。由于道路弯弯曲曲，步子进进退退，从而导致建筑创作几起几伏，时高时低，其结果限制了建筑的发展，干扰了创作的繁荣。虽其原因有政治、经济、社会和意识形态等诸多方面，但不论其渊源如何，归结到一点，就是没有充分发挥建筑专家的作用。换句话说，就是没有处理好领导与专家的关系，创作问题往往也是领导拍板，谁大谁说了算，这就是问题的症结所在。

尽管建筑是一门边缘学科，内涵涉及功能技术和艺术等方面，其创作规律的特点是“定性”多，“定量”少；成果是以“形”来体现，而不是以“数”去表达。建筑不像数学那样绝对，谁都可能说上几句，但必须明确一种指导思想能让社会认识，要上下遵循，即建筑学是一门科学，对待建筑创作问题要采取严肃的科学态度。过去，有的领导对建筑创作干预得太多，太具体，例如规定层数层高、平面形状，要什么样的屋顶、檐口、门头乃至装饰花纹，等等。“长”字号提出一大堆“问题”，建筑师只能唯命是从，不得不违心地将其拼凑在一起。这还怎么谈得上让专家在建筑创作上发挥作用？！

我认为，领导和专家在建筑创作中的关系只能是彼此合作、相辅相成的关系，领导代表不了专家，只能各司其职、各负其责才能把事情办好。确定一项工程的规模、规格、选址和功能要求等问题，这是有关部门和领导的事，凡涉及设计工作中具体技术和艺术问题的处理则只能由专家办。

近年来，又出现了一种以强调所谓“民族形式”为由的复古势头，国内外都有，值得注意。“保护古都风貌”这一提法也值得推敲。

作为整个城市，要保存古城风貌不必要，也是不可能的，但保护好某些古迹区则是应该的。社会在前进，城市形态、审查观点也在发展，建筑、环境也不能不随这些因素的改变而改变。如果要求新建的房子要讲什么“民族形式”的话，那也不应该照抄照搬，宜采用神似或形似的手法，以写意传神，这才不至于违背现代建筑功能和技术的机理。要这样做，就必须充分发挥建筑专家的作用。

商业化建筑师尽量少为好

王志周（北京钢铁设计研究总院、高级工程师）：

长城饭店这座所谓典型比利时式艺术风格的建筑，在落成后曾赢得了业主和中外旅客的首肯。当时正值对外开放不久，很多人想在祖国土地上亲眼见见西方的现代建筑。长期的自闭状态所形成的社会心理，为长城饭店的“讨巧”造成了一种有利的客观环境。

但是，也有一些外国朋友在把长城饭店与别处同类旅馆建筑相比较，与贝克特公司设计的其他作品相比较后，认为建筑师在如何结合北京地区特点方面没有下什么大的力气，长城饭店只能算是一项平庸之作。今天的我们再回首这个评价，恐怕不少人也会有相同的感觉。

自长城饭店建成后，已有不少高楼拔地而起，而且还会有不少外国建筑师的作品出现在北京城区的地平线上。许多好心的外国朋友担心北京将会步中国香港、新加坡的后尘，传统的城市风貌将会丧失殆尽。“中国建筑创作民族化”的呼声又一次高涨起来。在这些舆论面前，也有一些人担心20世纪50年代的“民族形式”将会在新的口号下乔装打扮重新上场，因为在人们长期惯于延用线性思维的条件下，最容易出现的就是那些“成熟”和“习惯”的东西。

其实，对可能出现或已经出现的建筑形式的种种担心，看来都近乎过虑。路是人走出来的，在这多元化的年代，想以任何一种“完美”的理论或样板来一统建筑创作的天下，恐怕很难办到。只有千百万人共同努力，中国建筑现代化的创作实践和理论探索才能逐步趋近比较成熟的境地。这里面起决定性因素的还是执着的追求和勇敢的探索。从这一点来说，贝聿铭先生胜于贝克特公司。

古今中外建筑师对待创作的态度，总会在这种或那种场合暴露出来。在西方，更多的人把掌握市场行情和揣摩业主心理特征视为最高准则，有些名家大师也不能免此俗。这种商业化建筑师的作品，过去在我们的队伍里也有所反映，而且往往还有用武之地。

我想，如果没有这种探求之心的话，纵有贝克特国际公司那样丰富的经验，也只能做出长城饭店那种迎合于一时的作品。非不能为，是不欲为也。当然，在探索和追求的道路上，等待着先行者们的不一定是桂冠，相反，更大的可能是冷遇和嘲讽。但是为了我们的子孙后代，在我们的队伍中，商业化建筑师还是尽可能少一点为好。

从建筑学观念角度看长城饭店

顾孟潮（《建筑学报》编辑、建筑师）：

人类的建筑学观念发展史经历过五个阶段（或叫作五个里程碑）：

①把建筑作为谋生存的物质手段的阶段——为遮风避雨，防野兽侵袭，构木为巢，穴居野处阶段；

②把建筑奉为艺术之母，当作纯艺术作品的绘画、雕塑对待的阶段——所谓“建筑是凝固的音乐”，这个阶段影响最深远；

③大工业产品时代——以勒·柯比西耶为代表的，把建筑当作“住人的机器”；

④认为建筑是空间艺术的阶段——如赛维所说“空间是建筑的主角”，已开始抓住建筑的本质；

⑤认识到建筑是环境的科学和艺术——由1981年《华沙宣言》提出，这是建筑观念上新的里程碑。但还是比较笼统的，是一个主体矗立起来，而尚未竣工的里程碑，尚需要把它的内涵具体化，揭示出有关规律，这是每一个建筑师责无旁贷的义务。

繁荣建筑创作，观念更新是第一位重要的事情。1980年以来北京先后完工的建国饭店、香山饭店、长城饭店是第五阶段的产物，对于我们建筑学观念的更新有着很大意义，至今我们仍有深入研究、消化、吸收的必要。对于技术、材料、手法等具体的物质方面的消化吸收工作进行得快一些，也容易一些，对于属于观念、理论方面内容消化吸收做得差得多。三个饭店的引进建设对于我们的旅游建筑观念是一个冲击，波及的范围远远超过饭店本身。

长城饭店是美国著名建筑师约翰·波特曼理论的活样板，其设计理论的核心是重视人与环境的关系（既指自然环境也指人造环境）。具体表现在四方面：

①大大丰富了旅馆的内容，把旅馆从单纯建卧房的老框框中解放出来，增加了各类房间、设施和共享空间，实际完成了一座疗养城市。这是旅馆设计观念上的革命。

②玻璃幕墙的采用使开敞和封闭兼得，使室内室外融为一体，白天看不见室内，晚上能看见室内。高80多米（比万寿山高20米，比两个天安门还高）的庞大体量消失了，不是追求雕塑感，而是力图使人感到亲切。

③动与静的结合，特别加强动态的表现。依靠屋顶花园、幕墙的运用、借景、造水景、共享空间、大量运用镜面、暴露电梯……给人活生生的动态形象。水声、背景音乐也加强了环境富有生命的效果。与以往建筑上追求静止的凝重、壮丽、稳定不同，新的美学追求是流动感、生机勃勃、轻盈，与人亲近……

④从人的心理学和行为科学的角度出发处理空间、光线、质感、路线和活动内容。如共享空间的总概念是以人们要求从封闭的环境中解放出来、进行人际交流为依据。水（小溪、喷泉、水池、瀑布）能唤起人们对自然环境的回忆。人有亲水的天性，水能增加动感和光影。不同的场合，光线的明暗、色彩的浓淡、气氛的创造关系极大。

中国建筑界需要新观念的冲击

王明贤（《建筑》杂志编辑）：

长城饭店体现了新的观念，其表现手法使人们获得精神上的自由，这对于传统的建筑观念无疑是个冲击。

从大家的发言中了解到现在的建筑设计有一种倾向——复古。有人喜欢谈神似传统建筑，忘不了大屋顶、琉璃瓦，好像这才符合国情。其实中国的国情是：中国封建社会结构是个超稳定系统，它扼杀新因素，维护古老传统的绝对权威，这种幽灵至今还不能说已彻底清除，因此更需要建筑师大胆创新。为了使中国建筑走向世界，就需要新观念的冲击。中国古建筑是一个独特体系，有很精彩的东西。但现代中国建筑师应当创造出自己时代的建筑，而不是对传统奉若神明，不敢越雷池一步。

所谓现代观念不能为群众所接受的观点是站不住脚的。思想激进的人固然是少数，但这少数人能量却很大，往往能引导社会审美观的发展。在艺术界，近两年的发展相当惊人。如美术界，1984年还有不少人视形式美、自我表现为洪水猛兽；但到了1985年，形式美等很快被接受了，然而青年画家并不满足，企图突破现代主义的精神层次，以达到更高的哲学层次。与此相比，建筑界的发展似乎太缓慢了。我们的建筑师如果不在急遽变化的时代面前振作起来，大胆创造，就会落后于时代。

应防止重刮复古风

周治良（北京市建筑设计院副总建筑师）：

在三环路搞个长城饭店还是可以的，使大家在国内就可以看到这类建筑，但是搞多了也没有必要。设计长城饭店的建筑师有一定的水平，但是长城饭店的设计也存在不少问题，玻璃幕墙很贵，而在北京采用灰蓝色玻璃幕墙，效果不好；张仃同志的壁画挡在光亮的柱子后面位置不当；来宾进门厅看不见等候的人，门厅设计的不好等。

讨论中谈到建筑传统和革新的问题。目前北京市提出“保护古都风貌，繁荣建筑创作”是完全正确的。北京每年开复工建筑几千万平方米，竣工800万平方米，不考虑这个问题，古都风貌就有可能被“淹没”或“蚕食”。但是如何保护古建筑和创造民族风格的新建筑，看法很有分歧。我认为城市规划和建筑设计中，民族形式要提倡“百花齐放，百家争鸣”，大胆更新，要多样化，不要一下就定调子。“仿古建筑”是一种形式，但琉璃瓦、大屋顶不是唯一的民族形式。中国建筑的“精华”是什么，随着对中国建筑的研究，认识不断深化。20世纪30年代提出中国建筑有七大特点（以宫室为主体；对称布局；三段立面和大屋顶；精巧装修，丰富纹样，强烈色彩；木结构；斗栱），从形式上考虑多，到20世纪80年代看到群体组合；内外空间结合，建筑与环境结合；建筑与室内装修结合才是中国建筑的精华，群体构图和空间艺术更为重要；在建筑设计中吸取中国建筑的精华是取其“神似”还是“形似”也有争论。在不同地区、不同性质的建筑，对民族形式的要求也要有所不同，应区别对待，不要强求统一，更要警惕“复古主义”之风不可刮。当前“保护古都风貌，繁荣建筑创作”不仅是理论问题，已是实际问题了，需要大家努力探索，不断实践，得到正确的答案。

新建筑应有当代新风格

陈志华（清华大学建筑系副教授）：

长城饭店不是怪物，也不是异端，它是一座普普通通的现代化建筑。有钱而想造，就可以造，无钱而不想造，就不造，都无所谓，没有什么问题可以讨论。

长城饭店在当今算不上是有什么创新、有什么成就的重要建筑物，但它仍然给北京增添了一点儿新东西，破了点儿千篇一律，让北京人长了点儿见识。可见北京迫切需要新建筑。

它跟古都风貌也没有什么值得指责的恶劣关系。古都风貌唯一的、不可代替的载体是古建筑和古城区。此外，什么建筑也搞不成古都风貌。即使把美术馆、民族宫、友谊宾馆、火车站、“四部一会”拿来排成一条街，也绝不是古都风貌，当然也不是现代风貌。

一方面，列为文物受保护的古建筑和古城区还很少、很少，破坏还在继续，已列为文物的也因为经费或其他原因而没有受到应得的严格保护；另一方面又要花钱给新建筑物扣大屋顶，名为保护古都风貌，这叫我们说什么好呢？把造新大屋顶的钱用在保护真正的古都风貌上，这才是正经。

新建筑就应该是新风貌。它要跟当代的物质文明协调，要跟新的社会主义精神文明协调。它应该是我们这个时代的“历史见证”，这是一个古老而落后的民族摆脱沉重的历史包袱“面向现代化、面向世界、面向未来”的伟大的转折时代，这绝不是一个因循守旧、谨小慎微的时代。新建筑不要写错了历史。

要保护好北京的古建筑和一部分古城区，这是一项十分严肃、十分迫切的任务，是规划和设计的重要课题。任何人都不应该轻视或者草率从事。但它并不要求新建筑去仿古。旃檀寺的那几座大楼，清一色的传统大屋顶，仍然大煞了北海的风景，人人摇头。如果在那儿控制新建筑物的高度和体量，即使造一座勒·柯布西耶的萨伏依别墅也对北海风景毫无影响。

跟我们许多同志的认识相反，国际文物建筑保护界公认的权威文件《威尼斯宪章》却规定在扩建文物建筑时必须采用当代的风格，不可造成历史的混乱。现在古城区的保护也引用这条原则，在古城区内增添少数建筑物的时候必须采用当代新风格。但要求在体形、尺度、构图、色彩等方面精心推敲，做到与古建筑相得益彰。这样就既尊重了历史，也尊重了自己的时代。

当然，这样做就比较难，比起用假古董去跟真古董协调，它需要真正的水平。但是有一句“豪言壮语”，叫：“没有困难，还要我们干什么”，请大家不要见笑或者见怪。

话说回来，只要从规划上控制好了，这问题也可以不那么难，现在北京市抓新建筑的高度，这一招就很好，可以避开许多难啃的“硬骨头”，而且也是保护古建筑与古都环境的最有效的一招。

“风貌”的概念应当准确

王美娟（清华大学建筑系讲师）：

保持古都风貌与保护古代建筑和古文物是两个不同概念，保持古都风貌从广义上讲包含了保护古建筑、保护古迹、保护北京的古文物风土人情等，但不能说保持古都风貌就是保护古建筑，就是要搞古建筑。如龙须沟是旧北京城的风貌，但并没有把它保留下来，只是作为历史的过去，而像故宫、紫禁城、天坛等这些名胜古迹、民族的遗产就应该充分加以保护和维修不至于年久失修，遭到破坏，另外保持古都风貌也不等于都要盖大屋顶的房子才算是体现了古都风貌，因此什么叫古都风貌应该有准确的理解，也希望建筑界争鸣！

关于什么叫民族形式和社会主义内容？希望建筑界有些理论性的评论文章，否则理解上的错误会导致复古的倾向，大屋顶就会泛滥起来了。

“新而中”的追求

萧　默（《中国美术报》建筑版编辑）：

今天谈的两个问题，一是长城饭店，二是古都风貌的保存，都很难发表意见，都是些特殊的问题，而目前面临的大多数建筑任务，不会像长城饭店标准那么高，也不都是旅游宾馆，除了北京和西安等少数城市，也不存在古都风貌问题，所以，不能从这两个特殊问题得出一般的结论。

听说有这个看法，认为民族形式就是大屋顶和斗栱，这是很大的误解。民族形式是“历史的”，也就是说是动态的、发展的。建筑史千言万句，最重要的一句就是建筑是发展的，这也应该是建筑师和负责建筑事业的领导最重要的理论观点之一。就拿大屋顶来说，也是发展的，并不是从来如此。唐代屋顶的屋角大部分都不起翘，檐子是平的，屋坡也和缓，宋以后角翘才开始普及，这种变化和结构有本质联系；甚至屋顶还有另一个发展趋势即由大变小，悬山顶在明清时就大有被硬山取代的趋势。只从屋顶、斗栱这些外在表面的东西来看待民族形式是太不够了。

听说有人问过黑川纪章现代可以从紫禁城吸收些什么，黑川纪章说应该多注意虚的东西，如果理解的不错，这虚的就不是外在的、可见的实体，而是内在的精神实质。

我接触的一些青年同志大多还想在“新而中”的路子上多做探求，我看应该在民族性格、民族审美心理特点这些虚的东西上多下功夫。

借鉴传统也主要是看看古代中国的民族气质是怎样的，传统是怎样完成任务的，而我们现代又是怎样的，我们应该怎样去完成这个任务，不要把认识只停留在表面上。所以古都风貌的保存就不一定非得规定用大屋顶和斗栱不可，甚至连色彩也规定好了，那太僵化了。层高是要控制，局部地段也可以多一点具体要求，但广大地段还是要鼓励“新而中”，既维护风貌的谐调（不是等同），又体现时代精神。

长城饭店基本是全洋式的，美国现代式，在深圳和珠海更多，还有西班牙式的、土耳其式的，我看有一些也很好，扩大些视野，就近借鉴。但这些毕竟还是比较特殊的建筑，不具有普遍指导意义。建筑是一个多元的、多层次的文化现象，就普遍情况而言，它既然也是文化，那当然也应该具有中国文化的气派。这倒不是完全为了让洋人来看，有些洋人可能就是希望中国成为一个印第安保留地供他们猎奇，但多数还不是这样。我们在《中国美术报》上重发了日本人本间义人的《急于求成的中国城市开发》，以东京的教训提出了保持北京古都风貌的忠告，本间先生就完全是善意的（见《中国美术报》，第13期）。我们希望西藏、新疆和西双版纳的建筑不要搞得和内地甚至和外国一样，要有当地的民族文化气息，不要中断了，也毫无恶意。最近我看了一批新疆新建筑的照片，我觉得还不错，他们叫作新伊斯兰，的确很新，又有浓厚的民族文化特色。所以长城饭店的“新而洋”也不能成为方向，在我们广大的国土上，还是应该向“新而中”的方向奋斗。

类似以上的问题，在美术界也争得很热闹，大概只有经过争鸣和实践，才会更明确一些。

现代主义并未统治中国

曾昭奋（《世界建筑》）副主编）：

有两句诗“潮平两岸阔，风正一帆悬”，用来品评长城饭店很合适。太平盛世正潮平，驶进来一只洋帆船！在东环路上如此；从我们几年来建筑创作的“河流”看，也是如此。只要我们“风正”，应该欢迎驶进来更多帆船，不仅驶到东环路，也可驶到长安街。

长城饭店虽不是我们自己的作品，但它是我们新时期的产物。没有对外开放、“三个面向”（面向现代化，面向世界，面向未来）的形势，就不可能出现这种镜面玻璃的长城饭店，而只能重新出现戴着瓜皮帽的自诩为民族形式的假古董的长城饭店。

长城饭店未建之时，有些人忧心忡忡，怕这么一只小帆船驶进来会给我们的建筑创作，给我们的城市景观带来什么乱子，希望它越远越好。现在看来，并没有什么不测的事情发生。它给我们带来的是新的信息、新的西洋文化，还有具体的财政收入。在东环路上看到它，也并没有似乎到了外国的感觉，感到这地方比以前充实、鲜亮了。我们阳光灿烂、百舸争流的江面上，更活跃，更神气了。

贝聿铭去年在美国发表谈话时称："现代主义又统治了中国"。看到这个消息时，正好黑川纪章来中国，我问他对贝聿铭的观点有何看法。黑川纪章说："如果是这样的话，就不会出现香山饭店了。"他的这句话似乎有两层意思：①现代主义并没有统治中国；②香山饭店并不是现代主义的。显然黑川比贝聿铭有更客观、更正确的见解。现代主义确实并没有在中国占据压倒一切的地位，即使是中国式的现代主义，其地位实际上也仍十分脆弱。我们的房子盖了那么多，绝大多数没有大屋顶、琉璃瓦。正是这些没有套上"民族形式"的大量建筑物，在中国还没有取得"正统"的地位，遑论占据"统治"地位了。

据报纸消息，最近首都建筑艺术委员会开了会，认为"古都的风貌被毫无民族特色的建筑破坏"了，正酝酿着"城区各种新建筑的规模、外观的颜色、屋顶的形状等，分别提出具体要求，制定法规等，以维护文化古都风貌"。

但是，从上述各种"具体要求"来看是企图恢复古都风貌，而不仅是"维护"。北京是一个古都，又是一个新的首都，经过三十多年来的伟大建设实践，确实已经面貌一新。城墙和城楼被拆除之后，古都风貌就很难再"维护"了；在"建筑的规模、外观的颜色、屋顶的形状"等框框里做设计，将只能是一些折中主义、复古主义的东西，将只能是一些与现代化、工业化的道路背道而驰的东西，将只能是一些花钱不讨好的东西。

我们的故宫、天坛等古建筑群应该精心维护，我们的若干四合院街道在经济能力许可的情况下，应加以维修、改善（绝不是维护其目前的"风貌"）。但新的建筑应该是20世纪的、21世纪的设计——建筑师创作的现代化建筑将为首都带来更动人的风采，让首都展现出更壮丽的身姿。到底是它的旧风貌还是经过了多年建设而出现的当今新风貌更能体现我们的文化、感情，更能与祖国前进的步调相一致呢？

看来，复古之风是要刮一阵子。最近人们对个别刚落成的仿古建筑的颂扬已达到无以复加的高度，还特别提出几个仿古建筑师"创新"的样板。我想，这类问题还是可以讨论的。

中西合璧的长城饭店

布正伟（中国民航机场设计院副总建筑师）：

长城饭店的建成对我们头脑中的“正统建筑”观念无疑是一个有力的冲击。

在北京亮马河畔、农业展览馆附近建旅馆，究竟能不能采用简洁的几何形体和镜面玻璃？长城饭店的建成做了肯定的回答。

我经农展馆、亮马河上班或出差往返机场的路上时，总要不由自主地多打量长城饭店几眼。我总感觉，它以难得的大家风度为这一带文雅的环境增添了不少美色——既有一种与环境和谐的美，又有一种为许多人所向往的现代科学技术的美！这正是它风格创造的难度所在，也是它作出的特有贡献。

长城饭店的风格也是“中西合璧”，但它与香山饭店的思路与手法不同（都是根据不同的创作条件因势利导）。从外表上看，长城饭店是够“洋”的了，但设计人在理所当然地做“减法”的过程中，还是精心地运用了符号学原理，通过光、亮的外表传递了一些经过筛选的审美视觉信息。

这件作品之所以能与环境和谐，并不是因为像书本上或有些人说的那样，“它自身就能影射周围的景物”——具体到长城饭店，这大概就是比较典型的“空头理论”了吧！事实上，它周围比较空旷，即使是天上的云彩，也不是时时在任何角度都能从镜面玻璃上看得到它的反影的。我从实际观察中悟到的一个道理是，设计者成功地运用了两类符号。首先是色彩符号，建筑物全身的银灰色是与北京传统建筑（如大片的四合院住宅群）的基本色调相吻合的。在这样沉着、素雅的大面积背景色上，又大胆地加上了几条通高的柱状红色“装饰”，这就使人觉得并不陌生，而有一种微妙的亲近感。这种色彩符号的运用，的确产生了“Less is more”的审美效应。其次，设计者在构形符号上也颇费苦心。由于是玻璃幕墙，根本不可能像香山饭店那样在门窗以及实墙上通过提炼、变形的手法去创造丰富多彩的视觉符号系统。在这里，构形符号全都“凝聚”在主体中央高处梁悬挑的顶盖上——这顶带小坡面的八角多面体“帽子”，不仅尺度掌握得好（玻璃幕墙使建筑物失去了尺度），而且一反“轻飘”的姿态，显示出它的拙味和个性（相比之下，有一两处新建饭店的“帽子”就逊色一筹）。不管设计者是有意的还是无意的，长城饭店的顶盖造型处理也会使人影影绰绰地产生对我国传统建筑屋顶的某些联想。我认为不应该忌讳这一点——能自然而然地给人们带来各种联想（包括对过去的联想），这正是在“高技术”与“高情感”之间应当努力架起的一座桥梁。

每当我路过长城饭店时，总为它靠南北马路一侧的建筑处理感到遗憾。浅米色花岗石砌筑以隐喻“长城”，并借此粗糙材料与镜面玻璃取得强烈对比，这些想法原本是好的，但在具体设计中，实墙面太高太大，把镜面玻璃的主体差不多都遮挡了，特别是花岗石石块分缝密集，显得有些雕琢和匠气。此外，这堵大实墙上挂的长城饭店店标，设计的也不协调、不精彩，而这正是画龙点睛的地方，本该慎之又慎。但不论还有多少不足，这些都不能否定它在中国现代建筑繁荣之后也有存在的价值——因为它不是浅薄的时髦建筑，而是在探索的崎岖道路上扎扎实实向前走下的“一个脚印”！

关于新老建筑关系问题

王贵祥（北京建筑工程学院建筑系教师）：

一种意见认为，在古建筑附近建造不同时代、不同风格的新建筑，正可体现建筑的历史性与多样性，如古老的教堂与现代化的玻璃幕墙建筑的并立、中世纪的巴黎圣母院与现代高技派的蓬皮杜文化艺术中心的并立，等等。这一意见对于欧美建筑应该说还是行得通的，但是如果用之规范中国古建筑附近新建建筑物的原则，还似有不妥之处。原因在于中西古典建筑是两个截然不同的体系，西方古建筑多以个体见胜，一座教堂、一栋府邸，本身就是一个独立而完整的艺术整体。大多数的现代建筑也都是个性很强的建筑作品。一座座具有不同性格的个性很强的建筑并列在一起，尽管风格上千差万别，却如展廊中一个个不同时代的独立艺术品之并列一样，形成对比效果的多样统一，虽琳琅满目，而无害大局。与此相反，我国古建筑则强调建筑的群体效果，即使宏大如太和殿者，也只是整个组群中的一个部分，自身并不是一个独立自足的个体。小至一座寺庙、一座园林，大至一座宫殿建筑群，乃至一座城市，都组织在富有秩序感的整体组群中，有轴线关系，有主从关系，有向背关系，有呼应关系，有起伏跌宕，每一个个体都不能离开群体而自立，而新增的每一个个体，如果不服从总体的组群关系，就会有格格不入之感。诸如故宫西华门内的仿古楼房、北海西邻的高大宏伟建筑等，虽然用了种种中国建筑的符号，如大屋顶、琉璃瓦等、但对总体群组效果的破坏仍是十分明显的。由此可见，在保留较完整的古建筑群旁，如果不加分析地照搬欧美的作品，建造全新的现代建筑，效果一定不会很好。

其实，欧美建筑中也有很多以群体见胜的优秀范例，如雅典卫城、圣马可广场等，在这样构图严谨的古建筑群中如果生硬地布置上一座玻璃幕墙式办公大楼效果也不一定很好。当然，在不影响古建筑群固有效果的地方，则不必过分拘泥于旧有建筑形式，如北京城市建设中，在二环内，只要适当地控制建筑高度及加强街巷绿化效果，不影响北京城固有的以宫殿为中心的总体布局，不破坏保留较完整的古建筑群效果就可以了，强求整座城市一律采用仿古建筑的形式，则是不必要也行不通的。将建筑的保护、古文化遗产的保存、古城基本风貌的保留，与体现城市的现代化，体现建筑风格的多样化与时代感结合起来，才能看到更切合实际的建设方针。

*本文由顾孟潮、顾同曾整理。

——原载《建筑学报》1986年第7期

继承传统　不断创新

——记首都建筑艺术委员会繁荣建筑创作座谈会

1987年3月3日，首都建筑艺术委员会邀请部分专家、学者和设计人员，在京召开繁荣建筑创作座谈会，对获首届首都优秀建筑艺术设计奖的作品进行分析、评论，并对今后如何维护文化古都风貌，繁荣建筑艺术创作问题进行讨论。会议由首都建筑艺术委员会主任周永源主持，会议邀请部分作者介绍了本次优秀建筑艺术设计获奖作品的特点，与会代表结合获奖作品对近年来首都的建筑创作进行了分析评论，并针对首都建筑艺术创作实践中存在的问题，阐述了各自的看法。现按发言顺序将到会同志们的发言摘要刊登，以飨读者。

张镈：

我谈五点看法。

第一是规划。我们许多建筑师在学校学的个体设计较多，但规划的概念不太强。我想谈的规划是个体与群体的关系。这次的获奖方案有许多是考虑了这一关系，也就是考虑了大环境。

第二，我越来越感到实用、经济、美观这种讲法应该修改一下，应该是经济第一，没有经济，实用和美观也是没有基础的。我常爱算账，我觉得建筑师如果不注意算经济账，就不是一个好的建筑师，因此我认为技术经济指标应该放在第一位。

第三是实用，即功能。我觉得功能中也有意识形态问题，也就是为谁服务的问题。例如某外资饭店，没有后勤和服务员休息的地方，这对于我们国家不太合适。我们不光要为前台服务，也要考虑到后台人员的休息。我认为在设计中还是要带着阶级感情去做设计。

第四是技术。我觉得古为今用、洋为中用、推陈出新很正确，现在很多青年建筑师不讲古为今用。我主张在北京搞设计应该百花齐放。现在前门附近搞了几个钢结构的楼房与原有建筑很不协调。

第五是艺术。实际上在建筑设计之前就已考虑到艺术了。因此，我的总归纳就是规划—经济—功能—技术—艺术。

赵冬日：

我谈的第一个问题是环境。我认为规划应该首先为建筑师创造好条件。具体到北京，很多问题出在规划上，而不是建筑设计。例如北京的许多立交桥附近都很早就盖上了房子，都离立交桥很近，从视线上、交通上讲都是很不利的，这不能说是建筑师的问题，而是规划的问题。最近讨论北京风貌的文章很多，我觉得单讲古都风貌还不能满足，还应讲“首都风貌”，首都风貌应该和古都风貌同时体现。现在的首都风貌就是在城的四周盖了些洋楼，这还不能叫“首都风貌”。

第二是建筑形式、建筑功能。新中国成立这么多年来，这样大规模的建设在世界上也是不多的，但是直到今天，也没有形成一个中国的建筑风格。不但没有形成中国的风格，倒是把外国的东西都搬来了，这是不能令人满意的。我个人认为，我们应该有个属于自己的风格。

第三，希望中国建筑师要精心设计。精心设计包括功能，又包括形式。外国人在设计上玩弄的几何游戏，我们再来搞，我是很不赞成的。

王炜钰：

我想结合获奖工程谈点个人感受：

（1）建筑与环境的协调应放在首位，例如台盟总部办公楼把环境问题考虑进去了，是一个较好的尝试。

（2）我也认为古城风貌不能只讲一个“古”字，在北京这个地方，需要考虑古的地方就要考虑古的，不应该考虑古的地方就应该考虑“洋”的。古都新貌还是要立足于今，立足于中，但无论怎么说，我们都不应该丢掉传统。

刘少宗：

我们在香山饭店园林设计中运用了中国传统的“相地”手法，所谓“相地”就是要实地考查，我们在设计时多次到现场，推敲香山饭店庭园与“鬼见愁”山峰的关系，与南山红叶区的关系等等。并运用传统造园中的巧于因借等手法，充分利用原有条件，不仅创造了环境，而且保护了古树。但香山饭店庭园设计也有不足之处，如造价较高。

我们在城市绿地设计中，也打破了过去街道两侧树木成排成行的做法，在北三环路、德清路、三里河路等的绿化布局，就是采取星星点点、自然成行的办法，使城市公共绿地和道路两侧的景色突破了单调呆板的形式，群众反映说比过去的道路面貌有了很大进步。

谢玉明：

从这次评奖，我们可以看到对园林绿化是比较重视的。我认为优秀设计不仅仅是建筑设计本身孤立的产物，而应是建筑与环境结合的产物。从保护古都风貌上讲，园林绿化的投资并不多，但效果很好。在建筑设计中，应该加强建筑师与园林工程师之间的合作，并多运用中国传统的造园手法。

柴裴义：

我们正处在一个繁荣建筑创作的新时代，环境对我们非常有利。贸促会国际展览中心2~5号馆是我们吸取了国外先进经验设计的一个作品。在设计上我们使用了很多夸张的手法，并在简单体形的适当部位进行切、挖以取得既简练又较丰富的效果。在空间处理上使展览空间能够灵活分隔。展览厅内没有吊灯，使空间网架暴露在外，显得朴实、大方。另外，在入口处理上，我们也运用了对比等手法，使入口明显。在总体布局上，我们将四个大空间的展览馆做成四个正方形，中间用休息厅连接，并高出展览厅，使整个建筑呈现出高低起伏的韵律。

张忠义：

北京是个古都，又是首都，如何保持古都风貌，是我们建筑工作者的责任。前些日子我到广州等地参观，看到许多黄琉璃瓦的屋顶，我个人认为这不能作为北京市城市建设的道路。

大堡台西汉墓展览馆是我们前些年设计的一个工程，当时工程造价很低，如何体现汉墓展览馆这样一个特殊建筑，我做了些调查。根据文化局同志的介绍，汉墓当时是个倒斗形的，所以在建筑造型上也受启发于这一形式，取得了较好效果。在色彩上也尽量避免艳丽、豪华。

谢秉漫：

北京的古都风貌已经受到一些破坏，所以我们在设计新建筑时，一定要想到古都风貌，这样才能对我们的古迹有所保护。在设计上，我们还要充分考虑环境。人民生活水平越高，越需要休息，但北京的公园远远不够，城市绿地及休息环境也远远不够。在许多公共场所，找不到休息处。所以我在设计李大钊烈士陵园时，就从环境出发，注意保护文物古迹，使建筑与环境有效地结合在一起。

彭世明：

三元立交桥是北京的门户，条件相当好，从城市交通设施上讲，也有艺术性。然而这种市政设施与其他建筑相比，更有它的独特性。首先要解决经济和艺术的矛盾。在设计上，我们从宏观考虑，使结构形式体现艺术性；并且与园林绿化部门配合，打破过去立交桥孤立地耸立在街心的状况，使人们能够进入立交桥中的空地，不仅满足了交通功能，还为群众创造了一个良好的休息环境。

刘国昭：

我觉得我们现在的规划还没有拿出一个较详细的方案，从我们搞的几项详细规划来说考虑得还不够全面。从体制上看，也应提高规划人员的地位，规划上应该有权威人士来把关。另外，规划中只限制了高度，我认为还应该有个体量限制，在市区规定得越细越好。在风貌问题上，我们建筑界还有很多人对这个问题不够重视，特别是中青年人，他们认为讲风貌、讲古都都是封建的东西，我们应纠正这种认识。

王健平：

以建筑艺术为专题来进行座谈，过去是不多的，今天大家都谈到建筑和环境的关系，这个问题是建筑艺术构思中很重要的问题。另外，大家还谈到维护古都风貌，保护传统建筑等问题，我认为大家的意见都是很正确的。在特定的历史条件下，我们设计了一些仿古建筑，这些仿古建筑在北京一些特定的古建筑区，往往容易取得较好的效果，容易与周围环境协调。但是在北京这样一个首都，也应注意提倡具有时代风貌的创造手法涌现，这样，建筑艺术创作才能更加繁荣。

檀 馨：

谈两点体会。

第一，我们是搞环境设计的，首要的责任就是发现艺术美，发现环境美。随着园林设计地位的提高，要求我们搞园林艺术创造的人必须有一个较高的追求，不能只满足已有的传统经验。例如我们在设计丁香碧桃园时，就打破以往的做法，留出大片草地，这在国内是不常见的，但建成后效果很好。由此我想到在设计时应该不断摆脱传统的束缚，大胆进行创新。

第二点，我们搞园林设计的同志，应该有一个严谨的态度、谦虚的作风。园林设计是集体的创造，大家通力合作，才能使园林设计得以实现。

安学同：

我们设计的台盟总部办公楼这次获得好评，只能说仅仅是开始，还有很多工作等着我们去做。建筑艺术关系到经济、体制、管理等各个方面。人们随着生活水平的提高，对建筑艺术的要求也更加提高了，我认为建筑主要是为人服务的，所以它的功能很重要。作为一个城市，应该有它的格调，使之成为一个统一的整体。

刘小石：

我觉得这次评奖活动是比较成功的，这对我们搞规划工作的同志是一个很大的支持。以前我们还经常讨论建筑是不是艺术，一说建筑是艺术就是唯美主义，这次评奖可以说是一个拨乱反正。使建筑师们真正认识到建筑不光是物质产物，还是一件艺术作品，是一个精神产物。

我们今天要设计建筑作品，就是要搞好建筑与环境的关系。我们搞规划的同志，今后一定要多为建筑师着想，给建筑师以创作的余地。

戴念慈：

我认为建筑设计贵在创造，如果没有创造，只按照一个公式做，就谈不上是建筑设计了。搞设计还有一个很重要的问题就是如何借鉴前人的经验。如果我们一概不要前人的经验，那么我们的创造就一定会是低水平上的重复，也就始终是从零开始。如果我们借鉴了前人的经验，从十开始起步，那么就会走得更远一点。

我记得有这样一句话“不进步的东西就在于两个字——传统”，我是不赞成这句话的。我们有“五四”的传统，也有延安的传统。“五四”的传统也好，延安的传统也好，都有很多好的东西。就是封建传统，也不能一概而论，也要加以分析。我最近看到一篇文章，大意是既然封建的东西占统治地位，那时的东西还有什么好吸收的呢？这里有个问题，好像只有统治阶级的东西才值得注意，少数的不占统治地位的东西就不应被我们注意，这是否有点风派逻辑呢？我觉得问题不在于多数少数，而在于是否是民族的精华，还是封建的糟粕。

我们常讲形式服从功能，我们现在一说内容，只是技术和材料，这还不十分正确，我认为内容应该是一个科学的范畴。影响建筑的因素很多，随着时间变化，因素也在变化。内容变了，形式就要变化。内容变了以后，建筑就要突破旧的形式，它要突破的只是不适应这个内容的旧形式，而不是突破全部的旧形式。

顾孟潮：

本次评奖有一个突出的特点：评奖的面空前的扩大了。不仅有建筑物和建筑群的设计获奖，还有立交桥工程、街道园林绿化、街道改建等。这可喜地说明，我们正在建立和巩固环境观念。建筑师、工程师、园林设计师、美术家的合作、相互理解和支持大大加强了。环境艺术需要各方面的真诚合作和加强整体环境的设计，这方面的经验很值得我们认真总结。

建筑艺术作为环境艺术，本身就要加强横向联系。不仅要加强从事各专业设计工作人员的、行业内部的相互理解和支持，而且需要领导、社会、舆论界的理解和支持。同时已经获奖的项目优点在哪里，如果不为社会和群众所了解，就不能保持下去。我很担心建成后的改动。我看了国际展览中心外面豆腐块式的草坪外加的熊猫栏杆，台盟总部办公楼单位自加的小桥和假山，东方歌舞团院内自加的花墙和小房子，觉得是对优秀艺术作品的破坏。这也说明我们要加强建筑艺术评论及有关的舆论宣传工作。

第一届首都优秀建筑艺术设计评选获奖名单

奖项	设计项目名称	主要设计成员
一等奖	贸促会国际展览中心2～5号馆 香山饭店庭园	柴裴文　张灭纯 檀　馨　王明煜　刘少宗
二等奖	北京天文台 东方歌舞团业务用房 台湾民主自治同盟总部办公楼 首都国际机场航站楼 三元立体交叉桥工程 中国画研究院 李大钊烈士陵园	陈宗纹 孙风岐　许宏庄 安学同 刘国昭　倪国元 彭世明　何　伟 杜秉义　范励修 沈继仁 谢秉漫
三等奖	贸促会、海洋局办公楼 大葆台西汉墓展览馆 北京图书馆东阅览楼 北京市第四中学教学楼 卧佛寺植物园牡丹园、丁香 碧桃园 三里河街道及小游园绿化 北京动物园雉鸡馆 琉璃厂文化街改建工程	徐桂琴 张忠义　李绮霞 肖启益 黄　汇 檀　馨　杨　沪 王明煜　谢玉明 檀　馨　李淑凤　罗子厚 张郁华　李宝铿 张光恺　梁震宇 姜翙芳　曹学文

——原载《建筑学报》1987年第6期

清华大学图书馆新馆建筑设计评论会

张祖刚（中国建筑学会）：

今天《建筑学报》编辑部邀请一些专家、教授对清华大学图书馆新馆工程的设计进行评论。为什么选这个项目，这是因为我们一直在寻找不使用豪华材料，但能做好设计，使其具有思想内涵的优秀建筑工程设计实例，它正好符合这种情况。北京的一些同志称之为“粗粮细作”设计，上海称之为“烧好一碗阳春面”的建筑作品。在欧洲、美洲，我看到不少这类建筑实例，并不华贵，简洁朴素，但体现着文化内涵。我们今日的建筑设计以及城市规划，就总体而言，处于“粗放”阶段，今后要朝着“精耕细作”的方向发展。我们认为，清华大学图书馆新馆工程设计可以作为一个“精耕细作”的设计实例进行推广。当然，是不是这种情况，我们的想法对不对，还要看大家的评论。

下面我先简单说一下这个设计的特点，抛砖引玉。

（1）整体环境和谐。新馆同老馆、大礼堂形成一个整体，三者之间有着轴线联系的呼应关系。老建筑得到尊重，而不是为了突出新馆将老建筑处于陪衬地位。从新馆内的敞窗，能观赏到老馆、大礼堂的优美景观。在建筑处理上，新馆的材料、拱门、高度、色彩、装饰等同老馆协调一致。

（2）建筑序列富有节奏变化。从整体上看，虽然老建筑突出，但建筑空间高潮仍在新馆。采用的是隐藏的手法，深入到里面，布置了一个有水池、花木的内庭院，院西为新馆入口，从入口步进前厅，继而上到中庭，形成空间高潮，然后再到各个阅览室，里面又有一个内院，空间层次丰富，具有韵律感。

（3）功能合理，设施现代化，使用管理方便。这些空间的变化都是根据存书、阅览的功能需要精心组织的。书库在西，作为阅览与操场的隔离地段，使阅览安静。多数为开架阅览，方便读者。中庭作为中心，活动方便。中庭及其周围以及院落有许多交往和休息空间，适合人们活动，这些环境具有舒适感和文化气氛。此外，电脑管理、重要文献管理、空调等设备安排都符合现代化管理的要求。

（4）材料朴实，重点装饰，高雅大方。使用的大都是一般材料，设计重视空间、比例、尺度，仅在前厅、中庭、贵宾室、门头等处使用一些高档材料和装饰，重点突出，具有文化意味和高雅气氛。

（5）建筑技术有改进。如阅览室的窗，可上下对流，通风好，且密闭节能；中庭的双层透明屋顶，防漏，无眩光，光线均匀。

不足之处是，一些家具、灯具等不够协调，部分绿化、小品还可进一步推敲。

现请大家深入评论。

彭培根（大地建筑事务所）：

关肇邺教授自己提出来，他对清华大学新图书馆（以下简称新馆）的设计是本着“追求美好、不讲新奇”的原则。他尤其不赞成那些为新而新的在建筑物贴些符号的“新颖”设计。我是很同意关先生的说法的。因为我对新馆的设计图早有了解和赞同，所以在该馆的施工阶段我多次溜入了工地“先睹为快”。我对这个竣工的新馆总的印象是它达到了关先生自己要求的“美好”的目标。它在国内应该不仅是一个优秀设计，同时也是一个优质施工的工程项目，并且从国际水平之客观地比较也能算是一个优秀设计。关先生的作品如其人，是一位基本功扎实、工作精致的建筑师。我个人把他当作国内建筑大师之一来看待。作为清华大学的一名教师以及作为关先生和他的设计小组成员的学弟和同事，我觉得清华能有一幢这么美好的建筑以及追求美好的建筑大师，我深以能分享清华和关先生以及他的设计小组的荣誉而高兴。

至于关肇邺提到他不追求新奇的设计观念，我想补充一点我个人粗浅的意见。

这学期我担任了一门三至五年级学生的选修课——《理性建筑》（*Rational Architecture*，为使学生能直接掌握英语建筑语汇，全部用英语教），课中介绍的一些观念正巧可以用来接着关肇邺的观念往下阐述引申。

刘易斯·芒福德（Lewis Mumford，我曾经请教过吴良镛教授国内对芒福德的定位，吴先生说他是一位了不起的城市规划、建筑以及社会思想家）曾经说过：“假如历史确有任何意义的话，那就是没有一个时代能全部理解它或道尽它的道理，任何一代人也不能提出一个可衡量所有人类工作成果的标准尺。因为只有对人类发展全部的经验有所参考佐证，我们才有能力来区别出什么是属于我们时代的真实的创造性作品，什么只不过是一些狂热地为新而新，标新立异的所谓前无古人的‘原创’作品。”

克里斯托弗·亚历山大（Christopher Alexander）在《建筑的永恒之道》（*The Timeless way of Building*）一书中写道：“有一种建筑的永恒之道，它已有几千年的历史了，但它的道理在今天仍然和过去一样……它是一种通过从人们和一草一木以及和我们，它们息息相关的事物，而直接从内在本质成长出来的一种建筑或一个城镇的秩序的成长程序。”

密斯（Mies Van der Rohe）在1962年写道：“我认为建筑与一些有趣的形式的创造以及个人的偏爱很少或没有什么关系。真正的建筑常常是客观的，并且它是反映促使它前进的时代本身的内在结构的一种表达和语言。”

以上这三位西方的思想家或建筑家的观点其实都是理性建筑的基本思想和概念。与关肇邺所推崇的罗西（Aldo Rossi）的新理性主义如出一辙。同时这些观点在中国的哲学家老子的书中第二章早已说明。《老子》写道：“天下皆知美之为美，斯恶矣；天下皆知善之为善，斯不善矣。故有无相生，难易相成，长短相形，高下相倾，音声相和，前后相随。是以圣人处无为之事，行不言之教。万物作焉而不辞，生而不有，为而不恃，功成而弗居……”老子说的是一种真、善、美的相对论，他所谓的美和芒福德所说的“不可能提供一个衡量所有人作品的量尺”都是相对的概念。而老子说的“处无为之事，行不言之教。万物作焉而不辞”与密斯讲的“反映时代内在结构的语言”，以及亚历山大讲的“从内在本质所成长出来的一种秩序的成长程序”也都是一种相似的概念。

密斯反对人为新奇而标新立异，但他设计的那种划时代的钢和大玻璃的玻璃盒子建筑形式本身在20世纪50、60年代乃至70年代以及国际主义的思潮在当时都是最新、最时髦的产物，因此才会引起人们的重视和大量模仿。同理，关肇邺的新馆设计，虽然他声明要“求美好不求新奇”，但他的作品本身在目前中国的国情以及建筑环境来说就是一个不但美好而且新奇的作品。因为中国（包括港台）的建筑界仍然没有从20世纪五六十年代的国际主义、现代建筑有害的副作用伤害中独立地康复起来。例如对环境的不尊重，对历史和文化的两极分化（不是仿古就是反古），加上一些工程施工粗糙更是“久冻加严霜”。

新馆的设计能在尊重和结合美好的古老校园环境前提下推陈出新，加上优质的施工，这两件事本身在建筑界和建设环境中就是一种“美好而创新”的成就。

最后，我想为现代中国建筑创作提供三个参考原则：

①建筑设计还是要以创新为主要生命力，但这种生命力必须是从内在自然成长和体现出来的，不可为新而标新。

②要追求美好，但在中国的经济情况下要费尽心思“土法炼钢”，用国产及当地材料来达到这个目标。这一点新馆也基本做到了。

③创作还是要允许“百家争鸣，百花齐放”。关先生说的不追求新奇的范围可以更明确一些。我个人觉得在中国的特定国情下，以及国际建筑思潮中，最有生命力的创作方法之一是“扣古朴与现代之两端，糅合而再生”的创作之路，也就是说在主要是明清以前较古朴的深层文化内涵中找灵感的启发和构想意念的来源，再与最现代的建筑科技结合起来加以糅合消化，通过自己的理解和启发，在创作的过程中赋予创作一个再生的生命力。因此可以设计出一种神似而不形似的有中西文化内涵特点的建筑创作来。前几年出版的由罗杰·H. 克拉克和迈克尔·波斯（Roger H. Clark & Michael Pause）所写的《建筑典例》（*Precedents in Architecture*）一书可以帮助我们在前人智慧积累下来的一些建筑典例宝藏中，找到一些构型意念之分析与运用的思维和设计方法。这种方法在新馆的设计中也有一些体现。

熊　明（北京市建筑设计研究院）：

在清华园生活过六年半。每逢校庆或因其他事情回清华，我总要抽空到老校区走走。三次从不同的方向接近新建图书馆，都有一种既新颖又熟悉的感觉。

图书馆新馆面积和容积都不小。作者采取化整为零的手法，把体量和高度控制在适当的限度内，并采用红砖外墙，不仅与图书馆老馆和礼堂的关系非常协调，而且和老馆一起拥托大礼堂，构成一个新的院落空间，增加了校园的层次，丰富了环境的序列。但是，新馆终究不是老馆的接建，空间、尺度和细部并未完全重复或移植老楼的手法，各方面都有自身的特色。

在主要入口前组成一个三合院，中间水池上安放了一个旧有的石雕喷泉池，显得幽静而又具有生气，透出浓郁的学院气息。入口处两层高的空间宽窄适宜，二层的栏板处理得相当巧妙，可以设想，如只做正面，未免呆板，若做六面，按习惯的手法绕过两侧的拱形窗，则空间显得过于狭窄，设计者大胆地把它停在拱窗下部正中间，反倒显得别致新颖。由此进入多层大厅（总检目厅），充分达到了“欲放先收”的效果，豁然开朗，内涵博大精深。

顶部用整齐的钢筋混凝土井字架支托许多方锥体无肋小天窗，与商业建筑惯用的令人眼花缭乱的金属架支托大片天窗不同，后者渲染空间连贯、活泼热烈的气氛，前者造成相对分隔、安静柔和的环境。围绕大厅各层的带形栏板，开了一些窄缝，不仅避免单调感，而且尺度更适宜，于不经意处见匠心。

顶层阅览室顶棚的处理也是轻描淡写，略加点染，保持了坡顶空间的特色，朴实而不简陋。馆长接待室空间不大，素木装修，除几根圆柱做凹槽外别无雕饰，典雅中见亲切。

如此种种，正如《园冶》所谓“精在体宜”，新建图书馆在环境、造型、空间、颜色、尺度，以及材料等方面处理得体。在功能、技术合理的基础上，建筑形象与环境相适应，表现出与使用性质密切联系的性格，蕴蓄着自身特有的气质——文化、教养、和谐及成熟的美，让人觉得这就是大学校园建筑，这就是清华图书馆。许多成功的建筑作品正是由于具有自身独特的气质而吸引人，令人折服。

欣赏之余当然也可以找出不足。如多层大厅中的底层挑台太低，接待室附近缺乏直通底层入口的楼梯，内庭小品略多稍感拥挤等。在主要入口大台阶两侧各有一圈石座，可供人们休憩或交流，使用方面安排得很周到，不过靠背似乎太高，直抵两边底层的窗户，削弱了庭院周边房屋相互的亲和性，甚至产生排他性，考虑到石凳不宜久坐，靠背并非必要，不如取消。管窥之见，供作者参考。

张开济（北京市建筑设计研究院）：

经过先后两次实地参观又阅读了有关图纸，我认为清华大学图书馆新馆是一个非常成功的作品，它不仅满足了图书馆这一工程的各种要求，而且还为我国的建筑创作树立了一个良好的榜样，有助于纠正近年来建筑创作界一些不太健康的风气。

近十年来，我国新建筑的形式比过去丰富了，但是美中不足的是，脱离功能要求，忽视经济利益。片面追求形式的现象却比较普遍，许多新建筑追求新奇的美、豪华的美、古香古色的美，而唯独不重视协调的美和群体的美。

清华大学图书馆新馆工程既没有奇怪的体型，也没有使用高贵的材料，更没有刻意求新或一味仿古（不论中国的“古”或外国的“古”）。它的建筑师并没有标新立异，哗众取宠，而结果反而使人耳目一新，“可谓平淡之中，反有新意”，这是很值得我们深思的。

早在1985年建筑学会的广州会议上，我就曾提建筑创作的三个原则：一要尊重人，二要尊重环境，三要尊重历史。我认为这个设计贯彻了“三尊重”的原则，特别是“尊重环境”这一原则。

清华大学原来的图书馆和现在东南大学的图书馆都是后来经过扩建的工程，它们又都是出自我们的前辈杨廷宝先生的手笔，而且同样都是非常成功的作品，因为最后完成的两座建筑从平面到外形都非常合理，非常完整，新旧部分浑然一体，完全看不出任何拼接的痕迹。它们充分反映了杨廷宝先生的设计造诣。

清华图书馆新馆继老馆和东南大学图书馆之后，又是一个非常成功的建筑创作，这是十分可喜的事情。说明了我国新一代建筑师正在沿着前辈的足迹继续前进。在这里我还想指出新的清华图书馆和前两个图书馆的一个不同之处，那就是前两个工程都是扩建工程，而清华新馆，严格地说，并不是老馆的扩建，因为它本身就是一个独立的建筑，只是建筑师采用了一系列巧妙的手法使得新馆与老馆取得了一定的联系，并且使两者相辅相成，相得益彰。

我认为新馆的建筑师主要是采用两种手法来处理新旧两馆的相互关系的：一个是在布局上“若即若离”，另一个是在外形上“似亦不似”。

所谓“若即若离”就是使新老两馆既有一定的联系，同时又保持各自的相对独立，并没有使两者完全合二为一。为了达到“若即若离”的效果，建筑师在新旧两馆之间引进了一个院落，这个院落的作用是多方面的。首先它把新老两馆在空间上组织在一起，同时它又创造了一个尺度宜人、亲切安静的“中间空间”，从而为整个校园增加了空间的层次，最后它还加强了清华校园的一种最高学府所独有的环境气氛。这是因为世界闻名的牛津大学和剑桥大学校园都是英国中古世纪的院落式建筑布局，其后美国哈佛大学、耶鲁大学等“常春藤俱乐部”大学又继承了牛津、剑桥的建筑传统，于是院落式布局几乎成为大学建筑的特有标志。我曾访问过牛津大学和耶鲁大学，徘徊于这些幽雅宁静的院落内，和置身在大广场或大草坪上相比，另有一番情趣，更有利于学者们回顾历史，思索未来，联想翩翩。

所谓“似亦不似”就是指新馆和老馆在屋顶形式、建筑用料和色彩等方面都是相似的，尤其在体量和尺度方面更是非常尊重老馆，可是在另一方面，一些局部和细部的处理则没有完全模仿老馆那种西洋古典的手法，结果使新馆建筑和老馆建筑互相呼应，既非常协调，同时又使新馆本身具有一定的时代感。

在外立面二层的三个一组的密窗上普遍加了一个形式很新颖的小檐子，用笔不多，却丰富了整个立面。可是这些小窗檐的用色太“跳”了一些，破坏了整幢原来很协调的色彩设计，这不能不说是一个不大不小的遗憾。

最后让我向这幢建筑的建筑师关肇邺教授和他的协作者们表示我衷心的祝贺！

刘开济（北京市建筑设计研究院）：

清华大学图书馆新馆建在老馆一旁，关先生在创作上尊重已形成建筑群的历史、环境以及原有建筑的风格尺度和形象特征，运用与原有建筑基本一致却又有新意的设计手法，成功地将一个体量三倍于老馆的新建筑完美地组合到这一群体中，质朴和谐，协调一致，无可比拟。

我不想在此对这个设计做什么全面的分析，只想简单谈谈新馆对我的启发和值得我学习借鉴的地方：

（1）尊重历史，重视文脉，着眼环境的创作路子。我们的新设计经常被批评为千篇一律。不可否认，许多新建筑，从南到北，都一模一样，好像出自一个版本。清华新馆的创作经验告诉我们，如果能更多地考虑文脉，结合环境进行设计，对创作具有地方特色的建筑是一条值得重视的途径。第二次世界大战后，欧洲许多城市被夷为平地，重新另建本也无可非议，芬兰的阿尔托却主张：纵然只残存一座烟囱，也应围绕这个“遗迹”重新建设。措辞虽偏激，实是提倡“此时此地”的创作的由衷之言。

（2）继承传统，反映时代，努力创新。在一组旧建筑之中添建，能在取得和谐统一的效果的同时，还具有时代特征，这是清华新馆另一个值得学习的地方。新馆在体量和尺度的处理上将五层高的部分退后，用两层高的阅览室围绕，达到尺度适宜。在建筑材料的选用上，红砖灰瓦与老馆呼应。新馆好像融于环境中，清华园这一角显得更趋完整。然而新馆并不是一成不变照搬老馆的特征。新的设计具有明显的时代特征，从功能布局到空间处理，从新材料的运用到变了形的符号，这一切都表明新馆是一座20世纪90年代的作品，维奥莱特·勒迪克1863年的经典著作就曾指出：“艺术的第一定律就是要符合时代的习俗和需要。”清华新馆又老又新，形象更丰富，更具时代特征。

（3）突破旧的约束，推陈出新。清华新馆初看好像比较“传统”，再看，实在是很“新”的。图书馆从传统的藏书阅览向为教学科研服务的现代功能转变必然要求设计有所突破创新。清华新馆在设计上研究借鉴先进的经验，结合我国国情，满足了现代图书馆发展变革的种种要求，是成功的。特别是目录及出纳大厅的“共享空间”、阅览旁供读者憩息的小庭院，突破一般模式，创造了一种幽美、富有文化气息的学习环境，会使读者称赞，馆员满意。

赵炳时（清华大学建筑学院）：

清华大学新图书馆是一幢适用、经济、美观的校园建筑。它建成开馆以来，得到了全校师生一致的肯定和好评。同学们说："新图书馆为我们设置了这么多宽敞的阅览室，开放了这么多的书刊，是对清华大学全面发展最有推动力的教学科研基地。""这个新馆所创造的文化环境和学术气氛，是我们最理想的学习研读场所，丰富的室内外共享空间也必将成为师生相互交往的全校活动中心。"

清华新图书馆的建成是建筑教育贯彻理论联系实际、教学与生产劳动相结合方针的一项成果，也为建筑设计教学提供了一个优秀设计典范实例。新馆在建筑群体规划和布局配置上，在平面和空间的组织上，在造型、立面，以及细部的设计上，都能精益求精地达到很高的水平，妥善完美地处理了建筑与环境、继承与创新、内容与形式等各方面的关系。特别是恰当得体地安排了新建筑与原有老馆的关系，使新老各个组成部分之间取得合理的联系，使各个对比因素达到均衡和协调，各个用途功能技术要求不同的房间组成为统一而有机的整体。设计全面考虑了使用管理的方便，交通路线清晰，结构简明合理又经济实惠。

其中对我们设计构思最具有示范意义和启发的是新馆建筑充分体现出作者"尊重历史、尊重环境、尊重前辈建筑师劳动"的可贵精神。面积体量均比原馆大三倍的新图书馆没有"以我为主"，而是谦虚严谨地寻求探索自己的得体位置，为富有文化学术气氛的校园环境增光添彩。在建筑造型上没有盲目追求新颖华丽，也未照搬套用老馆的构件和"符号"，只是应用普通材料和手法精心推敲了各部分的比例和尺度，使人初感平凡，而细细体验则颇为亲切宜人而又具有时代新意。整体上朴实无华，大方自制，可以比为"大智若愚"，是不露锋芒的高水平创作。

新馆建筑体现了图书馆文化性质和风貌，丰富了校园的学术文雅气质。这也正是设计者本人平易谦虚的学者风度和深厚修养的反映。

意大利建筑评论家布鲁诺·赛维（Bruno Zevi）在他那著名的《建筑空间论：如何品评建筑》中指出："优美的建筑就必须使其所组成的空间对人们具有吸引力，令人感到振奋，在精神上能使人们感到高尚。"我想，清华新图书馆就是这样一个具有吸引力，能使人感到高尚的成功作品。它为美丽的清华园增添了一处新景，也为我们建筑学院争得了荣誉。

周庆琳（建设部建筑设计院）：

清华园的环境非常优美，同时又有很多有名的建筑物，所以在清华园内要增加一些或改造一些东西，应该特别慎重，只能为它增加光彩，而不能破坏它的环境。我认为新馆的设计是成功的。

新馆的建成一方面改造了校园的外部空间，同时对总体使用功能也有一定的改善。新馆位于原三院的位置，三院是一座长长的很简陋的单层平房，东面是图书馆老馆，南面是大礼堂，西边是运动场和体育馆。夹在这几栋重要建筑中间，实在不太相衬，特别是从运动场一边和礼堂西侧望过去，体量太感单薄。在使用功能上，三院的东南角与老馆的西南角相对，正好形成校园主要人流上的一个“瓶口”，每当学校有大的活动时，此处总是拥挤不堪，是清华园里一件十分遗憾的事。新馆建成后这两个问题都得到了解决，新馆的体量要比原三院大得多，高度同老馆差不多，从南面和西面望过去体量是合适的，体形也比原来丰富多彩了。新馆的建成改善了空间环境和功能环境，为清华园增添了光彩。

关肇邺先生介绍本设计时说:“尊重历史，尊重环境，为今人服务，为先贤争辉”，我认为最后一句改成“为清华园争辉”就更好。

看了新馆的设计后使我联想起目前在我国有两种创作风格。一种创作风格是追求新，体现时代感和现代化。另一种创作风格可以用关肇邺先生的一句话说明：“重要的是好，而不是新。”这句话很能表达这种建筑创作风格的建筑师的追求。这类建筑物的共同特点是外表朴素，内涵丰富。新馆工程就是追求这种风格的一个很好的作品。它看上去朴实无华，没有什么惊人之举，但是仔细推敲，却有不少玩味之处。比如新馆入口位置的设置，完全有条件把它放在朝南明显的位置上，但作者并没有这样处理，而是把它放在院子的里面，面东而开，避免了同老馆入口争高低的局面，从而使扩建工程与老馆更紧密地连成一个整体。又如整个建筑没有用多少高级的装修材料，但是对各部分的比例关系、窗子开启的大小和方式等问题的处理，是经过严格推敲的，看上去优美和谐。

对于以上说的两种创作风格，现在倒不是要争出哪种创作风格更好，实际上哪种风格都可以做出好的作品。但是，现在我们对第二种创作风格提倡和宣传的都不多，再加上一些人老想赶潮流，跟着国外的风向变，今天是后现代，明天是解构主义，后天还不知道是什么，使我们的创作永远也不能扎在自己的根土上，而是跟着世界潮流飘来浮去，这是很不正常的现象。如果我们多一点提倡第二种创作风格，一方面可以促使建筑师把基本功学得扎实些，另一方面可以使我们的建筑师多研究些我们民族的传统文化，多发掘一些中国的建筑语言，使我们的建筑物真正能在中国站得住脚。

吕振瀛（国家教委计划建设司）：

曾经引起建筑界和高等学校图书馆专家们关注和有不同看法的清华大学图书馆新馆已经建成并交付使用。对于它在建筑和使用功能上的得失，各方面专家将会做出各自的评论，以推动教育建筑设计的进步。

最近，我有机会参观了新建成并投入使用的清华大学图书馆新馆建筑。看过之后，得到很多启示和教益。

首先，在总体布局上，由于新馆的建成，新老馆组成一个围合空间，将礼堂环抱，使原来以清华大学礼堂为中心的清华学堂教学建筑群得到了完善，并与礼堂前大片绿地贯通，形成了一个优美、宁静而又具有学府气氛的整体环境。进入清华园二校门后，人们稍加注意就可以看到，这一组教学建筑群的每一幢建筑（包括图书馆新馆）几乎都是清一色的清水砖墙，丝毫没有粗俗简陋的感觉，却给人一种朴素而凝重、亲切宜人的深刻印象，是读书的好去处。应该说这是新图书馆建筑的创作者们在总体布局上取得的成功。

第二，创作者不思豪华，充分利用最普通的建筑材料，精心设计，在创造高度文化气质的高校教学科研建筑性格上下功夫。

教学科研建筑由于它的使用功能和使用对象，应是具有较高文化层次的建筑类型，这种建筑的内在要求决定了要与它的形式一致。纵观新中国成立前的高等学校以及20世纪50年代初期院系调整后大规模规划建设的高等学校，不乏优秀的实例，可以说这是广大建筑师与高等学校师生的共同认识。但是，近十年来，随着旅游业在我国的兴起和发展，旅游饭店建筑随之迅速兴建，那种豪华的商业建筑气息也一股风似的刮进了大学校园，影响了教学科研建筑，他们不管国家和学校的经济实力是否具有承受能力，不论教学与科研的实际需要，也不问学校的管理办法、手段是否具备，把商业建筑的处理手法，什么大面积的玻璃幕墙、高级装饰材料、大量的空调设备等等，照抄照搬到学校建筑中去。而新馆的设计者，着力于在大量的最普通的材料上做文章，整个建筑只是在最引人注目的大厅等处利用外资赠款恰到好处地采用一点高级材料作画龙点睛的装修，使整个建筑显得朴素典雅，没有任何商业建筑的痕迹，这反映了创作者们的匠心。

第三，清华大学图书馆建筑，从墨菲的第一期工程以及杨廷宝教授20世纪30年代的扩建直到80年代末期关肇邺教授等扩展延伸，总建筑面积达28000平方米（包括档案），前后跨度达六七十年之久。如果说杨老扩建工程的设计形成老馆天衣无缝的结合，那么关肇邺教授等的新馆的设计是老馆的延续和发展。

新馆建筑面积为老馆的3倍左右（老馆为7300平方米）。在体量上，新馆远远大于老馆。创作者在扩建中充分注意了这一点，把新馆的主入口退避到整个建筑的西北角，用一个半开敞的空间围合了新馆的主入口，使它处于既显又不显的地位，老馆的主入口仍然处于整个图书馆建筑最突出的位置，应该说这是作者的又一匠心所在，也为我们提供了老校园扩建中，重要建筑扩建时有益的启示。

我们说新馆是老馆的延续，是说他在建筑形式上取得了一致，是说他在老馆基础上的发展，是说他不完全拘泥于原有形式的照搬，而且利用新材料提供的手段，对如窗形、门洞、檐口等做了新的处理，使人感到有新意而又不失原有图书馆的神韵。

由于新馆毕竟是在老馆基础上的扩建，在一些地方无形之中受到老馆的制约，例如，层数偏低，使20000平方米左右的面积铺展过大，平面线路拉得过长，致使有的阅览室不得不穿行，层高也不够统一，有的空间利用过紧，而有的显得过宽，等等，以至于给图书馆今后的开架管理带来一定的困难。

任何建筑都可以挑出这样那样的不是，清华新图书馆建筑也不例外。尽管如此，创作者们（我这里所说的应该包括施工管理、材料选取人员）利用最常用、最普通的材料创作出具有高度文化气质的教育建筑，是成功的。它是一次对老校园建筑扩建工程的成功探索，不失为一座优秀的教育建筑。

魏大中（北京市建筑设计研究院）：

关于清华大学图书馆新馆的设计构思，关肇邺先生在1985年的文章中说要“尊重历史，尊重环境”，从现在建成的效果来看，可以说发展了历史，改善了环境。

环境是建筑师设计构思的一个很重要的因素，离开了环境因素，我们对一个建筑物就无从评价优劣，建筑的形象及空间总是与环境或群体相联系的，建筑师都应具有环境设计、群体设计、城市设计的观念。

有人说，为什么要让20世纪90年代的新建筑去迁就那些老房子？这就反映出一种缺乏环境观念、漠视传统的思想。人们的审美心理是很复杂的，对于清华园这样一个有悠久历史的学府，人们更需要、更怀恋它的传统。

例如杨振宁先生20世纪70年代首次回国探亲时，到清华园首先要看看那个志诚学校（当时已改为粮店）和古月堂（当时为行政办公室），就是因为他曾经在这些地方上过学和居住过。如果我们在这样的环境中设计新建筑而置传统于不顾，就是对人们审美心理的不尊重，就会挨骂。当然，在处理新旧建筑关系时，手法是多种多样的，可以协调，可以对比，可以二者兼有之，但总的原则应是使环境更谐和，更美好。

清华图书馆新馆的位置处于大礼堂和老馆之间，建筑面积比老馆大2倍（2万平方米），设计中我觉得最困难的大概是如何保持大礼堂在人们心目中的体量、尺度和如何与老图书馆连成一体并能协调的问题。设计者在解决第一个问题时，尽量将大体量分散、拉开，周围用二、三层的房子遮挡中心四、五层的大体量，且最高点亦低于礼堂，这样，从礼堂前看去并没有破坏礼堂的形象，并成为很好的衬景，如果没有环境意识，一味突出自我，那是绝对达不到这种效果的。对于第二个问题，尽管新馆的功能要求、技术条件与老馆已有所不同，但设计者还是尽量使二者能自然地结合在一起，譬如层高与老馆统一，仍做坡屋顶，将勒脚连通，墙面仍用清水砖墙，门窗、屋檐等细部采用了老馆的形象符号等等，成功地将二者连成一体，同时大大改善了环境。在新老结合处开出了一个入口庭院，在南侧还有一个封闭式的内庭院，这两个庭院无论在功能上还是环境空间上都比过去要丰富多了，定会受到学生的欢迎。

这个建筑与环境协调的另一个原因是它的朴素、精致。设计者没有用那些高级的、豪华的材料，而是充分挖掘出最普通、最便宜的红砖的自然美，将它不仅用在室外，也用到室内；不仅用于围护结构，也用于细部装饰，用砖砌出的花饰显得非常自然，与建筑结合得非常好，在入口处作为符号的拱门，也是用红砖贴面，可以说，设计者对砖的运用已远远超出了围护结构的作用，人们绝不会由于用材不“高级”而觉得不精致，恰恰相反，正由于合理、经济而又细心地运用了这种廉价而普通的材料，反而使建筑显得更具有文化性，更有内涵，这是那些到处用磨光花岗石、玻璃幕墙的商业性建筑所无法比拟的。

清华图书馆新馆采用了共享大厅的形式，这个共享空间的尺度、比例、气氛都比较成功。目前国内也有了不少带有共享大厅的图书馆，有的层数过多，空间太高；有的则只限于交通功能。我觉得作为图书馆的共享大厅应特别注意与商业性共享大厅的区别，它既要能提供人们互相交往的空间，又要使人感到庄重、宁静。新馆共享大厅屋顶结构及树脂天窗的做法是比较恰当的，周围的栏板处理也在规律中有所变化。在制造气氛方面，透过跑马廊四周的玻璃可看到成排的书架，这本身就是建筑内容的最好暗示。

室内的不足之处，我觉得最主要的是没安排好各种管道，特别是在门厅等重要部位还露明设置暖气管线及阀门，有损厅堂装修。外立面的不足之处是窗上方的白色装饰，显得像白“眉毛”一样，不协调。另外，每开间三个窗似乎也紧张了些，与老图书馆差别过大，也许每开间两个窗会更好些。

南舜薰（北京建工学院建筑系）：

今天看了新建的图书馆后我感到我的确是在清华，它有着明显的地点感（sense of place），它是属于清华的，是北京的，也是中国的。其中闪耀着我国建筑文化中一些最重要的精华。初看平面似乎延伸的很长，但作为一个大学的图书馆还是合适的。使人叫绝的是前面留出了一个缺口，这一“无”正是为了让出河对岸的“有”——圆顶的礼堂，但缺口又不完全正对礼堂而略有错动，在正式中有着一种非正式，人们能在前院多种角度看出这种一虚一实的对应关系，体现着中华文化中阴阳互补、有伸有让的谦和共融。

新的入口也是个不好处理的难题，做不好会和旧馆入口争主次，设计巧妙地将新入口藏在前院内一侧，不但形成了一组完整的院，而且很像传统过厅的处理，强调的不是自身的雄伟而是过程的重要，从前面两翼所构成的虚的入口为前奏进入里面的实。整个布局前低后高横向展开，这里没有强调个体而强调的是群化，体现着中国传统建筑所注重的“势”，群化原理的围合、连续、邻近、类同等得到充分体现。

建筑还有着一种朴的感觉，我国在唐宋以后由于经济的繁荣，占主导地位的审美情趣可能比汉以前更为讲究奢华，一些朴的建筑风格更多保存在一些传统民居之中。新馆设计将外部的红砖墙、砖拱引入了室内，像民居那样外面是砖墙、粉墙，里面也有砖墙裙、粉墙，内与外之间保持着骨架与质的真。

设计除吸收了旧馆的要素也有新与旧的对比，如在与旧馆交接处用了砖拱廊，而对面的新入口用的是薄的非承重砖拱符号，此外平顶与坡顶的混合使用以及中庭与外院的并置和一些新材料的运用都使新馆不时回响着新与旧的对话。

其不足之处是感觉阅览室的小院相对有些满。

邢同和（上海市民用建筑设计院）：

我于金秋来到清华园，见到图书馆新馆的第一印象是：这确实是一件建筑创作的成功作品，是见性格具功力的结晶，也是融环境文化与知识文化为一体的图书馆。

它最吸引我的魅力之处在于：

一是似旧见新。这一组曾经跨越三个历史时代的建筑，仿佛自然生长在漫长时空与绿色环境吻合的历史长河之中，显得那么平淡、宁静。旧与新又贴得那么柔和。但是，当你投身于新馆的怀抱之中，却又感受到一股清新的时代气息，踏进一层又一层的平台、阶梯，领悟到攀登高峰的哲理，透过中庭一道又一道的书库、书架的层次，寓意着知识海洋的构思，在这里，新的落脚点又凝聚到文化与知识的广度。

二是似土见洋。新馆没有奇特的修饰，以平淡的斜屋面与普通清贴外墙组合，似呈“土气”，但它却运用空间构成的序律，创造内外沟通、里外呼应的布局和风格，运用具艺术风采的符号形象，材料特色又体现了时代精神的“洋气”。在这里，土与洋的落脚点又汇集到科学与艺术的高度。

三是似贵见廉。新馆的内部渗透着典雅朴实的高贵气质，进门的白色栏杆与楼梯、中庭四周的大玻璃、中庭目录出纳的上空挑平台、银灰色的一片地毯，体现着材质与色彩、气质与内涵、技术与力量的共鸣。但当你细细推敲后，又明白无误地发现，它没有珠光宝气的豪华闪耀，没有名贵材料的堆砌，却是大量应用极一般、普通的材料，是价格低廉的水磨石地面与喷涂墙面，是紧凑的平面布置与经济的空间层高。在这里，贵与廉的落脚点又交织到创新与经济的深度。这是一件值得学习的好设计作品。

顾孟潮（中国建筑学会）：

成功的作品首先来自成功的构思。我很喜欢清华大学图书馆新馆的设计，也很同意以上许多专家的分析和评价。我只补充三点，即它在设计创作思路上对我的启发。

这一设计创作的过程充分体现了建筑作为环境的科学和艺术作品的创作特点。建筑这种环境艺术与科学作品的创作特点，主要表现在四个方面：构思的起点不同——从实物环境出发；构思的走向不同——由客观的发现到引起主观的内省为主，主观向客观的转化是第二位的；创作的主体不同——环境艺术是公众参与的艺术和科学；作品完成的程度不同——始终处于“未完成”状态和“不断的修改之中”（详见李泽厚主编的“美学丛书”《城市环境美的创造》中的拙文，第366～376页）。

技术的好坏只能影响作品局部水平的高低，而构思的得失则是决定一个作品整体成败的关键。设计创作的构思绝不仅仅是技术问题，或者主要不是技巧问题，而是思路问题、思维习惯问题，它需要长期的修炼和培养。不少设计难得有大的突破，往往重蹈前人的覆辙，关键就在于思路不对。因此，我建议，学习一个设计作品不仅要学习它的技术，更要认真研究和学习它的思路。

通过关肇邺先生的介绍和我们的现场体验，我很感动。我感觉到这一成功的作品正是从脚底板（footprint）开始构思的，他是带着充沛的感情进行设计的，并且突出了"为人民服务"的指导思想。

关先生谈到这一新馆设计时曾有几次都是充满感情地回顾他的学生时代，1948年第一次踏入清华图书馆入口时所感受到的情景，他为能进入知识的殿堂、投入书的海洋所激动。这成了四十多年后激发其创作灵感的契机：他决定为读者、为学者创造一个知识的海洋和宫殿般的学习、阅读、交流的环境。

同时，他从前辈已有的成功设计（第一位是墨菲，第二位是杨廷宝）那里吸收了不少营养，从而奠定了这一成功创作的坚实基础。

他认真地研究了各种类型的读者的脚底板——从哪里来？到哪里去？他深知这每一步都体现着他们的生理需要、心理需要和求知需要、交往需要……设计者正是从这里发现了环境和设计对象变化的内涵和"境意"，而后才能竭尽全力去创造符合阅读、求知、交往的"意境"的。这里绝不是像有的作者从概念出发，要搞哪个"主义"、哪种"流派"、哪种"构成"或"母题"，结果反而变得浅薄与苍白无力，显得矫揉造作。

这一作品令人感到难能可贵大概正是这三个方面的特点起着主导作用，从而使人们来到这里会感到自己真正是环境的主人，新图书馆时刻敞开胸怀在欢迎您，它在谦恭地为您服务，使您感到亲切，感到舒畅，甚至会感到在这样美好的环境中如果不奋力学习、保持安静、保持整洁、专心阅读就对不起这么好的环境……这大概便是有文化内涵的建筑环境对人的陶冶作用吧。

时茂煦（清华大学建筑设计研究院）：

清华大学图书馆新馆从1982年开始设计到1984年落实方案花了三年时间，从1985年到1987年进行方案修改、扩初设计、报批到完成施工图又是三年，完成了全部施工图纸，在1987年底开工打桩正式施工一直到1991年9月竣工落成将近4年的工期，从设计到施工前后整整花了十年的时间。这项工程是我校四十多年来建成的最主要的一个教育建筑，新馆建筑面积2万平方米，相当于原有老馆的三倍，包括25个普通和专业阅览室，可容纳2000个阅览座位，藏书近200万册。原国家投资960万元，建设中承香港著名爱国人士邵逸夫先生赠款2000万元港币兴建，经过设计、基建、图书馆和施工单位各方配合，通力合作，精心设计、精心施工，精耕细作，取得了建设的成功。概括新馆建设有“三个结合”和“三个为主”的特点，取得了三个良好效益：

一是新老馆建筑的结合，以新馆建筑为主，新馆是在老馆的基础上扩建，但又是一个完整独立的图书馆新建，他的体量比老馆增加了近三倍的建筑面积，经过设计的精心构思，巧妙布局，新老馆相连，浑然一体，从建筑群体到造型色彩和谐统一，新老馆与大礼堂有机结合的空间，古朴典雅，富有文化气息，取得了良好的环境效益。

二是图书馆设计采取开架和闭架相结合，以开架外借和开架阅览为主，阅览室将从过去少数几个增加到30个（其中新馆有25个）。特别恢复和新设一批深受广大同学欢迎的普通阅览室供给同学自习之用，满足全校师生多方面的阅读需求。新馆提供了较好的阅览场所，取得了良好的使用效益。

三是装饰、设施朴实简洁，采用自然采光、通风与人工照明、局部送风相结合，以自然采光通风为主，除少量善本书库、密集书库采用全封闭人工照明、机械通风和自动报警灭火外，部分阅览室是自然采光通风。建筑材料一般为外清水砖墙坡形瓦顶，室内磨石地面与重点部位吊顶、墙纸、地毯和石料相结合，以一般装饰材料为主，粗粮细做，朴实无华，取得了很好的经济效益。

——原载《建筑学报》1992年第1期

八一大楼设计座谈会

吴良镛（清华大学教授、中科院院士、工程院院士）：

听完介绍，看了现场，感到很兴奋，也很高兴。八一大楼无论是设计还是施工都是成功的，大楼的设计是个优秀的作品。八一大楼不是一般的建筑，是一栋标志性很强的建筑。大楼设计的指导思想和前提是明确的、正确的，设计工作贯彻了“军队特色、民族风格、时代精神”的要求。大楼的内部功能肯定是复杂的，建筑造型设计是有难度的，达到的效果是：建筑本身与中国人民解放军“威武之师、文明之师”的形象当之无愧，雄壮、大方，有个性，很得体。

相当一个时期以来，建筑创作领域有一些紊乱和误区，宣传上有一些误导。表现在总是拿外国的标准、外国的“新”作为自己的标准，拿国外的二手货当成宝贝，而不结合建筑本身的性质和特点。结果，在有些完全应该表现中国文化精神的建筑中，恰恰没有表现中国传统文化精神。因此，许多建筑就有看上去似曾见过的雷同。有些外国人也这样评论：北京的建筑在走下坡路。这种“前卫”给人一种拾人牙慧的感觉，传统的东西一点都不敢碰，为新而新，就会走入误区。我国建筑界的有识之士从20世纪50年代初就在探索中国传统文化与建筑的关系，八一大楼的设计充分注意到这一点，从整体到局部都考虑得很周到，表现出了中国的传统和民族的风格，非常不容易。从这个意义上讲，大楼设计的成就很高。另外，把原有学习馆纳入建筑群，整个立面以石材为主，一气呵成，色调统一，非常朴素大方，很有力量。以上是创作思想方面的成就和特色。

另一方面，大楼的前期工作准备得比较充分，这一点也应加以肯定。当前有些建筑工程操之过急，在任务没有成熟的情况下就急于竞赛，在任务书没有确定的情况下就国际招标，不行就重新来。这样怎么能行呢？据我了解的情况，凡是匆匆忙忙上马的，结果都不太美妙，任务研究得透的，就不一样。八一大楼是一个好的榜样，成绩之所以取得，是因为经过了精心的研究和决策，最后才经过军委的批准。这个建筑的另外一个启示就是要呼吁：一个重要的建筑，一定要事先把任务书论证好、研究透，不然就会造成资金的白白浪费。这一点也可以好好宣传。

第三，就是要强调大协作的精神。以张启明为代表的四院很谦虚，到处求教，这是非常好的。我们一方面要强调大师的作用，另一方面也不应该把大师神话了。建筑设计是讲协作的，既要贯彻主导思想，又不放弃技术细节，既要共同协作，又要发挥各方面的创造性，都要靠建筑师的综合、协调来完成。

中国有这么多的建筑师、这么大规模的建设，理应产生好的作品，理应产生好的建筑理论。还是要立足中国的传统和特色来发挥创造，不是不学习外国，但也不能跟着外国人亦步亦趋。当然，还要注意，不同地方的不同建筑又不能一概而论，八一大楼很好，不等于其他建筑这样做就都好。

宣祥鎏（首都规划建设委员会秘书长）：

它在预期的四个方面做出典范：

四个字——“多快好省”。两年半就完成了全部施工任务，每平方米造价仅8000多元。

三个词——“民族传统、时代精神、地方特色”。八一大楼把民族风格、时代精神、军队特色有机结合起来了。

二结合——部队和地方全过程密切配合的典范。在方案招投标阶段，我们就相信部队设计单位完全有能力承担这项任务，总参四院十分虚心，到处求教，地方上也十分关心这项工程，有请必到，配合指导工作，两方面协作得非常好。

一个精品——大楼的设计和施工都称得上是精品，为首都建设做出了重大贡献。

赵师愈（首都规划建设委员会副总建筑师）：

大楼的地位和作用是显然的。设计上充分利用了地形，形成面宽、体量大、对称庄重等军事和民族特征，满足了军委办公、外事和首都规划的要求，构思是成功的，充分重视细部设计，如重要部位在现场做了1∶1的模型等。

应继续完善和注意的问题：北面在建的财政部大楼对八一大楼的压抑和威胁非常大，东面茂林小区靠大楼一侧的建筑也应采取措施，西北角不能再建宿舍楼了，要保护好大楼的环境和格局；绿化还显得很不够，除了草坪外还应有树木，浅色的建筑有好的绿化陪衬会很美；东入口宜做双层门，照明还要改进，路灯还需专门设计，阅兵厅、谈判厅照明不足，谈判厅墙面装修色调偏暗。大楼的办公管理现代化没有看出来，办公家具应专门设计。

关肇邺（清华大学教授、中国工程院院士）：

总的来说，大楼的设计非常成功，好多年来没有见到这么好的建筑了，给人以震撼力。形象庄重严谨，符合中央军委性格，而两边连廊又带有一定通透轻松，空间感和层次都丰富了。严肃中又不失人情。设计十分得体。"三结合"符合建筑物本身的性质，应该给予很高的评价。做到"三结合"是很难的，找到平衡不容易。充分利用了原学习馆，总的布局搭配合适，平面布局合理。

四院精益求精的精神非常令人钦佩，功夫不负有心人。设计单位应该得奖，我们作为军外人士建议给四院请奖。

不足之处是，不同单位设计和时间太紧张等客观原因，室内比室外显得差一些。室内几个大厅总的来说很好，但各个厅堂的过渡和统一性略显不够；庭院灯不太匹配，绿化还需完善。对于目前把室内装修设计独立出来的说法和做法，我并不完全赞成。建筑与美术是有差别的，对于建筑装修，凡是比较简单的、主题明确的，效果都比较好，花样太多的就显得差一些，造价高了不一定就好。

最后，向设计单位表示感谢和祝贺。

何玉如（北京市建筑设计院总建筑师）：

首先，设计很成功，大的格局和细部都很成功，作为建筑师有这样的设计机遇很难得，四院的设计师抓住了这个机遇，令人羡慕。

第二，大楼设计的指导思想是非常正确的，尤其是在当前，应大力宣扬这种思想。近几年国际竞赛风刮得很厉害，引进国外先进技术和设计思想是非常必要的，但要看怎样引导。改革开放之后，建筑界受到几次大的冲击，第一次是贝聿铭设计的北京香山饭店，这是一种把外国先进技术与设计思想同中国文化结合起来的引导。但是近几年，特别是这一两年，有些国际竞赛很像是要隔断中国文化，而且有发展下去的趋势。在这种形势之下，八一大楼坚持了非常正确的指导思想（民族风格、军队特色、时代精神），而且有些细节研究得很透，倾注了很多的心血，对中国传统研究得很深，很成功，值得学习和提倡。

马品杰（二炮设计研究院院长）：

感谢四院给我们一次向大师们学习的好机会。一是祝贺，四院代表军队完成了这样一项群众、专家、领导都公认的标志性建筑，为军队争了光；二是学习四院为完成大楼的设计倾注了大量的精力和心血，讲奉献，敢打硬拼，有一股要干就干好的劲头，发扬了军队的优良传统，值得我们学习。

张祖刚（中国建筑学会副理事长、《建筑学报》主编）：

首先肯定大楼的建筑是成功的。有些国际竞赛是成功的，不能一概否定。建筑创作考虑传统和地方特色多一些的，可以说是“类似法”；“前卫派”强调创新要多一些。我认为在中国这两种做法都存在，也都需要，作为标志性建筑，这两种办法也都需要。考虑到八一大楼的建筑性质，采用类似法原则是比较稳妥的。

大楼体现了雄伟、壮观、朴素、大方的军队特色，而且在三段整体上做了较大的发展。如采用的氟碳喷涂金属板翻檐，比例、尺度、颜色掌握得非常好，墙身简洁，基座粗犷，入口的冲天柱等都在传统的基础上有发展，整体上考虑得非常好。

设计上应该给奖，这种规模的建筑才用了7亿多，已经很便宜了，没有浪费。设计上真是下了很大的功夫，确实不错，现场做了不少大样，包括施工都算得上是精品。

有些地方需要调整和注意：南边的用地应该属于大楼管理的范围，这也是安全保密的需要；生态上还需要投入，里边外边都缺；一个好的建筑应该考虑资源节约的问题，在建筑智能化、自动控制、地上地下停车场等方面都应考虑今后发展的需要；外立面的统一性很好，里面装修的统一性不够，今后还应逐步调整完善。

谢远骥（首都规划建设委员会副总建筑师）：

不管是什么样的建筑，只要是好的建筑、美的建筑，应该是公认的，人民大会堂就很有震撼力，八一大楼也是大家公认的。八一大楼设计的主题思想把握得很好，比例、尺度、颜色也把握得很好。这个建筑做了很多1：1的现场模型，不断推敲、精雕细刻，很难得。一个设计院做没做过这样的工程不是主要的，只要有这种精神就会做得很好。

顾孟潮（中国建筑学会编辑工作委员会副主任、《建筑学报》编审，教授级高级建筑师）：

同意前面专家的意见。首先对设计取得的成绩表示祝贺，对协作上取得的成功也表示庆贺。好的设计应考虑场所设计的问题，因此还需要设计单位参与，继续跟踪、反馈、修改、完善。例如南面、东面就有城市环境设计的问题，应善始善终地做好今后的工作，要加强场所产品设计的观念，注意城市的环境、庭院环境设计。院墙和大楼相比显得小气了，不太协调。

耿笑冰（海军设计研究局总工程师）：

这个建筑大家都很关心，四院给了我们很好的学习机会，专家和前辈们给了很高的评价。今天看了大楼，感到确实很好，雄伟壮观，气势威武。四院的精神特别值得学习，六轮方案竞赛都很认真，下了很大功夫，把握住了机遇，在此表示祝贺和学习。

马国馨（北京市建筑设计院总建筑师、中国工程院院士）：

感谢这次会议提供了很好的交流和学习机会。我认为八一大楼的设计可以这样来评价：

第一，八一大楼是我国40年来，继人民大会堂之后的第一栋国家级建筑，是中国人民解放军形象的象征，是国家军事的标志，从这个角度上说，设计院做的是一项具有历史意义的工作。

第二，大楼的外观比例、色彩、细部考虑得细致，给人以震撼。四院承担这项设计工作，承受了很大的压力，不容易，作为同行深表敬佩。

第三，大楼的设计掌握了建筑创作的基本规律。作为建筑工程设计工作，应分四个阶段。前三个阶段——方案阶段、专业配合设计阶段、施工期调整再创作阶段都做得不错，比如100多米长的结构不设缝就是一个很复杂的技术难题。今后在建筑的使用阶段还有一个调整完善的过程，今后的物业管理非常重要，设计院应介入这个阶段的工作。

大楼的建设和设计积累了很多经验，取得了很大成就，应该更好地宣传。

王国泉（中国建筑学会学术部主任）：

能参加这次座谈会很高兴，这个工程太重要了，看了之后使人振奋。工程设计的难度和压力是可想而知的，工程设计可以打一个高分。工程设计的定位准确，显示出军队的组织领导能力和设计院的技术水平，以及严谨、细腻的工作作风，设计院把这样一个精品奉献给社会，这种精神很可贵。从另一方面讲，八一大楼的设计也是一种精神产品，建筑界在今后的宣传中应大力宣传这种精神。

白洪才（空军工程设计研究局总工程师）：

能够参加座谈会很荣幸。听了介绍，看了现场，感觉大不一样，表示感谢、祝贺和学习。既要学习四院高超的设计技术，又要学习四院这种精益求精的精神，二者都很重要。

熊家新（总装设计研究院总工程师）：

感谢四院提供了这次难得的学习机会，四院承担并圆满地完成了这项光荣而艰巨的任务，倾注了四院全体设计人员的劳动和精力，体现了四院的精神，专家们的评价是名副其实的。

*本文由吴向阳整理。

——原载《建筑学报》2000年第11期

如何开创建筑设计新局面

——记部分总建筑师、总工程师座谈会

1983年元旦前夕，城乡建设环境保护部设计局在天津召开部分总建筑师、总工程师座谈会，讨论贯彻党的十二大精神，推进科学技术进步，开创建筑设计新局面的问题。设计局长龚德顺主持会议。肖桐、戴念慈副部长到会听取意见并讲了话，京、津、沪、穗、杭等市和华北、东北、西北、中南设计院以及部分省的设计院总建筑师、总工程师30余人参加了这次会议。大家针对存在的主要问题，着重讨论了：认识设计工作的重要性、科学性，提高设计人员地位，进行设计体制改革，抓紧培养人才，完善建筑立法，加强建筑理论研究，发展建筑材料和设备等问题。

认识设计工作的重要性

许多同志发言指出，设计水平不高的原因很多，但对设计工作的重要性、科学性认识不足这个思想原因是首要的。必须摆正设计工作的位置，尊重设计人员。

北京市建筑设计院周治良副院长说："基本预算建设每年占国家预算的30%左右，搞的好不好，设计工作具有决定性作用。但是现在对设计的重要性、科学性认识不足，这是个根本问题。甚至有人公开主张'设计为施工服务'，不但边设计、边施工，而且连柱子是方是圆都得由领导批，所以设计工作很被动，往往保证不了质量，形式上也搞得千篇一律。事实证明，中国建筑师设计水平不低，这点国外也承认。问题是，由于各方面因素的制约，综合起来的设计就比不过人家。"

建筑研究院副总工程师张报先同志指出："必须提高设计工作的地位。按规律应当是施工服从设计。"他还说，"不解决设计发展上的三个'拦路虎'——建材和设备、施工质量、管理制度，就不能前进。现在的施工质量较差，有些新技术、新结构不敢用。"

广州市设计院佘畯南总建筑师在书面发言中说："设计图纸虽然是几张纸，但它综合反映了各种科学技术知识，设计也意味着是生产力……应当受到应有的重视。"

设计体制改革是当务之急

一致认为，明确设计单位的职、权、责，进行体制改革是当务之急。同时对设计单位企业化、责任制表现出极大的兴趣。许多同志明确指出，现行的设计体制已经在阻碍生产力的发展。

北京市建筑设计院傅义通副总建筑师说："设计单位是智力投资单位。靠智力进行生产。不少设计人员出去是一条龙，在家却是一只虫，技术骨干的作用发挥不出来。总工程师指挥工作很困难，没有助手。中青年超负荷工作。没有条件钻研业务。工作没有中间试验、调查研究的时间，使得下一次设计是简单的重复。科研单位又不针对业务生产中的问题，指望不上。设计单位忙面积。为平方米奋斗，保证不了设计质量。生产室愿意搞小项目，形成主力不去搞主要工作。目前设计单位采取的这种企业经营办法，问题很突出，亟待研究解决。"与会同志反映，这类问题带有普遍性。

广西壮族自治区综合设计院总工程师李君如同志介超了该院实行设计人员责任制，搞定额加补贴的一些情况，引起大家热烈的讨论。

在体制上，处理好规划部门与建筑设计院、建筑设计院与其他专业设计院（如煤气设计院、市政设计院等）的关系也是个重要问题。大家反映，这方面相互扯皮、影响团结、贻误工作的情况实在不少，而且一再发生。

在技术上存在"外行指导内行""下级指挥上级"的现象，这也与体制有关。设计审批部门的人员常更换，而且有的管审批的人并不进行具体工程项目的可行性研究，不了解全面情况，甚至有时让根本不懂技术的人决定重大技术问题。一些总建筑师、总工程师受技术低的人指挥，技术性问题受到过多干预。大家认为，这样的指挥体系也应进行调整。

人才培养

几乎每个到会同志的发言都指出设计队伍人员老、病、缺，青黄不接，知识老化的严重情况。大家认为，必须把培养人才作为战略性任务提出来，通过各种途径加以解决。据调查，日本1973年每名建筑师完成设计面积830平方米，我国省级以上35个设计院1981年每人平均完成设计面积3414平方米，为日本的4倍。任务大于力量的问题很突出。专业和年龄比例失调，最缺的是建筑学和经济分析人员，地县一级缺的是结构工程技术人员。设计人员平均年龄41.3岁，50～60岁的占1/3，40～50岁的占46.6%，是主力。按1982年分配到的大中专学生数字逐年补充推算，10年后全国建筑设计人员总数将减少1/10，而任务会越来越多，迫切需要大力培养设计人才。

同时，还应注意人才的合理使用，发挥个人专长；应注意中年科技骨干的培养，创造学习进修的机会。

加强建筑理论研究

大家认为，要活跃思想、繁荣建筑创作、提高建筑设计水平，必须加强理论研究。

西南建筑设计院徐尚志总建筑师说："1959年的上海会议，当时在创作方向上起了很重要的作用。刘秀峰报告发表后引起国际上的重视，此后出现欣欣向荣的气象。不从理论上有所突破就没有设计的新局面。"

西北建筑设计院副总建筑师黄克武补充说："用虚无主义态度对待理论是不对的。应当有一些专家研究。把一些基本概念首先搞清楚，如什么是建筑。应当有理论上的基本建设，对一些基本概念做比较客观的介绍。"

很多同志都强调贯彻理论联系实际的原则。河北省建委郧天柱总工程师说："我们要抓建筑理论，过去希望领导或大师们说几句话，大家照着搞，这种方式不行。要坚持百家争鸣，各地应在积累实践经验的基础上，拿出看法，逐步上升到理论，我们应很好地总结三十年的实践经验，拿出像样的成果来。"

大家还指出，认真总结三十年实践经验，开展建筑评论，是提高建筑师水平的好办法。在这方面，《建筑学报》要多出些力，认为对于上海龙拍饭店设计进行座谈的方式比较好。

建筑理论方面的很多课题，如节能、节水，合理利用土地、资金、材料，提高建筑综合经济效益；住宅标准化、多样化、商品化问题；建筑风格问题；高层建筑技术、防火、防灾技术问题；对"适用、经济，在可能条件下注意美观"的设计原则，在新形势下应更深刻地理解，有更高的要术等。住宅是个重要课题，城乡都在大量建造，其中有很多是政策性问题，这方面的研究部门不够，应予加强。

充满信心，努力奋斗

东北建筑设计院童周芬副总建筑师说："建筑设计应该很好地为十二大提出的宏

伟目标服务。建筑本身就体现了物质文明和精神文明。搞‘两个文明’建设，我们责无旁货。”上海工业建筑设计院方鉴泉总建筑师说：“建筑设计怎么解决好资金少、能源缺、材料少、土地少这四个问题？要靠技术进步，很大程度上要靠设计水平的提高。”建筑研究院设计所陈登鳌副总建筑师说：“在三十年社会主义建设中，我们做了大量的各类设计，其中有许多水平较高的设计。在新材料、新设备、新工艺、高层、经济效益方面的差距，赶上去并不难，我们有信心。”

大家认为，建筑设计工作要实现十二大提出的宏伟目标，除了客观上要进一步明确设计工作的地位和作用外，设计人员也要认清形势和任务，努力奋斗。杭州市建筑设计院王邦铎院长兼总工程师说：“建筑是一门技术，也是艺术，它能代表一个历史时期的文明。2000年建成小康社会，我们设计人员要认识到自己承担的历史使命，要考虑把什么东西留给子孙后代，应以高度的责任感和事业心从我做起。“

*本文由顾孟潮整理

——原载《建筑学报》1983年第3期

上海龙柏饭店建筑创作座谈会

上海龙柏饭店是我国自己投资、自己设计、自己施工、自己管理的标准较高的旅游宾馆。1982年4月27日饭店正式开业以来受到有关方面人士，特别是建筑界的关注。为贯彻党的百花齐放、百家争鸣的方针，繁荣建筑创作，活跃建筑评论，中国建筑学会《建筑学报》编辑部和上海市建筑学会建筑设计学术委员会于7月3日全天在龙柏饭店举行座谈会。参加座谈的有设计、规划、园林、教学等有关单位的三十余名建筑专家、教授、讲师、建筑师等。上海市建筑学会理事长、同济大学建筑设计院名誉院长吴景祥教授主持了会议。饭店设计主持人、上海工业建筑设计院建筑师张乾源首先向与会人士介绍了工程设计概况，机关事务管理局副局长、龙柏饭店总经理任伯尊介绍了饭店筹建过程和建成后国内外有关人士的评价和反映。到会同志敞开思想，畅所欲言，从龙柏饭店的设计构思、总体布局、使用效果到室内设计和经济效益、民族传统、建筑形式等多方面分析讨论，发表了许多宝贵意见。现摘要发表如下：

陈植（上海市建委顾问、民用建筑设计院院长兼总建筑师）：

最近开业的龙柏饭店在设计上有很多优点。首先在空间处理方面，外部绿化空间延伸至内院园景，相互呼应，颇为理想。内部公共休息场所不是一览无余，而是分隔为进厅与侧厅，曲折而有变化。进厅虽浅但有内院对景，加深了视距。正由于进厅浅，由左转身，步入侧厅，才显得侧厅之深，先抑后纵，成功地运用了我国传统的手法。

在功能方面，贵宾入口与旅客入口各得其所。贵宾与一般旅客的公共部分可分可合，使用灵活，如底层的休息厅与二层的竹厅。侧厅尽端设一橱窗，明确无误地指示商店部分之所在。还值得一提的是，标准层的货梯、贮藏、茶水供应、服务员休息等服务部分集中于一门之内，有利于加强管理，提高工作效率。

内部设计方面，重点突出民族特色、地方材料。大餐厅内以丝绸之路为题材的陶瓷壁画，表达了民族自豪感，宣传了我国悠久灿烂的文化。餐厅的平顶处理神似传统藻井，民族风貌显而易见。竹厅内以竹材为主，饰之于墙面、柱面、挂落，配以竹篾编成的灯具，具有江南地方的风味。其他内部设计的细腻、色彩的雅淡、国外材料采用的得当，亦有值得称道之处。

根据我的浅见，贵宾部分的位置还可以改善，现过于暴露，对贵宾所需的幽静环境和严密保卫，诸多不利。如能将贵宾部分设于主楼东端的顶层，不但可以保证这两方面的需要，还可以使贵宾的视野既能纵观南面的绿化，又能扩展到东面虹桥俱乐部的全部景色。同时，还可以避免现在贵宾部分大屋面阻碍每层19间南向客房中8间的视线（从二层直至顶层，即第六层）。在功能方面，诸如竹厅与备餐室之间的长距离未设专用通道，又与大餐厅出入的人流交叉；二楼中方餐厅成为客房与大餐厅之间的过厅等，宜妥善处理。

造园方面，正如我前面说的，外部绿化与内院绿化的融成一体是可取的，但问题在于内院水池的卵石池岸缺乏自然感。自由式的水池与池畔对称式的叠石和花丛在美感上难以融合。室内外水面意在贯通，实际上却是完全隔绝（如果用意在避蚊蝇，应在水面以上装置铜纱）。圆梯下的对称式石山与圆梯柔和的曲线亦欠协调，今后希望能加以改善。

谭垣（同济大学教授）：

首先要肯定龙柏饭店有一定的创造性，它不同于以往的建筑，有它自己的个性特点，值得赞扬。下面谈些看法，共同探讨。设计考虑新建筑与原有1号楼（英国式住宅）的呼应，采用红色陶瓦做厚檐部分和外墙贴面，在材料和色彩方面起到了呼应和协调作用。但我认为只此不够，首先要做到建筑空间与环境的协调，这是最重要的。6层高的新楼与1层的1号楼在体量上差别悬殊，而且建筑形式上与英国式住宅有了呼应，民族风格方面就没有了。江南民居都是低层，室内外空间流通。饭店设计吸取江南风格，底层引进庭园空间，这是好的，但6层建筑体量过大，不能反映江南民居风格。引入厅内的水池面积太小，应该不少于厅面积的四分之一才好。水池中假山与水的体量给人感觉为1∶1，似应以水为主。假山的堆砌未经仔细推敲，无主次、轻重，较生硬。贵宾门厅内有圆楼梯、地毯、人造草皮、卵石、大理石等，在不大的空间范围内，变化显得过多。要表现室外气氛，选用大理石也不够恰当。客房均无阳台，仅在东端设计三间连成一体的阳台，而内容并非三间一组的套房，估计这样设计是为了立面的收头处理，这是从形式出发考虑。而且阳台中的白色在建筑的其他部分均无呼应，从而显得不协调。用红色陶瓦贴在厚檐部分、外墙面的想法是好的，但会给人错觉，分不清是屋面还是墙面，这也是为了形式。我认为创作要实事求是，首先应从使用功能出发，从形式出发的创作应该注意避免。

吴景祥（同济大学建筑设计研究院名誉院长、教授）：

龙柏饭店的设计总的说来是成功的。设计旅游旅馆要研究旅游心理学。旅游者到一个地方，总想看看有当地特色的东西。强调民族传统、地方特色，不等于要搞复古，可以从陈设、装修、园林各方面发扬传统的精华，反映我国古老的文化，满足旅游者心理上的要求。当然也要体现当前的物质和精神文明的水平。龙柏饭店在表现自有特色与民族风味上都是成功的。其次尚应研究可行性和未来学，确定不同级别旅馆的比例。龙柏饭店设计就要分析总统、元首级贵宾可能来这里住宿的次数，研究如何提高利用率等问题。当然总统间也不一定非总统不能住。这里环境优美，龙柏之多在上海是独一无二的。设计尊重环境，利用环境，保留了大片的绿化。建筑布局上采用西进口，将主体建筑退向西北，使东南面留出大片绿地，效果很好。6层建筑体量并不小，但看起来尚不显得庞大，主要是由于绿化面积大，龙柏高耸起了遮蔽作用。门厅空间并不大，但感觉很大，是因为将门厅、服务台侧厅与室外庭园联成一片，扩大了空间感。大餐厅设在门廊之上，占天不占地。餐厅内部设计色彩谐调，不是暴发户式的大红大绿。红瓦墙面做法有似中国的盝顶，未尝不可。

林俊煌（上海工业建筑设计院主任建筑师）：

我认为旅游旅馆的设计方向不能全部洋化，如不要像北京的建国饭店，也不要像北京的华都饭店，按过去国内的老一套。龙柏饭店设计是吸取了国内外旅馆设计的一些经验，结合国情，结合环境，运用地方材料，发展传统手法，还是比较得体的。旅馆不一定层数越高越好，在用地许可等条件下，建筑层数低些有它的优点，速度快，投资省。旅馆设计不要照抄外国，要结合国情，结合具体情况，龙柏饭店有6层楼，正好比树稍高出一点，效果很好。

徐景猷（上海市城市规划设计院建筑师）：

龙柏饭店的建筑设计是成功的，有特色，它区别于北京的建筑，也不同于广州的建筑，具有上海建筑风格。

从城市建筑环境来看，基地原是低层花园别墅区，饭店主楼选用6层，较为合适。

考虑了基地邻近原有英国式乡村建筑，新旧建筑较为协调。但在建筑形式上，为了要表达顶部有一定高度的坡屋面，而将女儿墙增高，不够理想。如将顶部六层部分外墙，处理成坡面带老虎窗的形式，女儿墙可减低到一般栏杆高度，屋面天台辟作屋顶花园或游泳池，这样形式与内容将会取得较好的统一。另外，如将主楼东端客房部分的建筑体形处理成台阶式，在建筑体量、体形以及尺度等方面，可与原1号楼更为协调，起到空间过渡作用，并出现大型室外露台。

步入进厅，见到开敞的、具有江南水乡特点的庭院，布局活泼，空间流畅。但进厅引入的水面欠大。从侧厅可望见商店橱窗的设计手法起到了不用广告的作用，很好。但商店布置在走道两侧，缺少变化。总统级用房部分，建筑外形的处理有类似俱乐部感觉，欠稳重。如能安排在主楼顶层，有利于保卫工作，并可辟专用屋顶花园。

王吉螽（同济大学建筑设计研究院院长、教授）：

饭店的设计有上海的风格，是成功的。室内空间尺度掌握得较好，结合中国南方庭院的处理，布置室内外水池；地方材料的运用、家具明式处理等，在反映中国民族形式方面作了尝试，取得一定效果。外资设计的旅馆也试图反映中国的民族风格，但感到有些勉强。如建国饭店完全是美国式的，而它的中餐厅采用江南的柱式，下面有基础，但比例上不太像中国的；香山饭店的窗子运用海棠花窗，尺度也太大，看上去很不习惯。我们中国建筑师的设计水平并不差，只是国内建筑材料，特别是装饰材料缺乏，使创作受到局限。

钱学中（上海市民用建筑设计院副总建筑师）：

龙柏饭店在设计上有所创新，是个体现繁荣建筑创作的实例。建筑与环境获得协调的因素，除采用红陶瓦檐部处理与原1号楼相呼应外，主要是将大的建筑体量“化整为零”。2层建筑突出在前,6层客房退居于后；突出改变“正立面”、强调“主入口”的习惯概念，让建筑结合地形环境布置，不暴露建筑全貌，而隐约可见局部，取得观感上压缩建筑体量的实效。建筑外部材料运用深棕黄色泰山面砖和暗红色陶瓦两种材料，与古铜色玻璃窗相衬，色调沉着，起到从属和衬托周围环境的作用，避免一般浅淡、明亮色调的突出。阳台白色干粘石过于显眼，日后容易积尘土，似不做为宜。

建筑创作应与经济效益结合，特别要考虑建成后的效益。在这块难得的优美宽旷的基地上，该建造怎样等级的旅馆，应预先加以研究，确定恰当的等级标准和设施内容，考虑营业后获得最大的营利。现饭店等级标准只能属于中等偏高，公共部分内容设施不够齐全，收益效果可能不甚显著。

室内设计问题是目前国内普遍存在的薄弱环节。龙柏饭店在这方面下了功夫，运用地方材料，反映民族特点，有所创新。但有些厅室的总体统一谐调尚不够，过于侧重于各自细部的处理。

任局长把龙柏饭店建设的经验总结为“四自”——自己设计、自己施工、自己管理、自己投资，以及适当引进一些我国尚不足的材料、设备等，这个方针非常正确。龙柏饭店从实践中证明这样做是可取的，今后应该更多采用这种方针来建造旅游旅馆。

鲍尔文（上海工业建筑设计院建筑师）：

这个建筑地处郊区，屋面多一些，墙面少一些，是合适的。由于绿化多，大体量的6层建筑并不显著，如果体量再小些，则更好。建筑形体上，一长条前面加一块的做法，还是城市建筑的处理手法；郊区可以更分散些，错落些，希望在总体上能更好地与绿化空间结合，使多数客房能有好的景观。饭店入口处对景是锅炉房、变电所等，太暴露了，虽然对建筑外形加以处理，人们不大理解。进厅结合庭园是好的，但空间不够大，又太通透，不够含蓄。内部设计很重要，要有变化，但要统一，建筑材料是否用得多了一些。

姚金凌（上海市民用建筑设计院副主任建筑师）：

与环境结合的问题，不单是新建筑与环境之原有建筑、绿化的结合，还应包括根据环境研究旅馆的级别和特色。龙柏饭店是后来才定名为“龙柏”的，如果早定这个名，可以以此为主题在设计中加以发挥。布局上，把总统级用房放在主入口附近，不如放在东南角好。如果把咖啡、酒吧等公共用房放在主入口附近，与庭园绿化结合，空间效果会更好些。在立面处理上，把墙面做成屋面形式，给人深刻的印象，有新鲜感。不过有些像北欧的建筑形式，如果能从我国民族形式引出建筑新形式来，那就更好。外墙的两种材料和色彩都不错，但面砖和瓦的色差接近了些。室内设计做得不错，大餐厅效果很好，家具有明式特点。但由于材料受限，有些地方有拼凑之感。竹厅利用竹子作柱和墙面饰面材料的设想很好，但处理上尚可活泼一些，竹子不一定要每根一样规格，可有粗有细。团体休息厅墙面蓝色壁毯上的鲨鱼、龙虾装饰品很生动，但与厅的用途尚欠统一，如果改作海味餐厅将更为确切。

魏敦山（上海市民用建筑设计院建筑师）：

入口处理打破大雨蓬、大台阶的常规做法，上部餐厅，下部架空成门廊，处理得很亲切，有所突破。建筑造型有上海风格，不同于北京和广州的建筑。我认为旅游旅馆不在于材料高级，但要有地方特色，多用中、低档材料加以适当处理，也会收到较好的效果。竹厅的处理很有江南风味；门厅结合绿化，花钱不多，但很有生气。有些地方标准尚可降低，墙纸和镜面玻璃用得多了些。经济效益方面，施工快，提前营业，可增加收入；如装饰简单些，收益可更大。

张皆正（上海市民用建筑设计院建筑师）：

国家旅游总局指出，旅游事业要走中国化道路，建筑师如何使旅游建筑设计具有民族特点和传统呢？做到这点很不容易。龙柏饭店在这方面作了一些探索，值得推崇。中国是个有五千年悠久历史的文明古国，建筑、绘画、雕塑等艺术以及有乡土气息的民间艺术都是极其丰富的，有待我们发掘。只要明确了方向，是会有很多途径和处理手法的，我们应当沿这条路继续走下去。

顾忠涛（上海市民用建筑设计院主任建筑师）：

饭店造型处理与原有1号楼之坡屋面与色彩互相呼应，室内外应用江南园林传统，以水、石、亭、桥、绿化穿插其间，有创新之意。对这样的“土洋”结合设计，应该支持。不足之处是二层屋顶平台缺乏利用，6层客房均在其视野之内，显得单调。内部装饰丰富多彩，但缺乏统一性，眩光材料用得偏多，铝条贴边不够简练。如在材料应用及色泽选配上能进一步，恰当处理，设计会显得更简练、精巧、得体、生动活泼。

陈艾先（上海市民用建筑设计院建筑师）：

龙柏饭店设计的成功突出反映在建筑布局与现状环境的协调处理上，使万余平方米的多层建筑仍然给人以宁静、亲切的感受，避免了压抑感。在建筑外形设计上，将部分墙面给以屋面形式的处理，具有一定特色。进厅处理有创新，面积不大，借景庭院有较丰富的层次和深度。

旅馆设计对不同的服务对象要区别对待，在内容、标准、形式等方面不能沿用一个“模式”。若旅游者的访问是短期的，适应他们的要求应多选用一些乡土气息浓厚的建筑形式和设置多种地方风味的餐馆等；若为外籍驻华人员使用的，则或许以多考虑一些异国风味的处理为妥，以适应他们生活习惯和思念家乡的需要。

饭店设计之所以成功，在于创新，它打破了一个时期以来在设计工作中的“一窝风”现象。如1959年上海建成了闵行一条街，随之全国出现“一条街”热；广州友谊剧场门厅楼梯下设置水池，各地相继采用相似手法。因此，在学习龙柏饭店成功经验的同时，要切忌盲目抄袭之害，才能使建筑设计的创作出现一个百花争艳的美好局面。

卢济威（同济大学讲师）：

龙柏饭店造型新颖，突破当前我国到处出现的“方盒子”建筑形式，不落俗套。它以原有环境为出发点，从色彩、形式等方面与其取得协调。设计抓住环境优美这个特点，把大片绿地林木保留在客房南面，满足了客房景观要求。然而如何充分运用室外空间环境，使室内外空间结合，更重要的要使人们能深入其境，能处在室外环境之中，这方面在设计中虽然有所考虑，如门厅和庭园的结合，但尚显不足。缺乏为旅客活动设计的室外空间，也缺乏将旅客自然地引向室外的过渡空间。

黄富厢（上海城市规划设计院副主任建筑师）：

旅游旅馆的规模和性质，要根据拟建地段在城市规划中的性质特点和环境、交通条件来确定。过去有关部门考虑旅馆建设，要搞就是500间、1000间，不顾具体情况一刀切。龙柏饭店的规模（162间），看来是合适的，从周围环境及建筑在基地内的位置来看，其建筑体量也是可以接受的。如果规模定得再小一点，内部设施更齐全、精致些，也许更为合适。龙柏饭店全部由国内投资，使用外汇比重不高，自己设计、施工，取得了良好效果，预期将比国外设计同类旅馆取得更大的经济效益。

倪天增（上海工业建筑设计院副院长、副总建筑师）：

设计时着重在建筑环境和室内装饰方面作了探索。要将1.2万平方米的建筑建在优美的绿化环境中，不能破坏原有环境，还要为环境增色。因此，体量适当分小，达到多层次、多体块的效果；空间上由低到高，逐渐过渡；建筑物高于周围树木，使建筑在树丛中若隐若现；留出南面大片草坪，保持原来环境特点。室内装饰方面想达到“中而新”的效果，所以以传统的图案形象与新的材料相结合；采用地方材料赋予新的形式；色调处理浓重些，对比适当强烈；重视家具、灯具的形式和材料的选用。从实践效果看，有的处理效果比较好，有的统一性还不够，主题思想不够明确。

*本文由钱学中整理。

——原载《建筑学报》1982年第9期

跋

向建筑科学和艺术恩师们学习

——二十年学习笔记

我视读书学习为首选的生命内容。所以，在我“建筑沉思录书系”的四卷中，《建筑学思录》可谓最为重要的一卷。在我看来，“读、学、思、品”是一个完整的学习提升过程。读书学习是我八十多年人生的生命线。每天不读一些书，就有惶惶不可终日的感觉。

1982～2003年，我有幸从事《建筑学报》这本重要学术期刊的编辑工作二十多年，从组稿开始，编、改、版式设计、书写等以百万字为单位计算的漫长过程，是我今生最充实、业务水平和学术理论水平不断提升的阶段，那是辛苦但愉快的日日夜夜。本书在很大程度上真实生动地反映出我与建筑科学、行业发展同呼吸共命运的情景，这正是热火朝天改革开放的二十年！

在这二十多年中，我有机会直接面对面地向前辈大师专家、中国建筑学会的领导和同志，以及手把手教过我期刊编辑业务的同仁学习，这是一个永远书写不全的名单：张祖刚、齐立根、冯利芳编审，前辈戴念慈、吴良镛、张镈、赵冬日、莫伯治、钱学森、孟兆祯、王弗、杨永生等，香港地区的钟华楠、潘祖尧等；国外有贝聿铭和黑川纪章等；以及后来成为院士、大师、名家的众多学界、行业同仁们。

从出版《建筑构图概论》的20世纪80年代初开始，四十多年来，在中国建筑工业出版社的历届领导、编审和年轻编辑的支持下，我的最主要著作相继问世，借此机会表达衷心的感谢和深深的致敬！

学生和八十老叟记于2021年10月23日霜降夜

总跋

不断地自我书写与直言

法国著名思想家米歇尔·福柯对自我书写有过一段评论，他说："书写也是滋养和修补灵魂的途径，是能把外部养分内化的过程/技术，也因此能够把真理注入个体的灵魂。因此，'关注自我''书写'与'直言'乃是密切相关的行为/行动"。并说："关注自我的落点，是在一个人的灵魂，而非其他。而灵魂，往往是经书写（书信/笔记）来袒露——不论是对自己、对别人，还是对导师、对上帝"。

我的关注自我的落点是我珍爱的建筑事业，而非其他。

拙著"建筑沉思录书系"是我从事建筑文化工作几十年历史的足迹，书中的文字、图片、人物、事件，则是我参与中国建筑界的活实录，是对建筑文化有感而发所成。

感谢建筑的海洋给了我充实的人生。

半个多世纪的职业人生这样跌跌撞撞地走过来，曾经遗憾过，但那又有什么用呢？于是在耄耋之年，我转向对建筑不断地书写和直言，与同道们交流共勉。

顾孟潮

2016年4月16日草于北京

2022年1月18日修改